大庆油田采气分公司科技论文集（2012）

郭洪岩　王清玉　主编

石油工业出版社

内 容 提 要

本书精选了大庆油田有限责任公司采气分公司广大科研人员近两年来的优秀科技论文55篇,内容包括气藏工程、采气工程、地面工程和计算机应用四个专业技术领域,集中反映了庆深气田开发与应用的核心技术,对大庆油田气田开发将起到重要的指导作用。

本书可供气田开发科技人员及大专院校相关专业师生参考。

图书在版编目(CIP)数据

大庆油田采气分公司科技论文集.2012/郭洪岩,王清玉主编.
北京:石油工业出版社,2012.10
ISBN 978-7-5021-9298-3

Ⅰ.大…

Ⅱ.①郭… ②王…

Ⅲ.气田开发-大庆市-文集

Ⅳ.TE37-53

中国版本图书馆CIP数据核字(2012)第231299号

出版发行:石油工业出版社
　　　(北京安定门外安华里2区1号　100011)
　　　网　址:http://pip.cnpc.com.cn
　　　编辑部:(010)64523579　发行部:(010)64523620
经　　销:全国新华书店
印　　刷:北京中石油彩色印刷有限责任公司

2012年10月第1版　2012年10月第1次印刷
787×1092毫米　开本:1/16　印张:20
字数:510千字

定价:60.00元
(如出现印装质量问题,我社发行部负责调换)

前　言

随着大庆油田庆深气田开发的持续深入,技术攻关面临着一系列的困难和挑战。为此,大庆油田有限责任公司采气分公司紧紧围绕"推进气田科学开发,实现气田稳步上产"这一总体目标,解放思想,攻坚克难,以精细地质研究夯基础,以技术整合配套解难题,以优化地面运行保安全,以推进科技进步促上产,不断探索气田开发的新模式,深入研究气田上产的新方法,使气田开发保持了良好的态势。

为了进一步推进深层火山岩气藏开发技术研究,形成配套的气田开发技术体系,采气分公司广大科技工作者根据大庆油田庆深气田的地质特征和开采特点,以"攻坚克难,创新实践,突破深层技术瓶颈;打牢基础,根治隐患,实现气田增气久安"的战略思想,在采气分公司发展面临新形势、新任务,气田开发面临新机遇、新挑战的关键时期,刻苦钻研、勇于实践,紧紧牵住稳定并提高单井产量的"牛鼻子",积极探索中浅层气田增产改造措施,取得了一批效果显著、极具推广应用价值的科技成果。

本书精选近两年来的部分优秀论文 55 篇,包括气藏工程、采气工程、地面工程和计算机应用四个专业技术领域,其中很多成果已在实践中应用或正在推广使用,部分成果有望对一些重大技术问题提供借鉴。这些都是非常宝贵的技术资源,将对大庆油田气田开发起到重要的指导作用。

2012 年 8 月

目　　录

第一部分　气藏工程

第二部分　采气工程

第三部分　地　面　工　程

第四部分　计算机应用

第一部分

气藏工程

利用试井资料指导压裂选层

刘　丽　金一娜　陈欣欣

摘　要：为进一步提高压裂成功率，应加强压裂选层的准确率。试井资料是储层物性、污染情况等信息的综合反映，利用试井曲线形态可以指导压裂选层提高压裂改造的见效率。本文统计分析了××气田部分气井试井曲线的形态与压裂效果的相关性，把试井曲线分为三类，分别对应压裂后为干层、低产层、工业气层的情况。因此根据试井曲线形态，结合测井解释、录井等地质资料，可综合分析判断出是否选择压裂改造。

关键词：压裂选层　试气曲线

一、引言

　　××气田储层属于低孔低渗层，具有埋藏深、断块多、岩性岩相变化快、物性差、自然产能低的地质特点，除部分高渗地区井自然产能可获得工业气流外，多数需压裂才能获得工业气流。然而，压裂增产措施费用较高，投资风险大，在保证压裂施工质量的前提下，压裂效果好坏主要取决于压裂井的选层。因此，运用气藏地质开发资料有针对性地选层是十分必要的。

　　众所周知，关井恢复试井曲线形态是油气层渗流特性的缩影，千姿百态，各不相同，其影响因素极其复杂，但理论上与产量 Q、渗透率 K、原始地层压力 p_i、流压 p_{wf}、油（气）层厚度 h、流体性质、储层伤害程度等有关，给利用试井曲线形态特点定性地指导压裂选层提供了依据。

　　经过资料查询、文献搜索等调研，发现目前利用试井资料指导压裂选层的配套技术方法日渐成熟，已在油田现场应用，并取得了明显效果。

二、根据试井曲线形态判断地层性质

　　统计××气田73口压裂气井84个压裂小层，从中挑选出试气资料齐全、对比效果较好的55个小层，有干层8层、低产气层19层、工业气层28层，详见表1，将压裂效果与试气压力曲线形态反复对比可以看出，压裂效果的好坏与其曲线形态有较好的匹配关系，因此可将压裂前试气压力曲线分为三类。

表1　　××气田压裂井压裂效果统计表

分　类	井　号	小　层　号	压前日产气，m^3	压后日产气，m^3
干层	A401	K_1sh143 Ⅰ、Ⅱ	8	877
	E101	$K_1d_3$75、77~80	18	232
	B7	K_1yc 117 Ⅰ	12	58
	B15	K_1yc 292 Ⅰ	220	659
	B27	K_1yc 220 Ⅱ、220 Ⅰ	0	932

续表

分　类	井　号	小　层　号	压前日产气,m³	压后日产气,m³
干层	B401	K_1 yc 78Ⅱ	0	244
	B2	K_1 yc 202Ⅵ	0	56
	C1－1	K_1 yc$_1$ 153Ⅱ	0	45
低产层	G903	K_1 q$_1$ 25	1342	13121
	G903	K_1 q$_1$ 23、K_1 q$_2$ 17~20、22	104＋122	13340
	AX5	K_1 yc 103、104	426	19513
	A3	K_1 sh244	193	29105
	B1	K_1 yc 234、235	1063	14825
	D1	J155、161、162、165~168	1400	8581
	D102	K_1 yc 119、118Ⅰ、117	微量	23233
	D2	J125、126、128	微量	2426
	D4	K_1 sh163	12	8795
	D4	K_1 yc 136Ⅰ、Ⅱ	微量	2102
	D5	K_1 yc 175	微量	26516
	B11	K_1 yc$_1$ 97Ⅱ	88	13242
	B13	K_1 yc 226	36	10812
	B17	K_1 yc 158、157Ⅱ、157Ⅰ	94	4510
	B201	K_1 yc 237Ⅰ	5	4692
	B5	K_1 yc 133、132	604	6610
	E7	J 205	37	4417
	E8	K_1 yc 167Ⅰ	微量	14198
	G901	q$_1$57~60	726	21443
工业气层	B1－4	K_1 yc$_1$ 129	2787	126429
	E202	K_1 yc$_3$ 131Ⅱ	655	237997
	E2－12	K_1 yc$_3$ 107	311	265644
	E2－25	K_1 yc$_3$ 110Ⅰ	147	68214
	B1－101	K_1 yc$_1$ 176	10295	356422
	B12	K_1 yc$_1$ 164Ⅱ	37	51749
	B1－2	K_1 yc$_1$ 190Ⅰ	477	99874
	F6	K_1 yc$_4$64、65	8066	138401
	F7	K_1 yc$_4$64、65、66、72	88	42361
	F8	K_1 yc$_4$145、146	108＋128	77359
	A2	K_1 yc 87	1444	42065
	A3－1	K_1 yc 172Ⅰ、Ⅱ	28176	162610
	A401	K_1 yc 191	15596	41004

续表

分 类	井　号	小 层 号	压前日产气, m³	压后日产气, m³
	AX7	$K_1yc\ 5\ II$	66	43024
	B601	$K_1yc_1\ 183、184$	550	226241
	B6-101	$K_1yc_1\ 141\ I$	3071	216081
	B6-104	$K_1yc_1\ 147$	2057	367773
	B6-107	$K_1yc_1\ 141\ I$	1690	104930
	B6-108	$K_1yc_4\ 158$	55	60566
	B6-108	$K_1yc_4\ 161\ I$	1275	47391
工业气层	B6-209	$K_1yc_4\ 134、131$	22891	95099
	B6-210	$K_1yc_4\ 134、132$	265	46589
	B9-1	$K_1yc_1\ 202\ I$	895	101647
	B9-2	$K_1yc_1\ 162\ I 、161\ IV$	8000	38410
	B9-2	$K_1yc_1\ 161\ I$	107	127727
	B9-3	$K_1yc_1\ 174\ I$	916	312734
	B9-3	$K_1yc_1\ 161\ I$	107	127727
	B6-1	$K_1yc_4\ 186$	2781	68502

1. 干层试井曲线特征及典型示例

干层试井曲线为典型的特低渗特征曲线,以低渗透为主要明显特征,开井流动曲线平直,流压变化小,产出能力差,试井过程不见气显示或者微量;关井压力恢复缓慢,或者斜直线上升,尽管适当延长关井时间,也很难恢复到原始地层压力,测试结果为干层,详见图1。这样的曲线反映了储层岩性致密,物性极差,储层没有能量,压力恢复过程中几乎全部用于克服物性差带来的阻力。这类储层通常没有改造的必要。

例如,A401 井 $K_1sh143\ I$、II 气测为差气层、气层,测井解释为差气层,一开井 30min,关井 5760min,二开 1470min。二开流动线平稳,流压变化较小,测得稳定日产气仅为 $8m^3$。由于二关没有压力数据,从一关曲线上可看出压力恢复缓慢。经压裂改造后,日产气 $877m^3$,结论为干层,详见图2。

××气田在试气时表现为干层特征的小层,基本上都未进行压裂改造。

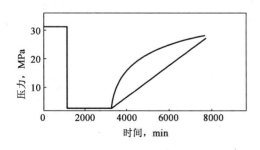

图 1　I 类——干层试井曲线形态图

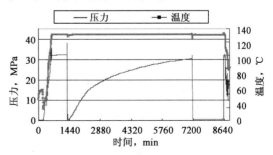

图 2　A401 井 $K_1sh143 I、II$ 试气压力及温度展开曲线

2. 低产气层试井曲线特征及典型示例

低产气层试井曲线为低渗特征,表现为开井流动曲线稍有上升,试气期间井口有气显示或微量,关井压力恢复速度在同等时间内较Ⅰ类快,呈圆弧形,缓慢趋于稳定,详见图3。这样的试气曲线反映储层传导性、孔渗能力较Ⅰ类储层好,但压裂后效果不明显,一般增产在2000~30000m³/d不等,可结合其他地质资料选择物性较好的层进行压裂改造。

例如,G903井K₁q₁ 23、K₁q₂ 17~20、22层,其中K₁q₂17、18、19、20、22号层经MFE(Ⅱ)测试,日产气104m³,试气结论为低产气层。从其试气压力曲线可看出,二开时流压有上升的趋势,由1.03MPa上升到关井时的1.35MPa。一关曲线压力恢复开始较快,后呈圆弧形上升,上升到23MPa用时1450min,后缓慢趋于稳定,详见图4。另外,K₁q₁ 23号层测井解释为水层,经MFE(Ⅱ)测试,日产气122m³,结论为低产气层。两层经压裂改造后测得日产气13340m³,结论为低产气层。

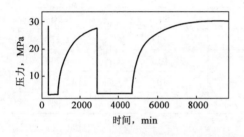

图3 Ⅱ类——低产气层试井曲线形态图　　图4 G903井K₁q₂ 17、18、19、20、22号层试气压力拟合

3. 工业气层试井曲线特征及典型示例

工业气层试井曲线为中低渗特征曲线,表现为开井流压变化明显,呈一定斜率上升,有的甚至斜率较大,日产量一般在工业气流标准以下,关井压力高,恢复快,趋于稳定,详见图5。实测曲线类似于"厂"字形,表明地层能量供给较充足。这样的储层压后效果明显,一般为压前预估的十几到几十倍甚至上百倍。

例如,B1-4井K₁yc₁ 129号层,压前试气日产2787m³,试气结论为低产气层。由其试气压力曲线可看出,二开流压由0.77MPa上升到关井时的3.45MPa,关井后恢复非常快,仅用60min压力上升到30MPa。其后关井测压力恢复,压力恢复解释为"单一介质均质+全射开井+半无限大地层",渗透率K为0.04mD,表皮系数S为12,探测半径rᵢ为41.14m。压后自喷,采用8mm油嘴50.8mm挡板,测得日产气126429m³,试气结论为工业气层。压力变化详见图6。

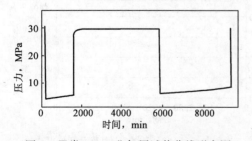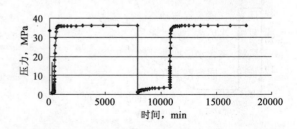

图5 Ⅲ类——工业气层试井曲线形态图　　图6 B1-4井K₁yc₁ 129号层试气压力拟合曲线图

三、方法使用

根据××气田试井曲线与压裂效果的相关性统计,总结出利用试井曲线反应的地层信息进行压裂选层的指导表,详见表2。首先收集需压裂井的试井压力数据,绘制出试井曲线图,与Ⅰ、Ⅱ、Ⅲ曲线类型图进行对比,确定其试井曲线的类型,结合产气情况、测井曲线、气测资料、录井资料、储层物性等资料对照表2进行压裂层优选。

表2 利用试井曲线指导压裂选层表

相关内容	干层——Ⅰ类	低产气层——Ⅱ类	工业气层——Ⅲ类
曲线主要特征	流动线:基本不动 关井线:恢复很慢,呈弧形或斜直线形上升,直到关井结束不趋于稳定	流动线:缓慢上升 关井线:恢复较快,呈圆弧形上升,缓慢趋于稳定	"厂"字形 流动线:上升较快,呈一定斜率上升 关井线:恢复快,很快达到稳定
储层物性	特低渗	渗透性一般,能量较差	渗透性好,有能量
伤害堵塞		无或轻微伤害	较严重
压裂作用		改造为主,解堵次之	解堵为主
压后增气	一般不增气,或增幅小且衰竭快	$(0.1 \sim 3.0) \times 10^4 m^3/d$	$(3.0 \sim 40.0) \times 10^4 m^3/d$
压裂否	不可压	可选压	可压裂

四、结论及建议

(1)通过压裂井压裂效果的对比分析,××气田压裂井试井曲线形态与压裂效果有较好的相关性,可以作为压裂井选层的依据。Ⅰ类曲线储层渗透性差,地层能量衰竭,压后增产效果差;Ⅱ类曲线储层渗透性一般,地层能量不足,压后增产幅度较小;Ⅲ类曲线油层渗透性好,地层能量较充足,压后增产幅度较大。

(2)建议在今后压裂选层时,除采用常规选井选层原则外,应重视对现有压力资料的分析应用。

(3)建议对于新井或新层位,应尽量取全取准所有测试、试油资料,为压裂选井选层提供充分资料。

参 考 文 献

[1] 黄炳光.气藏工程与动态分析方法[M].北京:石油工业出版社,2004.
[2] 王发现,张松革,高萍,等.试井资料在压裂选层中的作用[J].2005,14(3):21-24.
[3] 于凤林.高含水后期油井重复压裂选井选层方法探讨[J].大庆石油地质与开发,2005,24(4):47-48.
[4] 刘长印.不同类型油气井压裂选井选层影响因素分析[J].油气井测试,2009,18(3):32-35.

升深某区块开发效果跟踪分析评价

陈欣欣 刘淑云 王 涛 李彦楠

摘 要:本文主要分析了徐深气田升深某区块三年来气藏的开采动态特征、开发效果,对气藏的储量、产能及开发方案执行情况进行了跟踪分析研究,总结出气田实施高效开发的经验。

关键词:升深某区块 开发效果 跟踪对比

一、气田基本概况

徐深气田升深某区块营城组火山岩气藏是由两个较大的断背斜和一个断鼻构成的,构造幅度 120~130m。营城组火山岩以大面积分布的层状中酸性火山岩为主。气藏顶部平均埋藏深度约 2890m。气藏呈北西向窄条带展布,厚度分布范围在 200~760m 之间,平均厚度 350m;储层总厚度在 10~130m 之间,平均 50.1m。储层非均质性较强,属于低孔、低渗储层。岩心分析孔隙度介于 8%~15%,渗透率主要介于 0.01~1.0mD 之间。火山岩储层储集空间类型有气孔和裂缝孔隙型两种,主力产层储集空间类型为气孔,裂缝主要发育在非主力产层。

徐深气田升深某区块已于 2007 年 8 月份投入开发,气田主要开采层位是营城组三段火山岩储层,初步开发方案设计生产井 12 口,2007 年 8 月份陆续投产气井 11 口(直井 10 口,水平井 1 口,井 1 于 2003 年投产)。

二、开发效果跟踪对比分析

"徐深气田升深某区块初步开发方案"于 2006 年 4 月通过验收并于 2007 年实施。方案实施三年来,从气井产能、产气量、井控储量以及采气速度等各项指标进行了跟踪分析,方案总体实施效果比较好,气井的生产形势比较稳定,已累计生产天然气 $7.63 \times 10^8 m^3$,见表 1。

表 1 升深某区块指标对照表

分 类	井数 口	平均日产气 $10^4 m^3$	年产能 $10^8 m^3$	采气速度 %	稳产期 年	地层压力 MPa
方案	12	7.9	3.05	2.3	9	30.19
实施	12	9.3	3.7	1.96	9	30.38

1.气井投产后产能有所下降

升深某区块开发至今,经历了放空试采和投产阶段。2005—2006 年有 6 口井进行了放空试采,落实了气井初始产能,介于 $(12.04~165.0) \times 10^8 m^3$ 之间,平均无阻流量 $40.6 \times 10^4 m^3/d$。目前核实的产能介于 $(9.75~145.87) \times 10^8 m^3$ 之间,平均无阻流量 $36.78 \times 10^4 m^3/d$,与初期相比下降了9.41%,平均年下降速度3.14%,见表2。

表2　升深某区块产能情况表

序号	井 号	原始地层压力 MPa	目前地层压力 MPa	原始无阻流量 $10^4 m^3$	目前无阻流量 $10^4 m^3$	无阻下降 %
1	井2	31.55	30.13	30.97	26.24	15.27
2	井3	31.8	31.04	21.6	21.06	2.48
3	井4	31.35	31.15	33.78	28.52	15.56
4	井1	31.78	30.87	40.25	39.94	0.77
5	井5	31.58	31.1	49.48	40.8	17.54
6	井6	31.62	30.07	40.13	38.32	4.51
7	井7	31.47	31.2	13.99	13.28	5.08
8	井8	31.46	28.84	165.0	145.87	11.59
9	井9	31.39	31.01	23.11	23.02	0.38
10	井10	31.56	29.13	44.04	43.49	1.25
11	井11	31.6	31.37	12.04	11.05	8.24
12	井12	31.28	30.71	12.82	9.75	23.93
平均		31.46	30.38	40.6	36.78	9.41

2.气井投产后产量、压力相对比较稳定

2007年气井投产时实施方案配产,但是由于地面设备等因素经常发生井口节流、冻堵等,调高了产气量,日产气$155.7 \times 10^4 m^3$,平均单井日产气$14.2 \times 10^4 m^3$;2008年稳定后调整了产量,日产气$107.0 \times 10^4 m^3$,平均单井日产气$9.73 \times 10^4 m^3$,生产形势比较稳定,见图1与图2。

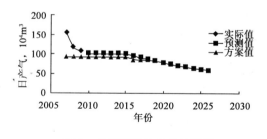

图1　升深某区块日产气量图

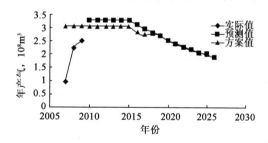

图2　升深某区块年产气量图

总结三年来12口生产井的情况如下:井口油压实际值与预测值基本一致的井有7口,实际值较预测值偏低的井有2口,实际值高于预测值的井有3口;产气量实际值与预测值基本一致的井有4口,实际值较预测值低的井有1口(砾岩层没有射开),实际值较预测值略高的井有7口。总的来说,这12口生产井产量、压力较稳定,且多数井井口油压、产气量略高于方案预测值,见表3。

对于存在的差异,分析主要原因:一是方案设计时只有6口井进行了试气(井1、井4、井12、井2、井7、井9),还有6口井没有进行试气,只有1口井进行了试采,没有试气的这部分井单井配产采用的是根据储层预测射开气层的无阻流量采用经验法配产的,而实际单井配产是

表3 升深某区块生产情况对比表

投产方式	序号	井号	方案数据			生产数据		
			油压 MPa	日产气 $10^4 m^3$	日产水 m^3	油压 MPa	日产气 $10^4 m^3$	日产水 m^3
自然产能	1	井1	24	12	1.8	23.8	11.93	1.44
	2	井9	23.52	17.8	2.67	20.2	9	0.95
	3	井5	21.75	6.3	0.95	21.5	12	0.96
	4	井3	18.65	2.5	0.38	22.5	6.91	0.91
	5	井6	22.99	5.2	0.78	23	6.5	1.51
	6	井8	20.02	30	4.5	20.6	30.2	3.4
压后产能	7	井10	21.2	2.4	0.65	23.4	11.08	0.95
	8	井2	17.22	5.3	0.8	17	6	2.03
	9	井4	18.43	2	0.3	23.6	5.84	3.85
	10	井7	19.95	1.3	0.01	20.5	6.5	1.85
	11	井12	20.57	1.7	0.02	21	7	67.8
	12	井11	22.96	6	0.9	19.3	6	1.1

根据气井的实际生产情况进行的配产,造成部分井配产不一致;二是方案设计时考虑井9的砾岩储层是要射开的,砾岩储层配产是 $15.0 \times 10^4 m^3/d$,火山岩储层是 $4.3 \times 10^4 m^3/d$,但实际上该井砾岩层没有打开,只打开了火山岩储层。

3. 部分气井产水量变化较大

投产的12口井中有3口井(井6、井12、井4)表现为产地层水特征。井12试气时产地层水;井6、井4(水层已封堵)试气时不产水,投产后产地层水,且井6随着开采时间的延长产水量逐渐增加。从单井日产水曲线分析,产水量较稳定的有3口井,产水量增加的有4口井,产水量下降的有5口井,见表4。

表4 升深某区块气井水气比分类统计表

水气比分类 $m^3/10^4 m^3$	统计井数 口	平均单井日产水 m^3	平均单井日产气 $10^4 m^3$	平均水气比 $m^3/10^4 m^3$	备注
>10	1	67.8	5.5	12.33	已产地层水
0.5~10.0	2	3.2	5.32	1.66	已产地层水
<0.5	9	1.18	10.68	0.13	产出水多为凝析水
平均		2.9	13.12	1.39	

根据升深某区块火山岩气藏边底水能量分析:气藏底水厚度大,水层厚度一般在 $19.4 \sim 332.4m$,平均 $216.2m$,岩心分析水层平均孔隙度 10.7%,保守估算底水体积约为 $6.42 \times 10^8 m^3$,是天然气地下体积的 11.67 倍。含气面积内绝大多数气井气底以下就是水层或气水同层,仅少数井气水层间发育隔层,隔层厚度 $11.4 \sim 77.0m$,垂向渗透率仅 $0.001 \sim 0.004mD$。井9 的 11.4m 高密度隔层还发育高角度裂缝,隔层难以封隔住底部水层,天然裂缝和压裂缝为沟

通水层或水窜的通道。

由于底水厚度大,平面分布稳定,物性较好,气水层间隔层不发育,底水对气田开发效果将有较大的影响。如果开发不当,容易引起边底水突进,造成水淹气层的可能。

如井6由于技套带压,2010年1月份日产气量由$6.5 \times 10^4 m^3$上调到$7.5 \times 10^4 m^3$,最高日产达$8.2 \times 10^4 m^3$,放产期间日产水由$8m^3$上升到最高达$18m^3$,油压由19.0MPa上升到21.6MPa,套压由24.2MPa下降到23.0MPa。该井放产前已产出地层水,且水气比其他井要高。分析该井出水原因:其94V产层紧邻94VI气水同层(未射),且储层裂缝发育,地层水通过裂缝上窜到产气层。气井放产后井底压差变大,压降漏斗增大,加剧了地层水进入气层的速度。该类气井放产可能导致水层水锥、水进,伤害产气层,因此不宜长期放产。

因此,在开采中要严格控制气井在合理工作制度下生产,密切监测边底水水体的活跃程度,防止过早见水。

4. 地层压力与动用储量评价

升深某区块初期平均地层压力是31.46MPa,目前是30.38MPa,下降了3.43%,地层压力与初期相比略有下降,地层能量比较充足。单位压降产气量$2114.7 \times 10^4 m^3$。

方案批复探明地质储量$128.32 \times 10^8 m^3$,设计动用储量$128.32 \times 10^8 m^3$,可采储量$64.16 \times 10^8 m^3$。投产后采用压降法核实了12口井的动用储量是$125.25 \times 10^8 m^3$,压力下降较少,计算的结果误差较大(用压降法核实储量是在压力下降10%以后计算比较准确)。但总体来看,该区块储量动用程度相对较高,见表5。

表5 升深某区块单井动用储量统计表

序 号	井 号	初期地层压力 MPa	目前地层压力 MPa	地层压力下降 %	目前累计产气量 $10^4 m^3$	动用储量 $10^8 m^3$
1	井8	31.55	30.13	4.50	12680.15	28.97
2	井1	31.8	31.04	2.39	10029.01	27.5
3	井5	31.35	31.15	0.64	6296.21	12.01
4	井3	31.78	30.87	2.86	3278.35	5.56
5	井6	31.58	31.1	1.52	2219.09	2.89
6	井9	31.62	30.07	4.90	4390.51	10.36
7	井10	31.47	31.2	0.86	4315.09	11.61
8	井2	31.46	28.84	8.33	2948.979	2.95
9	井4	31.39	31.01	1.21	2739.439	11.34
10	井11	31.56	29.13	7.70	1758.389	5
11	井12	31.6	31.37	0.73	286.01	2.3
12	井7	31.28	30.71	1.82	1655.13	4.76
平均		31.46	30.38	3.43	2283.83	10.44

5. 采气速度及稳产年限评价

根据2007年新井投产后情况分析(表6),2007—2009年的采气速度介于0.75~1.96之间,低于方案设计的2.0%~2.5%的指标。分析认为,2007年是由于气井投产时间较晚,生产时间短;2008—2009 年主要是由于下游用户需求影响气井开井时率较低所致。

如果按照正常情况生产预测,日产气 $100.0 \times 10^4 m^3$,年产气 $3.3 \times 10^8 m^3$,采气速度是 2.5%,稳产期是 9 年。该气藏存在边底水,目前已有部分井见地层水,采气速度不宜过大。因此,采气速度应严格控制在 2.5% 以下,保持气藏较长的稳产期,保证平稳供气需求,同时防止边底水的推进。方案设计的采气速度是适合气藏开发需要的,见表7。

表6 升深某区块历年采气速度统计表

年　　度	总井数,口	开井数,口	日产气,$10^4 m^3$	年产气,$10^8 m^3$	采气速度,%
2007	12	11	155.70	0.96	0.75
2008	12	10	116.70	2.23	1.74
2009	12	11	107.00	2.52	1.96
平均	12	11	126.47	1.9	1.48

表7 升深某区块稳产期预测表

序　　号	采气速度 %	年产量 $10^8 m^3$	稳产时间,年		
			稳产期采出程度50%	稳产期采出程度40%	稳产期采出程度30%
1	1.5	1.92	16.67	13.33	11.67
2	2	2.57	12.50	10.00	8.75
3	2.5	3.3	10.00	8.00	7.00
4	3	3.85	8.33	6.67	5.83

三、结论及建议

(1)升深某区块整体开发效果较好,气井产能、产量、压力等各项指标略高于方案设计,初步开发方案能够满足气田开发需要。

(2)升深某区块存在边底水,目前已经有部分井见到地层水。对于这部分井,要采取合理的工作制度生产,严格控制采气速度,同时还要采取必要的排水措施。

(3)目前升深某区块井间连通关系尚不明确,建议在该区块进行干扰试井,确定储层的连通关系。

参 考 文 献

[1] 黄炳光,等.气藏工程分析方法[M].北京:石油工业出版社,2004.
[2] 庄惠农.气藏动态描述和试井[M].北京:石油工业出版社,2004.

微地震法压裂裂缝实时监测技术在庆深气田 A 井的应用

程智勇

摘　要: 为获得压裂时人工裂缝的走向、产状、尺寸等参数,搞清裂缝宽度和加入压裂砂的波及范围,评价压裂效果,2011 年,在庆深气田 A 井开展了微地震法压裂裂缝实时监测。结合施工井区域储层的地质特征,对比了微地震监测得到的裂缝和压裂模拟人工裂缝的展布范围、参数,认为微地震监测结果真实、可靠,可为此后压裂施工提供指导和参考。

关键词: 微地震　压裂　裂缝

一、引言

压裂是改造低渗透油气藏的重要手段。通过压裂可在地下形成裂缝,改善地层的渗流条件、疏通堵塞,提高油气井的产能。压裂以后是否产生裂缝、产生裂缝有多长、裂缝朝哪个方向延伸、是水平裂缝还是垂直裂缝等问题,是评价压裂施工达到目的与否的重要指标,也是分析压裂井是否会与邻近水层沟通导致气井水淹、水窜,是否会与其他产层沟通引起层间干扰的主要依据。

目前,对人工压裂裂缝的监测一般采用的方法有四种:微地震法、测斜仪绘图法、放射性示踪剂法、大地电位法。表 1 给出了这四种监测方法的评价参数和局限性对比,从表中可以看出,微地震监测能获取压裂裂缝缝高、缝长、对称性、方位、产状等参数,同时,该技术在大庆油田油井水平井压裂裂缝监测和注水井水驱前缘监测中应用广泛,操作方便,结果可靠,因此,在 A 井压裂裂缝监测时选用了该技术。

表 1　四种压裂裂缝监测方式对比表

压裂裂缝监测方法		评价参数(√可评价, ×不可评价)							局　限　性
		缝高	缝长	对称性	缝宽	方位	产状	体积	
测斜仪绘图法	地面	√	√	×	×	√	√	√	(1)随着深度增加,绘图分辨率降低; (2)随着监测井和压裂井之间距离的增大,裂缝缝长和缝高分辨率降低; (3)不能提供支撑剂分布以及有效裂缝形状信息
	地下	√	√	√	×	√	√	√	
放射性示踪剂法		√	×	×	√	√	×	×	(1)只能测量近井筒附近情况; (2)如果裂缝和井轨迹方向不同,则仅能提供裂缝高度下限值

续表

| 压裂裂缝 | 评价参数(√可评价, ×不可评价) | | | | | | | 局 限 性 |
监测方法	缝高	缝长	对称性	缝宽	方位	产状	体积	
大地电位法	×	√	√	×	√	×	×	(1)无法确定出裂缝高度和倾角; (2)不能提供支撑剂分布以及有效裂缝形状信息
微地震法	√	√	√	×	√	√	×	只能得出整个压裂裂缝的影响宽度,不能确定单个裂缝的具体宽度

二、仪器结构及监测原理

1.仪器结构

嵌入式人工裂缝实时监测技术属于微地震法监测的一种,它主要包括监测主站和监测分站两部分。如图1所示,分站通过置于地下的拾震器对微震波进行采集和处理,并通过无线传输的方式将信息发送给主站。如图2所示,拾震器是整个系统拾取信号最关键最重要的部分,它由两根过芯探杆和检波器构成,具有自动调节前置运放功能,可以根据背景噪声的大小自动调整微震信号的放大倍数,可靠地将地下信号传输到地面。

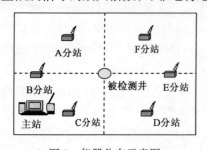

图1　仪器分布示意图

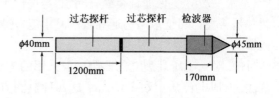

图2　拾震器结构图

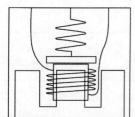

图3　检波器结构示意图

如图3所示,检波器是将微震波机械能转换为电能的装置。在检测时,将检波器置于地表或地表深处,当有微震发生时,微震波作用于检波器,使检波器内的敏感部件动感线圈产生电信号,完成对微震波的检测。

2.监测原理

在储层压裂改造过程中会引起地下应力场变化,导致岩石破裂,形成裂缝。裂缝扩展时,必将产生一系列向四周传播的微震波。微震波被布置在井周围的监测分站接收(每个分站含一个拾震器,至少4个分站,一般使用6个,以增加冗余度,确保施工成功)。根据各分站微震波的到时差,会形成一系列的方程组。求解这一系列方程组,就可确定微震震源位置,进而给出裂缝分布的方位、长度、高度(范围)及地应力方向等地层参数,如图4所示。

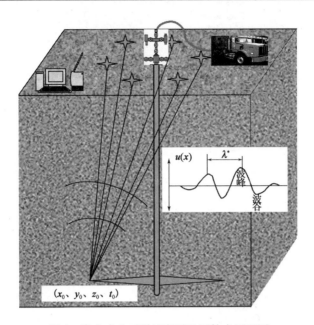

图 4　嵌入式人工裂缝实时监测技术原理图

　　系统对每一个接收到的微震信号,均采用微地震波及其导波的波幅、包络、升起、衰减、拐点、频谱特征及不同微地震道间的互相关等十三个判别标准对信号进行自动判别,保证了每一个接收到的微震信号的真实性、可靠性,避免伪信号的进入。

$$
\left\{
\begin{array}{l}
t_1 - t_0 = \sqrt{(x_1 - x_0)^2 + (y_1 - y_0)^2 + (z_1 - z_0)^2}/v_P \\[2mm]
t_2 - t_0 = \sqrt{(x_2 - x_0)^2 + (y_2 - y_0)^2 + (z_2 - z_0)^2}/v_P \\[2mm]
t_3 - t_0 = \sqrt{(x_3 - x_0)^2 + (y_3 - y_0)^2 + (z_3 - z_0)^2}/v_P \\[2mm]
t_4 - t_0 = \sqrt{(x_4 - x_0)^2 + (y_4 - y_0)^2 + (z_4 - z_0)^2}/v_P \\[2mm]
t_5 - t_0 = \sqrt{(x_5 - x_0)^2 + (y_5 - y_0)^2 + (z_5 - z_0)^2}/v_P \\[2mm]
t_6 - t_0 = \sqrt{(x_6 - x_0)^2 + (y_6 - y_0)^2 + (z_6 - z_0)^2}/v_P
\end{array}
\right.
\tag{1}
$$

式中　　x_0, y_0, z_0——微震源的空间坐标;

　　　　x_n, y_n, z_n——第 n 分站坐标(使用 GPS 全球定位系统确定);

　　　　v_P——P 波速度;

　　　　t_0——发震时刻;

　　　　$t_1, \cdots, t_6$——各分站的 P 波到时刻。

三、现场应用

为获得人工压裂时裂缝的走向、产状、尺寸等资料,在 A 井 CO_2 压裂时开展了 LFSJ－II 型人工裂缝实时监测,详见表2。

表2　A 井裂缝实时监测参数表

压裂井段	1824.4～1831.2m,1757.0～1796.2m,1742.2～1747.2m,1698.4～1707.8m				
井段中深	1827.8m,1776.6m,1744.7m,1703.1m				
井斜数据	直井				
GPS 测试数据	站名	E 坐标,m	N 坐标,m	ΔE	ΔN	压入深度,m
	O 点	51673143	5118244	—	—	—
	A 站	51673243	5118132	100	－112	3.0
	B 站	51673204	5118336	61	92	3.0
	C 站	51673074	5118303	－69	59	3.0
	D 站	51673113	5118310	－30	66	3.0
	E 站	51673087	5118266	－56	22	3.0
	F 站	51673155	5118324	12	80	3.0

现场以井口为中心(O 点),布置了6个分站,并用高精度 GPS 测量各分站相对 O 点的坐标,见表2。通过调试主、分站之间的通信联络和背景噪声,在 A 井压裂时,仪器进行了自动采集、记录和数据处理,实时显示压裂产生的微震点,并在每层压裂结束后持续监测20min,监测裂缝闭合情况,更进一步确定真实地层压裂裂缝状况,合格监测到四个层段压裂时的微地震信号,见图5、图6、图7、图8(图5中每方格为100m×100m,图6、图7、图8中每方格为50m×50m)。

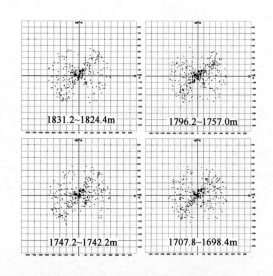

图5　四个压裂层段原始压裂微震点

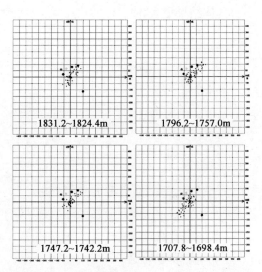

图6　四个压裂层段俯视图

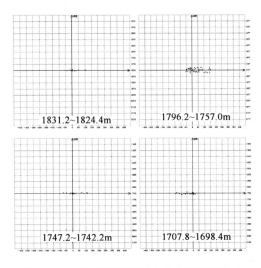

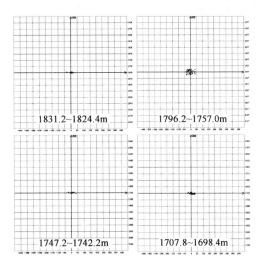

图 7　四个压裂层段微震点在与裂缝延伸方　　　　图 8　四个压裂层段微震点在与裂缝延伸方
　　　　向平行的 z 平面的投影　　　　　　　　　　　　向垂直的 z 平面的投影

四、应用效果分析

通过对现场压裂监测数据的分析和处理,得到了 A 井压裂裂缝分布的方位、长度、高度和产状;对比压裂监测结果和小层数据,得出该井压裂裂缝纵向上贯穿砂体,但没有出现压裂窜层现象;同时,依据裂缝走向判断,该井最大主应力方向应为北东向。

(1)通过对微震点数据的分析和处理,得到了 A 井裂缝分布的方位、长度、高度和产状。

结合四个层段的监测数据可以看出,四个压裂层段产生的压裂裂缝均为垂直裂缝,裂缝方位基本一致,为北东向,影响缝高在 9.2 ~ 45m 之间,影响缝宽在 61 ~ 77.2m 之间,总缝长在190 ~ 215m 之间,这与采用油藏压裂模拟设计与分析系统预测出该井压裂裂缝半长 115.0m相近,具体结果见表3。

表 3　A 井裂缝实时监测解释结果表

项目　　　　　层段	1831.2 ~ 1824.4m	1796.2 ~ 1757.0m	1747.2 ~ 1742.2m	1707.8 ~ 1698.4m
裂缝方位,(°)	32.7	39.1	33.5	36.8
影响缝高,m	11.3	45.0	9.2	18.0
影响缝宽,m	61.0	77.2	75.3	68.8
东翼缝长,m	108.0	160.3	119.6	50.8
西翼缝长,m	83.9	53.6	72.9	149.6
总缝长,m	191.9	213.9	192.5	200.4
产状	垂直			

以 1796.2 ~ 1757.0m 层段微震点数据为例进行分析,图 9、图 10 是该层段微震点在 x、y平面的投影,表示裂缝的方位、长度。图 9 是原始压裂微震点俯视图。图 10 是通过监测裂缝

闭合微震点得到的有效压裂裂缝微震点俯视图。从图中可以看出,本层段裂缝主要沿北东向(北偏东 39.1°)延伸,压裂液波及半径近 550m,有效裂缝总长 213.9m。

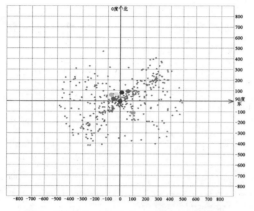
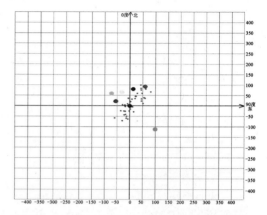

图 9　1796.2～1757.0m 层段原始微震点在 x、y 平面的投影

图 10　1796.2～1757.0m 层段有效裂缝微震点在 x、y 平面的投影

图 11、图 12 分别是 1796.2～1757.0m 层段微震点在与裂缝延伸方向平行、垂直的 z 平面的投影。从图中可以看出,该层段产生的压裂裂缝为垂直缝(根据摩尔—库伦理论、断裂力学准则判断),且东西两翼延伸不均衡,东翼长西翼短。东翼长 160.3m,西翼长 53.6m,缝高 45m。截至 2011 年 8 月 19 日该井压裂后油压恢复至 14MPa,套压恢复至 12MPa。根据静气柱计算,井底压力为 16.2MPa,比压裂前上升了 17.4%,说明本次压裂砂体得到了有效的沟通。

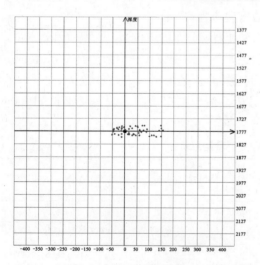
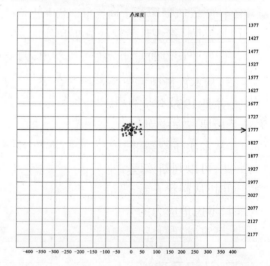

图 11　1796.2～1757.0m 层段微震点在与裂缝延伸方向平行的 z 平面的投影

图 12　1796.2～1757.0m 层段微震点在与裂缝延伸方向垂直的 z 平面的投影

(2)对比压裂监测结果和小层数据,该井压裂裂缝纵向上贯穿砂体,但没有出现压裂窜层现象。

以 1796.2～1757.0m 层段为例进行分析,该层段压裂裂缝影响缝高 45m,经测算,以 1777m 为中心,裂缝向上影响高度为 22.8m,向下为 22.2m;该层段厚度 39.2m,上隔层厚

9.8m,下隔层厚 28.2m。因此,裂缝向上延伸入隔层为 22.8 -(1777 - 1757)= 2.8m,距上隔层顶仍有 7m,如图 13 所示,同理,向下延伸入隔层 3m,距下隔层底 25.2m。

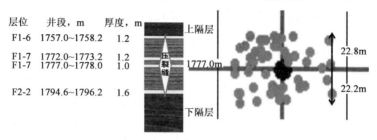

层位	井段,m	厚度,m
F1-6	1757.0~1758.2	1.2
F1-7	1772.0~1773.2	1.2
F1-7	1777.0~1778.0	1.0
F2-2	1794.6~1796.2	1.6

图 13　1796.2～1757.0m 层段监测结果和小层数据对比图

分析监测数据可得,该井压裂裂缝缝高在 9.2～45m 之间。结合 A 井小层数据,通过对压裂层段及上下盖层的分析,压裂裂缝纵向上贯穿砂体,各压裂层段裂缝均不同程度地向上或向下延伸入隔层(2.15～4.3m),但均未穿透上下盖层,最近处距隔层界面仍有 5.5m,裂缝高度比较适中,符合设计要求,见表 4。

表 4　A 井压裂层段基础数据与裂缝监测缝高数据对比表

序号	压裂层段,m	厚度,m		隔层厚度,m		小　层　数	缝高,m
		砂岩	有效	上	下		
1	1852.2～1866.8	7.0	1.0	21.0	16.2	5	——
2	1831.2～1824.4	2.2	——	28.2	21.0	2	11.3
3	1796.2～1757.0	5.0	——	9.8	28.2	4	45.0
4	1747.2～1742.2	3.6	1.2	34.4	9.8	2	9.2
5	1707.8～1698.4	4.8	4.0	——	34.4	2	18.0

(3)从本次微地震监测裂缝走向判断,该井最大主应力方向应为北东向。

A 井是 1989 年完钻的一口开发井,缺少有关最大主应力方面的测井资料,而压裂产生的裂缝受地层三向应力制约,裂缝的延伸方向与地层中最大主应力方向平行,垂直于最小主应力方向。从本次压裂裂缝解释的方位来看,裂缝在北偏东 32.7°至北偏东 39.1°之间,均为北东向,因此,可以判断该区块地层最大主应力方向为北东向。

同时,从产状上看,裂缝均为垂直缝,表明垂向应力为最大应力。这为以后制定气井压裂方案时,考虑地应力的分布状态,提前预测裂缝形态及延伸方向,及时采取控缝措施,有效避免裂缝上下窜,控制水侵水窜现象提供了有利的依据。

五、认识及建议

(1)通过嵌入式人工裂缝实时监测技术,可直观、实时、准确地提供人工压裂裂缝的走向、产状、尺寸等参数,为气井合理开采、改进压裂施工设计等提供可靠依据。

(2)嵌入式人工裂缝实时监测技术应用简单方便,监测结果可靠,且不影响压裂作业,对缝内转向压裂、控缝压裂等压裂工艺效果的评价具有重要意义。

(3)对比压裂监测结果和小层数据,得出该井压裂裂缝纵向上贯穿砂体,但没有出现压裂窜层现象。建议对于储隔层地应力差异较小、遮挡条件不好、有邻近水层的气井进行压裂改造时应采取控缝压裂技术,防止压裂窜层引起气井产水或水淹,保证压裂改造效果。

(4)通过对 A 井压裂裂缝监测,可判断该井最大主应力方向为北东向。

参 考 文 献

[1] 石道涵,张昊,黄远.嵌入式人工裂缝实时监测技术的应用[J].石油仪器,2005,9(3):51-52.
[2] 刘建安,马红星,慕立俊,等.井下微地震裂缝测试技术在长庆油田的应用[J].油气井测试,2005,14(2):54-56.
[3] 刘百红,秦绪英,郑四连,等.微地震监测技术及其在油田中的应用现状[J].勘探地球物理进展,2005,28(5):325-329.
[4] 陈雪琴.文南油田人工裂缝监测及应用[J].内蒙古石油化工,2002,29(2):124-125.
[5] 杜鹃,杨树敏.井间微地震监测技术现场应用效果分析[J].大庆石油地质与开发,2007,26(4):120-122.
[6] 李宏清,邓金根,马显超,等.潜入式人工裂缝实时监测技术在低渗透气井的应用[J].测井技术,2007,31(2):190-193.

徐深气田单井地层压力求取方法探讨

周文银

摘　要：徐深气田储层致密且非均质性严重,受构造与岩性双重因素控制成藏,渗透性差,关井地层压力恢复到平稳状态需要3~6个月甚至更长的时间,单点实测以及关井最高压力推算的方法很难准确评价单井地层压力。本文结合试井原理和气藏动态描述方法,提出徐深气田地层压力计算方法。通过实例计算表明,本文提出的方法简单易行,结果可靠。结合求取地层压力所需最短关井时间和气田生产实际,总结几年来的测试资料,建立地层压力求取制度,初步达到了相对准确的要求。

关键词：低渗透　地层压力　计算方法

一、引言

地层压力是描述油气藏类型、计算地质储量、了解油气藏生产动态以及预测未来动态的一项必不可少的数据。徐深气田主要目的层营城组砾岩和火山岩储层分布范围广,储量大,具有重要的开采价值。但储层致密且非均质性严重,受构造与岩性双重因素控制成藏,气藏类型复杂,关井地层压力恢复到平稳状态需要3~6个月甚至更长的时间,并且部分井长期处于开井状态,难以评价相应阶段的地层压力,因此,需要研究适合本气田的地层压力评价方法。

二、地层压力求取方法

1. 关井实测法

这是切实可行又在现场应用较广的方法。具体就是把生产井关闭,同时在井下下入压力计,用点测或连续监测压力恢复曲线的方法取得关井后的气层中部静压力,即可得到地层压力。

这种方法应用广泛,但存在如下问题:对于低渗透气层,要想从关井后测到的井底压力获取地层压力,往往要花费很长的时间;对于一个正在担负一定产量任务的气井,长期关井是不可接受的。

2. 关井井口压力推算

对于静气柱,有:

$$\int_{P_{ts}}^{P_{ws}} \frac{ZT}{p}\mathrm{d}p = \int_0^H 0.03415\gamma_g \mathrm{d}H \tag{1}$$

积分得:

$$p_{ws} = p_{ts}\exp\left(\frac{0.03415\gamma_g H}{\overline{T}\,\overline{Z}}\right) \tag{2}$$

其中

$$\overline{Z} = f(\overline{p}, \overline{T})$$

式中　p_{ws}——井底压力,MPa;

　　　p_{ts}——井口压力,MPa;

　　　γ_g——天然气相对密度;

　　　H——井深,m;

　　　T——温度,℃;

　　　Z——天然气偏差因子。

因此,可通过迭代计算出 p_{ws},当误差小于 1% 时即为地层压力。该方法适用于井筒无积液的气井。

3. 压力恢复试井

1)霍纳曲线外推法

压力恢复分析的霍纳法表示为:

$$p_{ws} = p_i - \frac{2.121q\mu B}{Kh}\lg\left(\frac{t_p + \Delta t}{\Delta t}\right) \tag{3}$$

式中　p_i——原始地层压力,MPa;

　　　t_p——累积生产时间,h;

　　　Δt——关井恢复时间,h;

　　　q——关井压力恢复前稳定产量,m^3/d;

　　　μ——黏度,mPa·s;

　　　B——体积系数;

　　　K——地层渗透率,mD;

　　　h——地层厚度,m。

对于霍纳法求地层压力,假定关井时间无限大时,$\lim\limits_{\Delta t \to \infty} \dfrac{t_p + \Delta t}{\Delta t} = 1$,此时对数值为 0,关井恢复压力即等于地层压力,见图 1。

2)压力恢复历史拟合外推法

实测压力恢复试井曲线,通过试井曲线建立地层模型并获得相应的地层参数,拟合测试段压力历史,并将设置长时间关井预测其压力史,当压力恢复平稳后即为地层压力,见图 2。

4. 分形压力不稳定理论计算方法

Chang 和 Yortsos 分形压力不稳定分析理论指出,原点处恒定产量井的无因次压力响应解为:

$$p(r,t) = \frac{r^{(2+\theta)(1-\delta)}}{\Gamma(\delta)(\theta+2)}\Gamma(1-\delta)\frac{r^{2+\theta}}{(2+\theta)^2 t} \tag{4}$$

其中

$$\delta = D/(2+\theta)$$

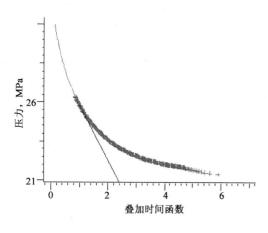

图 1　压力恢复试井霍纳曲线

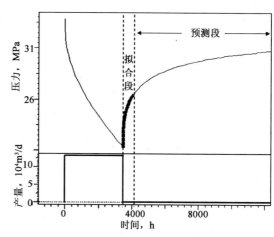

图 2　压力历史曲线拟合外推

式中　$p(r,t)$——t 时刻距离 r 的无因次压力降;

$\qquad D$——维数,$D<2$ 为介于线性和径向之间的流动特性,$D>2$ 为介于径向和球形之间的
流动特性;

$\qquad \theta$——反常扩散指数;

$\qquad \Gamma(x)$——伽马函数;

$\qquad \Gamma(x,y)$——不完全伽马函数。

因此,对于线性和径向流动的情形,可以推导出 $p_w t$ 与 t 呈线性关系,可以写成:

$$p_w t = at + b \tag{5}$$

式中　a,b——常数。

把式(5)两边同时除以时间 t 得 $p_w = a + b/t$。当时间 t 足够大时,$p_w = a$ 即为地层压力。
也就是说,以关井压力与关井时间的乘积为纵坐标,以关井时间为横坐标作图,并将图中数据
点进行线性回归,则其斜率即为地层压力。

该方法在实际应用过程中受早期数据影响较大。压力流动段越接近径向流或者边界反映
段,越能反映整个地层的压力情况,所得的计算结果越准确。

三、不同类型地层压力求取制度建立

根据地层压力相应标准,将关井后恢复压力变化小于 0.01MPa/d 时的压力值作为地层压
力值。

1. 所需最短关井时间确定

相应的关井时间即为求取地层压力所需最短关井时间。

1)通过压力恢复试井方法确定

对于进行过压力恢复试井的气井,已知其地层模型及地层参数,输入试井软件,设置长时
间关井,可取得关井压力恢复速率小于 0.01MPa/d 的时间,即为所需的最短关井时间。

2)通过井口压力恢复速率确定

当井底压力恢复速率为 0.01MPa/d 时,有:

$$p_{ws(n)} - p_{ws(n-1)} = 0.01 \qquad (6)$$

压力值变化很小,此时偏差因子视为不变,由式(2)可得:

$$\frac{p_{ws}}{p_{ts}} = 常数 \qquad (7)$$

因此,可通过井口压力恢复速率来确定井底压力恢复速率小于 0.01MPa/d 时的时间。

2. 确定地层压力求取制度

徐深气田属低孔、低渗气田,结合求取地层压力所需最短关井时间和气田生产实际,总结几年来的测试资料,建立地层压力求取制度,见表1,初步达到了相对准确的要求。

表1 气井地层压力求取制度分类表

类 别	井数,口	所需关井时间,d	求取制度
I	14	<60	井口压力推算或实测
II	13	60~120	实测一次
III	35	>120	实测至少两次 + 计算或压力恢复试井

1) I 类井——井口压力推算或实测

此类气井地层渗透性较好,关井后地层流动很快进入径向流阶段,地层压力迅速恢复平稳,井口压力呈一条水平直线。对于这类气井,主要采取井口压力推算并随机挑选气井进行实测验证的求取制度。如图3所示,该井实测地层压力为29.96MPa,采用井口推算求得地层压力为29.86MPa。

2) II 类井——实测一次

此类气井关井地层压力恢复速率减缓,井口压力呈向上弯曲的弓形,到关井后期压力恢复稳定,同时部分产出地层水气井受井筒积液的影响,因此该类气井需至压力稳定后实测获取地层压力。例如,如图4所示,该井通过实测求得地层压力为34.97MPa。

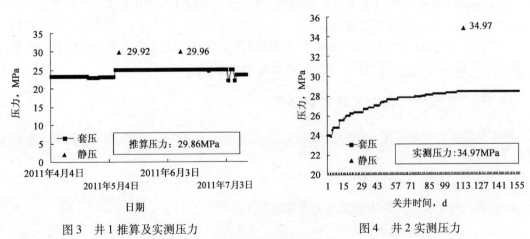

图3 井1推算及实测压力   图4 井2实测压力

3) III 类井——实测至少两次 + 计算或压力恢复试井求取

此类气井地层渗透性差,关井后地层压力恢复速率非常缓慢,至关井后期压力仍无法稳定,长期关井会影响生产,因此采用实测至少两次 + 计算或压力恢复试井求取地层压力。采用此方法时,测试要求是地层流动进入径向流后测试,采用的计算方法为分形压力不稳定计算方法。如图 5 和图 6 所示,该井实测最高的地层压力为 25.74MPa,而通过计算得到此时的地层压力为 27.62MPa。同时,对于当年进行压力恢复试井的气井,可采取霍纳曲线外推法和压力恢复历史拟合外推法求取地层压力。

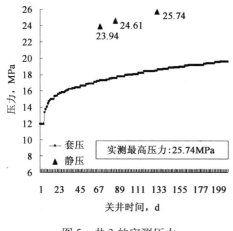

图 5　井 3 的实测压力

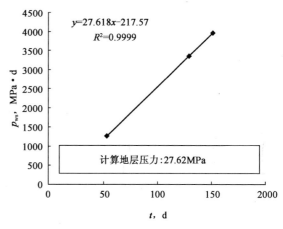

图 6　井 3 的 p_{ws} 与 t 关系图

四、结论及建议

(1)徐深气田总体上压力恢复缓慢,获取地层压力关井周期长,主要采取实测并结合井口压力推算以及不稳定分析方法计算获取地层压力。

(2)对于有压力恢复资料的气井,可以采取压力历史预测与分段监测相结合的方法确定地层压力,以约束后期预测值,使地层压力更可靠。

(3)下步建议丰富地层压力的计算方法,细化气井分类,不同类型的气井更有针对性地采取相应的测试和计算方法,实现多种方法计算结果的对比。

参 考 文 献

[1] 金忠臣,杨川东,张守良. 采气工程[M].北京:石油工业出版社,2004:60-82.

[2] 刘能强. 实用现代试井解释方法[M].北京:石油工业出版社,2008:28-386.

[3] 唐雪清. 一种快速确定地层压力的新方法[J].天然气工业,1998,18(2):82-83.

[4] 蒋益宛,顾宝江,严玉华,等. 利用短期关井压力数据确定地层压力[J].石油钻采工艺,2002,24(2):55-57.

[5] 蒋华,熊海灵,李敬松. 单井地层压力简便计算方法研究[J].石油勘探与开发,1999,26(1):61-64.

[6] 魏文杰,郭青华,习丽英,等. 确定气井地层压力的几种方法[J].石油化工应用,2009,28(9):61-65.

汪家屯气田增压可行性研究

谢宗林　王玉玫

摘　要:汪家屯气田目前气井措施改造余地小,产能递减块,稳产难度大。预计 2012—2015 年有 19 口井井口压力低于外输管网 2.3MPa 压力,按气田最终采收率 70% 计算,仍有 $3.25 \times 10^8 m^3$ 天然气可采出。根据预测,2012 年起开始增压,汪家屯气田通过增压开采与自然产能生产相结合,至 2018 年底,与不增压相比采出程度可提高 8.2%。计划部署在升一集气站开展增压开采先导性实验,平均日增效益 9.2 万元,投资回收期 1.61a,具有较好的经济效益。

关键词:汪家屯气田　增压开采

一、引言

汪家屯气田储层类型主要是低孔、低渗的碎屑砂岩,属于常压、定容封闭弹性气驱气藏,目前气田大部分井已进入递减后期。一方面,受储层特征限制,已开发储量采出程度低,剩余可采储量大;另一方面,受管网压力制约,部分气井在管网中不能维持正常生产。同时,随着气田进入开发后期,先期取得较好开采效果的泡沫排水等工艺开采效果越来越差,气田开发经济效益逐渐变差。为了提高气田综合开采效益,提高气藏采收率,有必要实施增压开采工艺技术。

二、气田开发动态特征

汪家屯气田开采扶余、杨大成子油层,储层物性较差,杨大城子油层物性略好于扶余油层。扶余油层平均渗透率 2.55mD,杨大城子油层平均渗透率 14.44mD。目前可正常生产井 26口,日产气 $1.0 \times 10^4 m^3$ 以上的有 7 口,具有较强的生产能力;日产气量在 $(0.4 \sim 1.0) \times 10^4 m^3$ 之间的有 16 口,具有一定的连续生产能力,携液能力较差,井筒易积液;日产气量在 $0.4 \times 10^4 m^3$ 以下的有 3 口,连续生产能力较差,需间歇生产。气田在开发过程中主要表现出以下特征。

1. 单井产量低,控制储量小

投产井中 80% 以上的井日产气量低于 $1.0 \times 10^4 m^3$,最低的只有几百立方米,平均日产气量仅为 $0.77 \times 10^4 m^3$。采用压降法计算了 33 口井的井控动态储量,除 2010 年以来新投产 9 口气井外,目前井控动态储量为 $18.26 \times 10^8 m^3$,平均单井井控动态储量为 $0.55 \times 10^8 m^3$。总体上,汪家屯气田单井控制储量较小,汪家屯南块井控动态储量相对较高,有 4 口井的动态储量大于 $1 \times 10^8 m^3$,有 5 口井动态储量小于 $0.3 \times 10^8 m^3$;汪家屯北块井控动态储量相对较低,仅有 1 口井的井控动态储量大于 $1.0 \times 10^8 m^3$,有 8 口井的井控动态储量小于 $0.3 \times 10^8 m^3$。

2. 稳产时间短,产量递减快

统计可对比 15 口气井投产初期与目前的产气量资料可以看出,多数气井产气量递减较快,平均年递减率达为 9.2%。试采初期产量递减较快,年递减率达到 50% ~80%。后期由于及时调整产量,控制递减速度。近几年因合理控制产量,年递减率在 10% 以下。

气田边水不活跃、能量低、试采初期配产过高及单井控制储量少等原因造成了产量递减较快,但没有大量产水。

3. 地层压力下降快,单位压降产气量低

统计 2010 年以后有地层压力测试的 16 口井,目前平均地层压力 9.79MPa,原始地层压力 17.21MPa,平均年下降 0.41MPa;单位压降产气量最高 1078.06 × $10^4 m^3$/MPa,最低 30.07 × $10^4 m^3$/MPa,平均仅为 406.26 × $10^4 m^3$/MPa。分析原因主要是气田储层渗透性差,孔隙结构复杂,孔隙多为原生粒间缩小孔和微孔,致使天然气由气层向井内流动的阻力大,压力传导慢,造成气井井底附近压降速度快。

4. 气田水体能量小,水性稳定

根据气田历年产水量变化趋势分析,1995—2005 年水气比较高,达到了 1.27m^3/$10^4 m^3$;2005 年以后水气比下降,基本稳定在 0.17 ~0.24m^3/$10^4 m^3$,年产水量在 590m^3 以下。

水质分析结果表明,大部分气井产出水为地层水,Cl^- 含量介于 95.94 ~3859.68mg/L,一般为 1627.04mg/L;矿化度介于 1745.16 ~7447.28mg/L,一般为 3844.55mg/L。

历年产水动态及水气比变化表明,地层水水体能量较弱,气井产水比较稳定,不会发生大面积的水体侵入。

三、气田开发存在问题

1. 气井产能递减块,稳产难度大

自从 1998 年汪家屯气田进入递减阶段,多数气井地层压力、产气量递减较快。近几年经过合理控制产量,控制了递减速度,年递减率在 10% 以下,但稳产难度依然较大。

2. 气井措施改造余地小,增产难度大

一是已投产井中剩余未射孔层数少,且多为薄、差层,层间接替增产余地小。

二是投产时间较长的部分老井,油管、套管存在老化、破损、腐蚀等问题,措施的安全性低。

3. 气田低压气井逐年增加,需增压开采

随着气田开采时间的延长,大部分气井已进入开发中后期的低产低效阶段,单井产量低,井口压力下降快,低压气井逐年增加,部分气井生产压力已接近甚至低于地面集输系统压力,难以进入集输系统,制约着产能的有效发挥。

根据预测,2012—2015 年汪家屯气田有 19 口气井生产运行压力将在 2MPa 以下,其动态储量为 9.32 × $10^8 m^3$,累计生产天然气 3.27 × $10^8 m^3$,采出程度仅为 35%,按气田最终采收率 70% 计算,仍有 3.25 × $10^8 m^3$ 天然气可以采出,但目前中浅层气田外输管网压力在 2MPa 左右,产出天然气进入外输管网困难,导致部分气井只能间歇生产或长期关井需增压开采。

四、增压开采可行性研究

增压开采是气田开采后期由于地层压力下降不能满足地面集输要求而采取的旨在提高采出能力和地面输送能力的采输方法。大部分气藏在生产后期都通过实施增压开采最大限度地采出天然气。中原文 23 气田、卫城气田、四川新场气田、川东石油沟气田、长庆靖边气田等都开展了增压开采, 采出程度平均提高 8.43%, 经济效益显著。

1. 增压界限确定

目前低压系统管网运行压力在 1 ~ 2.3MPa 左右, 冬季用气高峰期运行压力在 2MPa 左右, 气井井口压力低于外输管网运行压力将不能生产, 因此, 井口压力 2.3MPa 为气井需增压开始时间(表 1), 增压停止时间以达到废气产量时为界限。

表 1 汪家屯气田废弃压力

外 输 方 式	最低外输压力, MPa	井口废弃压力, MPa
直接外输	2.3	2.3
增压开采	0.8	0.8

根据石油天然气行业标准中的定义, 当天然气的生产经营成本大于等于销售净收入时的气藏产量即为废弃产量。

废弃产量计算公式为:

$$q_{minc} = \frac{O_1}{0.0365\tau_g \cdot 10C(P_g - T_{ax})}$$

式中　q_{minc}——气井废弃气量, $10^4 m^3/d$;

O_1——气井年操作费, 10^4 元/(井·年);

P_g——天然气销售价格, 元/$10^3 m^3$;

T_{ax}——天然气税费(元/$10^3 m^3$);

τ_g—采气时率(若年生产时间按 330 天计, 则 $\tau_g = 0.90$);

C——天然气商品率。

根据现场提供的气价、税、生产操作成本等经济参数进行计算, 在天然气价格为 1210 元/$10^3 m^3$ 时, 气井废弃产量为 $0.10 \times 10^4 m^3/d$。

2. 增压时机预测

为了实现有效的增压, 最大限度发挥气井自然稳产能力, 确保气田平稳供气, 利用递减分析法预测气井的稳产期, 使气井在自然产能结束时可及时通过增压继续生产。

综合考虑需增压气井、集气站数量情况, 汪家屯气田 2012 年开始增压, 2012—2015 年 4 个集气站 19 口井需进行增压开采, 初期增压开采可达 $10.75 \times 10^4 m^3/d$。

3. 增压整体部署

根据气井增压时机预测结果, 对现有老井进行分期分批增压开采。2012 年对 4 个集气站 9 口井进行增压, 增压初期生产能力 $4.65 \times 10^4 m^3/d$, 以后每年均有气井进入增压流程, 2015 年达到 $9.05 \times 10^4 m^3/d$ 增压规模, 开采至 2018 年还有 $6.06 \times 10^4 m^3/d$ 的生产能力(表 2)。增压初期稳产 2a,以后气井以定井口压力 1.5MPa 左右保持生产,产气量逐年递减,递减率为 15%,递减到废气产量 $0.1 \times 10^4 m^3/d$ 时停产。

通过增压开采,汪家屯气田 2011—2015 年日产气可稳定在 $20 \times 10^4 m^3$ 以上,2016 年日产气以 10% 递减,2017—2018 年日产气以 13% 递减。

表2　汪家屯气田增压开采分年度日产气构成

开采方式	增压时间	井数	分年度生产能力预测,$10^4 m^3/d$						
			2012 年	2013 年	2014 年	2015 年	2016 年	2017 年	2018 年
自然产能		15	22.33	19.43	16.53	12.14	10.92	9.83	8.85
增压开采	2012 年	9	4.65	4.31	3.66	3.11	2.64	2.25	1.91
	2013 年	2		1.05	1.05	0.89	0.76	0.64	0.55
	2014 年	2			1.30	1.30	1.11	0.94	0.80
	2015 年	6				3.75	3.75	3.24	2.81
	增压小计	19	4.65	5.36	6.01	9.05	8.26	7.07	6.06
合计		34	26.98	24.79	22.54	21.19	19.18	16.91	14.91

汪家屯气田通过增压开采与自然产能生产相结合,至 2018 年底,预测累计采气量可达到 $12.73 \times 10^8 m^3$,动态储量采出程度 60.09%,与不增压相比采出程度提高了 8.2%。

五、增压建议及经济评价

若同时对汪家屯气田所属的集气站进行增压改造,投资较大,风险较高,建议 2012 年首先在低压气井最多的集气站开展增压开采先导性实验,为气田增压开采积累经验、储备技术。

低压气井最多的集气站增压改造实施后,可恢复 11 口气井生产,增加气量 $6.95 \times 10^4 m^3/d$,按照气价 1.5 元/m^3、操作成本 0.32 元/m^3 进行计算,平均日增效益 9.2 万元,内部收益率为 148.48%,投资回收期 1.61a,项目具有较好的经济效益。

参 考 文 献

[1] 孟庆华.川西致密砂岩气田开发后期增压开采技术[J].四川文理学院学报:自然科学版,2007,17(5): 43-45.

[2] 方小娟,陈青,易晓燕,等.大牛地气田盒3气藏单井增压时机探讨[J].重庆科技学院学报:自然科学版, 2011,13(1):82-84.

[3] 汤勇,孙雷,李士伦,等.新场气田蓬莱镇组气藏增压开采数值模拟研究[J].天然气工业,2004,24(8): 69-71.

[4] 王少军,何顺利,吴正,等.产量不稳定法确定气藏地面增压时机[J].油气田地面工程,2009,28(2): 23-24.

[5] 尚万宁.适合靖边气田特点的集气站增压工艺探讨[J].天然气工业,2007,27(2):98-100.

[6] 胡辉.洛带气田蓬莱镇组气藏增压开采方案设计[J].钻采工艺,2007,30(1):141-142.

徐深气田气井产量递减规律探讨

耿晓明　陈　兵　吴　康

　　摘　要：本文研究了影响徐深气田气井产量递减的主要因素，利用 ArpS 及修正的 Weng 方法对徐深气田火山岩及砾岩气井递减情况进行分析研究，分析了产量、累积产量随时间的变化关系，判断了气井递减类型，确定了气井递减规律及递减程度，初步判断了徐深气田各井主要呈指数递减和双曲线递减，同时对开采火山岩及砂砾岩的部分气井进行了产量预测。

　　关键词：徐深气田　火山岩　砾岩　递减研究　产量预测

一、引言

　　徐深气田属低孔、低渗储层，大部分气井需要压裂才能获得工业气流，目前由四个区块组成，主要开采火山岩及砂砾岩储层。从生产情况看，不同储层气井产气能力差别较大，同一岩性不同气藏气井的产气能力也存在着明显的差别：火山岩气井总体产量稳定，砂砾岩产量下降快。为保持气田可持续的高产稳产，对当前递减规律的研究显得十分必要。

二、递减因素分析

　　影响气井递减状况的因素很多，可归纳为地质因素、开发因素和工程因素。结合徐深气田实际，本文主要从地质因素上进行了初步分析。

　　1.地质特征

　　1）构造形态上，构造部位不同产能大小分布不同

　　对于火山岩储层，火山喷发时岩相主要为喷溢相和爆发相，不同井区差异较大：S2－1 区块火山岩相发育规模最大，S1 区块规模次之，S汪1 区块规模相对较小，即火山口附近构造高部位形成较厚的储层，而远端形成较薄的储层，这与火山熔岩黏度大、流动性差有直接关系。气井产能具体表现为：储层构造高部位气井以中高产为主，中、低部位气井以低产为主。

　　对于砂砾岩储层，从砂砾岩气藏的构造图来看，以断层为界，断层将该砾岩气藏分为两单斜构造，断层右侧表现为一个向南倾没的单斜构造，断层左侧表现为一个向西倾没的单斜构造。各气井产能表现为：以断层为界，位于气藏中心位置的 S6 井产能相对较高，产能沿两个单斜构造由构造高部位向低部位逐渐下降，由中心向四周逐渐降低。

　　不论是火山岩储层，还是砂砾岩储层，气井产能高低与构造形态基本一致，中低产气井多位于构造低部位，这也是产能递减较快的一个原因。

　　2）储层物性上，物性好坏程度影响气井递减快慢

　　火山岩及砂砾岩储层岩性均多属裂缝—孔隙型。对于此种类型储层，存在"基质岩石向

裂缝供气、裂缝再向井底供气"的渗流模式。

气井井底周围附近在局部区域控制储量一定的情况下,随着近井区域气量的不断采出,近井地带能量消耗加快,这时需要裂缝向井底提供持续的气量,而裂缝中的气量来源于基质岩石,若裂缝及基质岩石物性差,孔渗能力差,那么远井地层的气量则不能及时补给到近井地带的高渗透区域,反应在气井井口则是油压、套压下降较快,地层能量不足,产量递减快,详见表1。

表1 储层参数分类统计表

层位	层数	有效厚度 m	总孔隙度 %	有效孔隙度 %	裂缝孔隙度 %	总渗透率 mD	基岩渗透率 mD	裂缝渗透率 mD	基岩含气饱和度,%	裂缝宽度 μm
营一段	97	1080.6	7.4	6.04	0.101	2.505	0.551	1.955	53.28	19.87
营四段	56	605.9	4.92	3.64	0.049	0.336	0.069	0.267	47.96	21.15

通过储层参数分类统计可知,营四段储层物性各项参数指标总体上均落后于营一段、营三段。相比于火山岩营一段气井,营四段砂砾岩基质岩石及裂缝渗透率与火山岩相差近10倍,整个储层物性差,致使储层的持续供给能力很差。构造较高部位储层物性相对好一些,随着构造位置的降低,储层物性逐渐变差。与对应气井产能进行对比,二者表现出较强的相关性。这也是砂砾岩气井递减较快的主要原因。

3)储层展布范围上,连通性决定气井供气范围

徐深气田火山岩及砾岩储层气井均需压裂才能投产,绝大部分压裂气井试井曲线均表现出典型的裂缝线性流曲线特征,气井完善程度较好,无污染,储层表现为均质地层特性,渗流能力较低。

对于火山岩气井,同一气井多次试井分析结果显示,随生产时间的延长,气井地层渗流能力有所增加;曲线形态未表现出双孔、双渗、复合地层等特征,表明裂缝延伸区以外地层表现为均质地层、低渗特征。S1、S1-304等井进行过多次压力恢复试井,从试井解释结果看,裂缝半长较大。随生产时间的延长,地层平均渗透率及地层系数呈现出逐渐增加趋势,表明地层渗透性在逐渐变好,不渗透边界较远。

对于砂砾岩气井,从目前有限的压力恢复测试资料解释结果来看,压裂井裂缝半长普遍相对较短,且边界距井较近,地层能量供给不足。除构造中部位S6井不渗透边界较远之外,边部多数气井储层不渗流边界距井较近,井控范围的大小限制了气井产能。

2.单井井控储量

火山岩储层气井井控储量相对较高,平均为$4.94 \times 10^8 m^3$。与火山岩气井相比,砂砾岩储层气井井控储量非常低,除3口井大于$1.0 \times 10^8 m^3$外,其余井储量尚不足$0.5 \times 10^8 m^3$,这也是该类储层气井递减快的根本原因。

3.气井生产制度

徐深气田深层气井投产初期工作制度普遍较大,致使部分井控储量较低的气井压力和产量递减较快,例如S1-1井、S汪1井。

4.气井出水

徐深气田普遍存在着边底水,出水气井多位于气藏边部或是区域构造的较低部位、气水过

渡带上,产层紧邻下部水层或直接与水层相连,天然裂缝和压裂缝极易沟通水层成为水窜通道。气井出水对产能会造成不利影响,当气井出水后,气体在地层中的渗流由单相变为气、水两相流动,气相渗透率降低,由于气产量递减加快,气田稳产期较开发方案的目标值会有一定程度的缩短。

三、气井产量递减规律研究

1. 递减研究的方法

气井的生产全过程基本可以分为3个阶段:产量上升阶段、稳产阶段和递减阶段。研究产量递减规律的方法一般是,首先绘制产量与时间的关系曲线,或者绘制产量与累积产量的关系曲线,然后选择恰当的标准曲线或标准公式来描述这一段关系曲线。

所谓递减率(a),是指单位时间内(月或年)产量下降的速度,是一个小数,其单位是时间的倒数。递减指数是递减率的指数,无量纲,以符号 n 表示。

1945 年 J. J. Arps 提出了 3 种最基本的规律,即指数递减、双曲线递减和调和递减。此规律适用于气田开发全过程,是最普遍及常见的类型。

产量递减率定义为:

$$a = -\frac{1}{q}\frac{\mathrm{d}q}{\mathrm{d}t} \tag{1}$$

式中 a——产量递减率,mon^{-1} 或 a^{-1};

q——在递减期人为选定 $t = 0$ 时对应的初始产量,$10^4\mathrm{m}^3/\mathrm{mon}$ 或 $10^8\mathrm{m}^3/\mathrm{a}$;

t——递减阶段与 q 相应的生产时间,mon 或 a。

递减指数 n 是判断递减规律的重要指标。根据递减指数 n 的大小,可以判断出气井的递减规律类型,详见表 2。

表 2 Arps 产量递减规律表

递减类型	指 数 递 减	双曲线递减	调 和 递 减
递减指数	$n = 0$	$0 < n < 1$	$n = 1$
递减率	$a = $ 常数	$a = a_i\left(\dfrac{q}{q_i}\right)^n$	$a = a_i q/q_i$
产量与时间关系	$q = q_i e^{-a_i t}$	$q = q_i(1 + n a_i t)^{-\frac{1}{n}}$	$q = q_i(1 + a_i t)$
产量与累积产量关系	$N_\mathrm{p} = \dfrac{q_i - q}{a_i}$	$N_\mathrm{p} = \dfrac{q_i}{a_i(1 - n)}\left[1 - \left(\dfrac{q_i}{q}\right)^{n-1}\right]$	$N_\mathrm{p} = \dfrac{q_i}{a_i}\ln\dfrac{q_i}{q}$

修正的 Weng(翁氏)模型多适用于气田开发中期阶段,表现为产量稳产一段时间或先上升达到最大值,然后再下降的峰值形式,其表达式为:

$$Q = a(t + 1)^b e^{-ct} \tag{2}$$

式中 Q——递减期人为选定 $t = 0$ 时对应的初始产量,$10^4\mathrm{m}^3/\mathrm{mon}$ 或 $10^8\mathrm{m}^3/\mathrm{a}$;

a,b,c——模型参数($a > 0, b > 0, c > 0$)。

修正 Weng 模型的累积产量与时间的关系为:

$$N_\mathrm{p} = \int_0^t Q\mathrm{d}t = \int_0^t a(t + 1)^b e^{-ct}\mathrm{d}t \tag{3}$$

2. 应用递减软件进行计算

递减软件界面如图 1 所示。

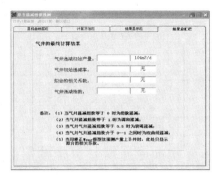

图 1　递减软件界面示意图

依据两种递减计算方法编制软件,并对满足适用条件的 38 口井进行了计算,算得其中 10 口井满足修正的 Weng 模型,28 口井满足 Arps 递减模型,并按递减类型及开采层段进行分类,每类详细介绍一口井的计算结果。

1)修正的 Weng 模型

气井产量出现峰值或基本保持稳定,共计 10 口井,详见表 3。

表 3　修正的 Weng 递减模型递减情况统计表

层　　位	递减类型	井　数　口	井　　号	相关系数	备　　注
营一段	修正的 Weng 模型	8	S1	0.0986	气井具有一定的稳产能力
			S1 − 101	0.0562	
			S1 − 203	0.0867	
			S1 − 2	0.0706	
			S6 − 205	0.0673	
			S6 − 202	0.0613	
			S901	0.0012	
			S9 − 3	0.1950	
营三段		2	S2 − 17	0.0041	
			S2 − 19	0.0004	

例如营一段 S1 井,从该井拟合数据曲线上看,产量先上升,达到了最大值,之后下降保持一段时间稳产,属于修正的 Weng 递减模型。经计算,$a = 15.79082$,$b = 0.165942$,$c = 6.93 \times 10^{-3}$,拟合产量相对误差为 0.71%,相关系数为 9.86×10^{-2},$Q = 15.79082(t+1)^{0.165942} e^{-0.00693t}$。

2)Arps 模型

用 Arps 模型计算,共计 28 口井,气井产量表现为纯递减模式。其中,递减较快的为指数型递减,有 11 口;其次为衰竭递减,有 10 口;衰减较慢的为双曲线递减,有 7 口。营四段有 6 口井属指数递减,营一段 9 口井属衰竭递减,营三段有 4 口井属双曲线递减,详见表 4、表 5、表 6。

表4 营一段火山岩气井产量递减情况表

层位	井数口	递减类型	井号	相关系数	指数 n	产量 q_i $10^4 \text{m}^3/\text{d}$	递减率 a_i	平均值
营一段 14 口井	3	指数递减 $n=0$	S603	0.959	0	12.630	0.0009	0.0007
			S1−201	0.921	0	8.741	0.0006	
			S9	0.907	0	6.273	0.0007	
	2	双曲线递减 $0<n<1$	S6−3	0.977	0.045	5.211	0.0020	0.0022
			S1−304	0.996	0.97	12.360	0.0023	
	9	衰竭递减（双曲递减）$n=0.5$	S1−1	0.837	0.5	13.424	0.0008	0.0016
			S1−x202	0.990	0.5	7.982	0.0007	
			S6−101	0.954	0.5	10.953	0.0014	
			S6−102	0.887	0.5	7.883	0.0021	
			S6−104	0.955	0.5	12.776	0.0010	
			S6−105	0.983	0.5	11.310	0.0016	
			S6−107	0.918	0.5	9.000	0.0008	
			S6−208	0.936	0.5	13.527	0.0036	
			S902	0.948	0.5	7.716	0.0024	

表5 营三段火山岩气井产量递减情况表

层位	井数口	递减类型	井号	相关系数	指数 n	产量 q_i $10^4 \text{m}/\text{d}$	递减率 a_i	平均值
营三段 7 口井	2	指数递减 $n=0$	S平1	0.956	0	35.413	0.0006	0.0008
			S2−25	0.877	0	7.802	0.0010	
	4	双曲递减 $0<n<1$	S更2	0.973	0.951	13.525	0.0095	0.0079
			S2−12	0.887	0.948	9.004	0.0196	
			S2−21	0.979	0.960	7.549	0.0019	
			S101	0.917	0.045	5.211	0.0009	
	1	衰竭递减（双曲线递减）$n=0.5$	S202	0.899	0.5	7.230	0.0004	0.0004

表6 营四段火山岩气井产量递减情况表

层位	井数口	递减类型	井号	相关系数	指数 n	产量 q_i $10^4 \text{m}^3/\text{d}$	递减率 a_i	平均值
营四段 7 口井	6	指数递减 $n=0$	S6	0.821	0	29.101	0.0014	0.0030
			S6−2	0.955	0	3.562	0.0065	
			S6−108	0.885	0	10.381	0.0041	
			S6−207	0.924	0	3.823	0.0029	
			S6−209	0.893	0	5.827	0.0009	

层位	井数口	递减类型	井号	相关系数	指数 n	产量 q_i $10^4\text{m}^3/\text{d}$	递减率 a_i	平均值
营四段 7 口井	6	指数递减 $n=0$	S6-211	0.895	0	5.332	0.0016	0.0030
	1	双曲递减 $0<n<1$	S6-1	0.910	0.045	3.705	0.0047	0.0047

例如营一段 S6-3 井，$n=0.045$，双曲线递减，$q_i=5.210\text{m}^3/\text{d}$，$a_i=2\times10^{-3}$，拟合产量相对误差 1.49%，产量与时间的关系为：

$$q = 52107.95 \times (1 + 0.00009225t)^{-\frac{1}{0.045}}$$

累积产量与时间的关系为：

$$N_p = 26616243.14 \times (1 + 0.00009225t)^{1-\frac{1}{0.045}}$$

营四段绝大多数井均表现为指数递减，以 S6-211 井为例，$n=0$，指数递减，$q_i=5.332\text{m}^3/\text{d}$，$a_i=1.6\times10^{-3}$，拟合产量相对误差 3.20%，产量与时间的关系为：

$$q = 53322.42e^{-0.00164t}$$

累积产量与时间的关系为：

$$N_p = 32513670.73(1 - e^{-0.00164t})$$

3. 递减程度分析

Arps 递减模型中的双曲线递减（$0<n<1$）是气田上最有代表性的递减类型。指数递减和调和递减是当 $n=0$ 和 $n=1$ 时两个特定的递减类型。从整体对比来说，指数递减类型的产量递减得最快，其次是双曲线递减类型中的衰竭递减，产量递减最慢的是调和递减类型。

从计算结果来看，调和递减没有出现。若以指数递减和衰竭递减结合来判断火山岩及砾岩气井的递减情况，经统计分析发现，营四段砾岩气井递减最快，营三段火山岩气井递减最慢，详见表7。

表7 递减情况分析统计表

岩性	开采层段	修正的 Weng 递减井数口	Arps 递减井数			递减井类型所占总体比例			递减程度
			双曲线递减 $0<n<1$	双曲线递减 $n=0.5$（衰竭递减）	指数递减 $n=0$	指数 %	衰竭递减 %	总体递减情况 %	
火山岩	营一段	8	2	9	3	14	40	54	轻度→中度
	营三段	2	4	1	2	22	11	33	轻度
砾岩	营四段	0	1	0	6	86	\	86	重度

4. 应用递减软件进行产量预测

以开采火山岩及砾岩储层的 4 口气井为例，利用递减软件进行未来 20 个月的气井产量预测，见图2、图3、图4、图5。

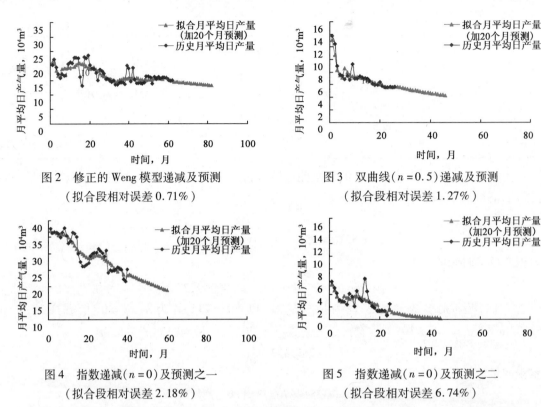

图2　修正的Weng模型递减及预测
（拟合段相对误差0.71%）

图3　双曲线($n=0.5$)递减及预测
（拟合段相对误差1.27%）

图4　指数递减($n=0$)及预测之一
（拟合段相对误差2.18%）

图5　指数递减($n=0$)及预测之二
（拟合段相对误差6.74%）

经曲线对比,3口井历史数据与拟合数据误差较小,曲线拟合程度好;1口井误差偏大,即营四段S6-2井误差较大,这与该井2009年4月至2010年6月未正常生产,多数月份仅开井2~3天,产气量时大时小,生产数据离散有很大关系。

选用这两种模型及其计算公式进行预测,生产数据需连续、波动小,不能离散,能很好地模拟气井的生产数据历史。利用此软件进行产量预测准确性及可靠程度较高。

四、认识及建议

(1)徐深气田火山岩、砂砾岩气井主要表现为Arps递减和修正的Weng递减,营三段递减较轻,营一段递减加快,营四段递减最为严重。

(2)气井产量递减受较多因素控制,主要与地质特征、井控储量、生产制度及产水等因素有关,其中地质特征及井控储量对递减程度影响最大。

(3)用递减模型进行计算过程中,发现每一口井的生产时间、产量与累积产量的关系不是固定的,是随着生产的进行而动态变化的。由于气井受季节调峰影响较大,工作制度经常调整,气井递减类型的判断会存在一定误差。本文对递减规律进行了初步探讨,随着气井生产的继续还需进一步研究。

参 考 文 献

[1] 隋军,戴跃进,王俊魁,等.油气藏动态研究与预测[M].北京:石油工业出版社,2000.
[2] 袁士义,冉启全,徐正顺,等.火山岩气藏高效开发策略研究[J].石油学报,2007,28(1):73-77.

低渗透气藏不稳定试井评价

梁洪芳

摘　要：通过不稳定试井分析，建立起气井及气藏的基本模型，获取气井和地层基本参数，用动态的分析方法认识气藏地质特征。本文主要针对不稳定试井资料较丰富的徐深某区块进行分析。结合气藏动态特征，将本区块不同气井的试井资料以及同一气井不同阶段的试井资料进行对比分析，试井资料显示气井为压裂气井特征，气井完善程度较好；储层表现为均质地层特征，渗流能力较低；随生产时间的延长，地层渗流能力有所增加，各井地层均存在不渗流边界，且边界存在移动性。与国内其他低渗透气田进行对比，初步认为该边界为假边界，因此需要在生产中延长气井连续开井的时间，保持地层压降漏斗逐渐向外移动，实现远井区储量有效动用，这对落实气藏储量及实现气藏储量的变为地面产量起着重要的意义。

关键词：不稳定试井　低渗透　裂缝　不渗透边界

一、引言

在气田的勘探与开发中，气井的不稳定试井分析方法是气井及气藏动态描述的重要手段之一。通过不稳定试井分析，建立起气井及气藏的基本模型，获取气井和地层的基本参数，用动态的分析方法认识气藏地质特征，为气藏的合理高效开发提供帮助。不稳定试井在不同类型气藏的不同开发阶段均能起到重要的作用。

二、不稳定试井方法及解释

1. 不稳定试井方法

不稳定渗流是指气藏中流体原本处于某种平衡状态（静止或稳定状态），改变气藏中气井的工作制度，即改变气井产量（或压力），则会在井底产生一个压力扰动，压力扰动将随时间不断的推移由井底向四周地层径向扩展，最后达到一个新的平衡状态。不稳定试井分析方法是在保持产气量稳定（$Q_g = C$ 或 $Q_g = 0$）条件下，连续测量气井井底压力随时间的变化关系，以确定气井及供气区域的特性参数、平均压力、地层边界等。不稳定单井试井的方法主要有压力降落试井、变流量试井以及压力恢复试井。

2. 不稳定试井解释

如表1所示，根据气井的不稳定试井曲线，判断曲线类型，建立气井及气藏的基本模型，获取气井和地层基本参数，用动态的分析方法认识气藏地质特征，为气藏的合理高效开发提供帮助。

表1 不稳定试井解释模型及参数

类 别		参数及模型
井储		无井储、恒井储、变井储
气井内边界情况 (井、井储、表皮)		直井、水平井、气井完善程度(表皮、射开程度)、裂缝(导流能力、延伸距离)
气藏	模型	均质、双孔、双渗、复合地层等
	基本参数	地层平均渗透率、地层压力、地层系数、流动系数、探测半径、边界距离等
地层外边界情况		无限大、恒压边界、封闭边界、半封闭边界、组合边界、边底水气藏等

三、徐深某区块不稳定试井评价

徐深某区块火山岩气藏和砾岩气藏为构造—岩性气藏,储层整体上都属于低孔、低渗储层,火山岩储层孔隙度为 5.9%、渗透率为 0.35mD,砾岩储层孔隙度为 3.61%、渗透率为 0.279mD,为典型的低渗透气藏。因不稳定试井要求气井在以某稳定产量生产的条件下获取气井井底流压,开井状态下控制流量稳定的难度较大,而关井状态下井口流量稳定,即 $Q_g = 0$,控制难度小,获取的地层参数较为可靠,因此本区块在不稳定试井过程中主要采取压力恢复试井方法。徐深某区块自 2004 年 A-1 井投入试采以来,获得了多井次的压力恢复试井资料,同时部分气井还获得了不同时间段的压力恢复试井资料,试井资料丰富,多次压力恢复资料的对比分析有利于排除偶然因素,使试井解释更准确可靠。徐深某区块试井解释成果见表2。

表2 徐深某区块试井解释成果表

井号	模 型	参 数					边 界			日产量 10^4m³	时间
		S_t	X_f m	K mD	Kh mD·m	p MPa	L_1 m	L_2 m	φ		
A-1井	有限导流+条带边界	-6.58	124.9	0.68	22.32	37.22	115	115			2005 年 3 月
	有限导流+条带边界	-6.0	109.2	0.71	23.39	33.62	118	199		14.0	2006 年 8 月
	有限导流+角度气藏	-7.91	189.5	1.53	30.60	27.81	71.2	125.4	90		2009 年 6 月
A-2井	无限导流+条带边界	-5.99		3.88		33.28	89.7	89.7		8.0	2005 年 3 月
	有限导流+条带边界	-4.86	84.5	5.88	47.05	23.64	36.3	102.2			2009 年 6 月
A-3井	无限导流+条带边界	-6.13	43.23	1.24	15.98	36.63	70	48		7.5	试气
A-4井	有限导流+角度气藏		34.3	1.91	19.11	36.21	131.4	106.8	94	11.0	2010 年 6 月
A-5井	有限导流+角度气藏		143.4	1.95	17.58	37.09	95.8	314	64		2008 年 10 月
	有限导流+角度气藏		96.0	2.76	24.82	37.78	157.6	318.2		12.5	2009 年 4 月
	有限导流+角度气藏		64.7	3.83	34.5	33.71	105.2	275.2			2009 年 8 月
	有限导流+角度气藏		130.8	2.69	24.2	29.05	139.3	356.2			2010 年 5 月
B-1井	无限导流+条带边界		58.8		32.8		210	210		15.0	试采
B-2井	有限导流+角度气藏	-4.42	14.2	1.25	11.21	33.66	32	50	48	2.0	试采
	有限导流+角度气藏	-3.72	17.3	1.46	13.14	32.07	33	62.6	38		试采

续表

井号	模型	参数					边界			日产量 $10^4 m^3$	时间
		S_t	X_f m	K mD	Kh mD·m	p MPa	L_1 m	L_2 m	φ		
B-3井	有限导流+角度气藏	-5.58	41.9	0.58	4.61	30.98	55.0	110.4	60	2.5	试采
B-4井	有限导流+封闭气藏	-4.32	38	0.55	4.33	36.93	30	100		4.0	试气
							220	22			
B-5井	无限导流+半无限大	-6.50	170.4	1.47		38.17	150.0			16.0	试采
B-6井	无限导流+U形地层	-6.22	77.4	1.86		39.81	78.5	176.6	81	10.0	试采

注:S_t 为总表皮系数;K 为渗透率;Kh 为地层系数;X_f 为裂缝半长;p 为外推压力;φ 为边界夹角。

1.试井资料显示气井为压裂气井特征,气井完善程度较好

徐深某区块所有气井均为压裂后投产气井,气井完善程度较好,解释气井总表皮系数均小于 -3.0,井底及裂缝无污染,试井曲线均表现出典型的裂缝线性流曲线特征,裂缝表现为有限导流裂缝和无限导流裂缝的特征。有限导流裂缝与无限导流裂缝的本质区别在于流体在裂缝中渗流的过程是否会引起流体压力的下降。

1)无限导流裂缝

无限导流裂缝是指流体在裂缝中流动,任何时间整个裂缝面的压力相同,其压力恢复双对数曲线可以分成续流段、线性流段、过渡流段、拟径向流段,有时还会有边界反映段。其中,线性流段最能反映压裂井特征的线段,其压力和导数表现为 1/2 斜率的直线,而且压力和导数间在对数坐标上的差值为 0.301(对数周期),如 A-3 井压力恢复双对数曲线见图1。

2)有限导流裂缝

有限导流裂缝的压力恢复双对数曲线可以分成续流段、双线性流段、过渡段和拟径向流段,有时会有边界反映段。其中,双线性流是有限导流裂缝的主要特征,即在裂缝内部存在向井底的线性流动,在裂缝表面存在裂缝表面的地层线性流,压力和导数表现为 1/4 斜率的直线,而且压力和导数间在对数坐标上的差值为 0.602(对数周期),如 A-5 井压力恢复双对数曲线见图2。

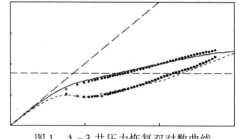

图1 A-3井压力恢复双对数曲线

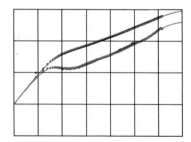

图2 A-5井压力恢复双对数曲线

A-2 井在试采初期地层压力为 33.28MPa,如图3所示,表现为无限导流裂缝,2009 年 6 月地层压力为 23.64MPa,地层压力下降 9.64MPa,而裂缝的导流能力减弱,见图4。初步认为,随地层压力的降低,地层流体对裂缝的支撑能力减弱,有效的裂缝半长、裂缝宽度逐渐减小,裂缝的导流能力逐渐减弱。

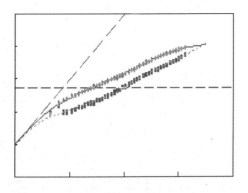

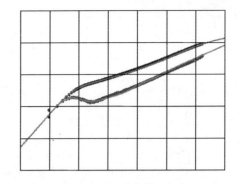

图3 A-2井初期双对数曲线(2005年3月)　　图4 A-2井近期双对数曲线(2009年6月)

2. 储层表现为均质地层特征,渗流能力较低

1)裂缝延伸区以外地层表现为均质地层特征,储层渗透率较低

从各井的试井曲线来看,目前徐深某区块各井地层表现为均质地层特征,曲线形态未表现出双孔、双渗、复合地层等特征。从各井的试井解释结果来看,压裂后的地层平均渗透率较低,见表2,各井地层平均渗透率在0.55～5.88mD之间,多数气井的平均渗透率在1.0mD左右,仅A-2井和A-5井地层平均渗透在2.0mD以上。试井解释地层渗透率较低,这与气藏为低渗透气藏的性质相符。

2)同一气井多次试井分析结果显示随生产时间的延长,气井地层渗流能力有所增加

A-1、A-5等井进行过多次压力恢复试井,从试井解释结果看,随生产时间的延长,地层平均渗透率及地层系数呈现出逐渐增加的趋势,表明地层渗透性在逐渐变好。初步分析其原因主要为:一是进入地层钻完井液的返排;二是地层渗流能力较低,在气藏成藏的过程中气驱水也较困难,在地层中存在部分游离水占据孔隙空间,特别是在地层孔隙喉道处,因游离水的存在从而使气相的渗透率降低。随生产时间的延长,部分游离水逐渐被带出,从而使气相渗透率有所增加。与此同时,随地层压力的降低,部分地层束缚水也逐渐转变游离水而在生产中逐渐被带出,同样使地层渗透率有所增加。

3. 各井地层均存在不渗流边界,多表现为条带边界和角度边界

如表2所示,从各井的试井解释结果来看,各井地层中均存在不渗流边界,边界距离因井而异。结合低渗透地层存在启动压差的特点、徐深某区块岩性气藏储层物性差等特点,初步认为边界多为岩性边界(假边界)。

1)初步认为因地层中压裂形成方向性裂缝,使试井中边界表现为平行边界或角度边界

地层压裂形成方向性裂缝后,沿裂缝方向地层渗透性有所改善,而在距裂缝较远的地层中,地层渗透性仍然较低,此处地层压差需要大于启动压差才能参与流动,在压降漏斗在地层某处形成的压差小于启动压差时,该处则表现为不渗流边界,从而形成平行于裂缝的条带边界或者角度边界。同时,对于压裂规模较小的气井,单井模型表现出封闭气藏特征,即为4条封闭边界的矩形地层特征,如B-4井试井解释边界$L_1 = 30m$, $L_2 = 100m$, $L_3 = 220m$, $L_4 = 22m$。

2)通过同一口气井多次试井资料进行对比分析,初步认为地层外边界存在移动性

如表3所示,A-5井自2008年9月投产后,先后进行了4次压力恢复试井。2009年4月试井前较2008年10月生产时间长,压降漏斗波及范围大,达到启动压差的地层范围较大,地层不渗流边界向外移动。2009年8月压力恢复试井前,由于生产时间较短,压降漏斗波及相对较小,地层不渗流边界向外移动,地层边界较上次距井底相对较近。2010年5月试井前,连续生产时间长达192天,此次解释的地层边界也距井最远。通过A-5井的实例分析,初步认为该不渗流边界为假边界,当地层某处的压差大于其启动压差时,该处原本的不渗流边界将不存在。

表3　A-5井历次压力恢复试井及试井前生产情况

| 试井日期 | 渗透率 mD | 地层压力 MPa | 边界距离,m | | 试井前连续生产情况 | | 生产前关井时间 d | 备注 |
			L_1	L_2	连续生产时间 d	阶段累积产气 $10^4 m^3$		
2008年10月	1.95	37.09	95.8	314	44	581.98		投产
2009年4月	2.76	37.78	157.6	318.2	108	1221.41	76	
2009年8月	3.83	33.71	105.2	275.2	69	1017.85	42	
2010年5月	2.69	29.05	139.3	356.2	192	2460.55	67	

徐深某区块与长庆苏里格气田存在较大的相似性。苏里格气田为一个低渗透砂岩气藏,在开发初期原本认为各气井各自控制着相对独立的砂体,气井在动态中表现为连通可能性小。随生产时间的延长,地层边界逐渐向往移动,逐步认识到储层砂体为连片的砂体,确保了气田储量的真实可靠及通过滚动开发实现储量的有效动用。因此,针对徐深某区块存在的类似情况,建议生产中延长气井连续开井的时间,保持地层压降漏斗逐渐向外移动,在地层中某处形成的压差大于其启动压差,实现远井区储量的有效动用,以落实气藏储量并将气藏储量变为地面产量。

四、结论及建议

(1)徐深某区块所有气井均为压裂后投产气井,气井完善程度较好,无污染,试井曲线均表现出典型的裂缝线性流曲线特征,表现为有限导流裂缝和无限导流裂缝的特征。

(2)该区块储层表现为均质地层特征,渗流能力较低,多数气井的平均渗透率在1.0mD左右,仅A-2井和A-5井地层平均渗透在2.0mD以上。同时,随生产时间的延长,地层渗流能力有所增加。试井解释地层渗透率较低,这与气藏为低渗透气藏的性质相符。

(3)各井地层均存在不渗流的边界,因地层压裂形成方向性裂缝,致使边界大多表现为条带和角度的岩性边界。同时,低渗透地层存在启动压差,因压降漏斗波及范围不同,使该不渗流边界表现出移动性。建议延长气井连续开井的时间,保持地层压降漏斗逐渐向外移动,实现远井区储量的有效动用,这对落实气藏储量及实现气藏储量变为地面产量起着重要的意义。

参 考 文 献

[1] 庄惠农.气藏动态描述和试井[M].北京:石油工业出版社,2004;1-38,112-213.

[2] 唐刚.动态追踪对比分析试井解释技术[J].天然气勘探与开发,2005,28(1):25-27.

[3] 徐苏欣,林加恩,等.压裂井压力恢复试井的典型曲线直接综合分析技术[J].油气井测试,2000,(2):
   9-14.

[4] 邵锐,唐亚会,等.徐深气田火山岩气藏开发早期试井评价[J].石油学报,2006,27(增刊):142-146.

[5] 魏斌,袁东蕊,等.长庆气田产能试井及压力恢复曲线分析[J].油气井测试,2002,(1):17-20.

[6] 刘华强.四川盆地宜宾嘉陵江组气藏试井分析[J].油气井测试,2002,(6):28-30.

羊草气田储层预测方法探讨

李国徽

摘　要:羊草气田西邻汪家屯气田,东与宋站气田相邻,主要目的层为下白垩统泉头组泉四段、泉三段的扶余和杨大城子油层。本文主要通过对三维地震储层反演预测方法进行探讨,针对稀疏脉冲波阻抗反演技术和测井曲线重构反演技术在羊草气田的两种应用的对比分析,发现利用伽马曲线、重构反演技术能够很好地预测含气有利储层的分布,从而为进一步开发羊草气田潜力打好基础。

关键词:羊草　预测　反演

一、引言

羊草气田的勘探始于 1976 年,先后发现了升 81 气藏和宋 18 区块的小气藏群。自 1987 年升 81 井投入试采开发以来,目前已处于勘探后期—开发早期阶段,因此对于有利储层的预测显得至关重要。本次基于三维地震资料开展储层预测技术方法的探讨,优选出能够有效识别羊草气田储层的预测方法,明确砂体平面、纵向上展布规律,对进一步开发羊草气田、提高气田采收率具有重要意义。

二、常规波阻抗反演技术

波阻抗反演技术在地震资料的有效频带范围内,采用常规的 CCFY、HAR I 等井约束动力学反演方法,将井资料、地震资料有机地结合,建立砂体解释模型和储层含气性解释模型,达到储层横向预测的目的。

1. 波阻抗反演原理

波阻抗反演的基本原理是用已知的地震记录去求解造成这种记录的地层波阻抗,用公式表达如下。

设层状介质的褶积模型为:

$$S(t) = R(t) * W(t) + N(t) \tag{1}$$

式中　$S(t)$——实际地震记录;

$R(t)$——反射系数序列;

$W(t)$——地震子波;

$N(t)$——噪声。

用井的反褶积或地震振幅统计的方法求出一个子波,便可求出反射系数 R_i:

$$R_i = \frac{\rho_{i+1} v_{i+1} - \rho_i v_i}{\rho_{i+1} v_{i+1} + \rho_i v_i} = \frac{Z_{i+1} - Z_i}{Z_{i+1} + Z_i} \tag{2}$$

其中
$$Z = \rho v$$

式中　Z——波阻抗；

　　　ρ——介质密度；

　　　v——速度。

可以推出：

$$Z_{i+1} = Z_i \frac{1 + R_i}{1 - R_i}$$

这样可用递推法自上而下逐层推出波阻抗,把一道一道的波阻抗拼到一起得到波阻抗剖面或波阻抗数据体,这就是波阻抗反演的基本原理。

2. 稀疏脉冲波阻抗反演技术

稀疏脉冲反演(CSSI)是基于稀疏脉冲反褶积的递推反演方法,该方法的主要优点是能获得宽频带的反射系数,能较好地解决地震记录的欠定问题,从而使反演得到的波阻抗数据更趋于真实。使用约束条件的方法有两种。第一种方法认为附加信息是一种"软"约束,也就是说,初始猜测阻抗是一块分离的信息,通过对初始猜测阻抗与地震道加权来把它加到地震道上。这种方法称为随机方法。第二种方法认为附加信息是一种"硬"约束。该约束条件设定了根据初始模型反演得到最终结果的绝对边界,这种方法称为约束反演方法。

1)准确层位标定

先用给定理论子波制作合成记录,把测井上的分层与地震上的解释层位对齐,从而确定各井的时深关系。然后再利用井旁地震道提取子波,与反射系数褶积以后产生合成记录剖面与实际地震剖面对比,同时不断调整子波系数,使两者达到最大相关,最终确定各井的准确时深关系。

2)子波估算

利用标定好的测井曲线、过井地震道提取子波,通过子波的形态、振幅谱、相位谱、与合成地震记录的拟合程度等一系列手段作为质量监控,通过选取不同的时窗最终提取出最优秀的子波,如图1所示。将全区13口井估算子波进行平均,所获得的平均子波作为用于反演的子波。

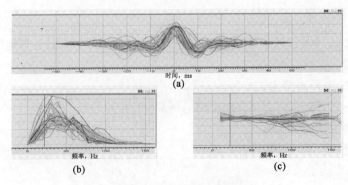

图1　多井子波及振幅谱、相位谱

(a)子波;(b)振幅谱;(c)相位谱

3)建立低频模型

首先利用测井曲线和地质分层数据建立单井低频模型,然后结合地震解释层位建立三维低频模型。在低频模型中,无井道上的值由各井按距离加权计算。低频模型用来替换地震低频部分,从而完成地震反演。

4)三维地震体反演

用信噪比、信号的水平连续性和低频模型的偏差及反射系数门槛值作为约束条件,以低频模型为基础,以测井资料为约束最终得到三维地震反演数据体,如图2所示。

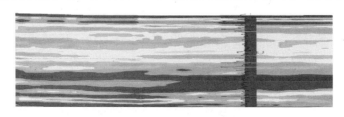

图2 过A井常规反演剖面图

综上所述,波阻抗值大小一方面反映了储层横向延展范围,另一方面反映了储层内砂岩的粒度和纯度,即储层中泥质含量的多少。波阻抗值越高,储层越发育,储层中砂岩含量越大,泥质含量越小。本区的波阻抗反演一定程度上提高了反演的分辨率,但与储层对应关系较差,还需要对其他特征曲线进行分析,寻找更加适合本区的储层预测方法。

三、测井曲线重构反演技术

自然伽马、自然电位、电阻率等非速度类与地震反射没有直接对应关系,但是直接反映地层岩性。测井曲线重构反演技术就是在测井约束反演的基础上,分析反映储层特征的敏感测井曲线,利用特征曲线加强储集层与围岩的速度差异,用重构的速度类测井资料进行反演,从而提高对储集层的描述能力。

1. 测井资料预处理

1)测井曲线校正

在井壁不规则处,由于仪器遇卡或碰撞等原因,测井曲线可能会出现异常而不反映地层的实际情况。应对这部分异常进行编辑校正。由于泥饼等背景影响变化在全井段的渗透层比较统一,可以只考虑井径对测井曲线的影响。

2)标准层选取

选取的标准层其沉积相及相应的岩性及电性特征应稳定,同时,在区域上应有一定的厚度,且分布广泛。扶余油层的标准层选取三角洲平原沉积井段,其岩性以泥岩沉积为主,在其中选取约5~10m厚的泥岩段作为标准层。其自然电位处于基线位置,声波时差大,密度低,电阻率低,伽马呈明显的高平台。

3)测井曲线标准化

进行多井解释,必须对每一口井进行区域上的标准化,以消除井间误差,为单井解释与储层平面描述奠定基础。

(1)GR曲线标准化:

在标准化的过程中,采用了曲线均值平移法对伽马曲线进行了标准化,如图3所示。标准化前,自然伽马基值不一致,变化范围较大;标准化后,标准层段 GR 值的正态分布 40 ~ 135API,主峰值 100API。

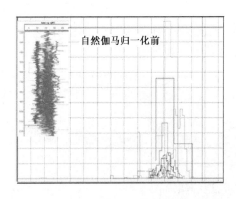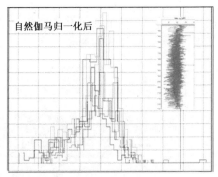

图3 区块 A 扶杨段自然伽马曲线标准化

(2)DT 曲线标准化:

由于声波曲线受压实作用影响较大,故均值平移法不适合对声波曲线进行标准化,如图4 所示,针对声波曲线特点采用了趋势面校正的方法。标准层段声波平均值 200 ~ 400μs/m,沿 构造高部位向低部位的南北两翼声波逐渐减小,符合压实规律,趋势面反映尤为明显。

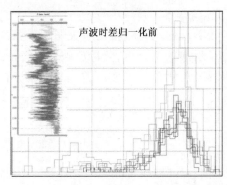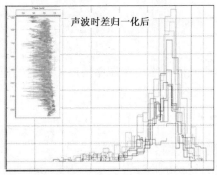

图4 区块 A 扶杨段储层声波时差标准化

(3)SP 基线偏移校正:

SP 曲线反映了地层的渗透性,将非渗透储层的 SP 值校正为统一值0,从而突出渗透储层。 校正后渗透性储层段的 SP 值为负异常。如图5 所示,从全区 13 口钻井标准化前后对比分析, 标准化前,自然电位曲线存在异常点,基值不一致,存在较大基线偏移现象;标准化后,消除了 异常点对储层的影响,泥岩基线都为0,砂岩整体为负异常特征,标准化效果明显,方法可靠。

2.敏感型曲线分析与重构

本区储层与围岩速度对比图如图6 所示,速度重叠范围较大,储层与围岩速度差异小,这 说明用速度识别本区储层难度大。本区自然伽马曲线能够清晰地分辨储层与围岩,整体上储 层表现为低自然伽马,围岩表现为高自然伽马。自然电位一定程度上也能够区分储层与围岩, 但是无法区分储层间的变化特征。自然伽马曲线既反映储层岩性的变化,又能比较准确反映储层的厚度。

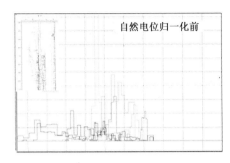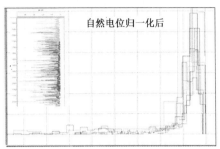

图 5　区块 A 自然电位标准化

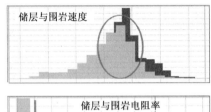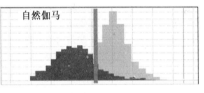
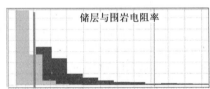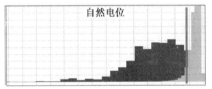

图 6　区块 A 扶杨段储层与围岩特征分析

由于区块 A 扶杨段储层以薄层或薄互层为主,这在一定程度上加大了储层预测的难度。因此,必须集合本区多种曲线特征拟合一条能反映本区储层特征的新曲线进行储层预测。

综合上述统计发现,本区扶杨油层段声波测井不能明显区分储层与非储层;密度反映储层之间特征不明显;自然伽马、自然电位、电阻率都能较好反映储层与围岩、储层与储层间变化特征;中子与自然电位能反映砂泥岩变化,但分辨率低。单一测井曲线在应用中虽能找到各种岩性的差别,但不明显。应用曲线重构技术可以放大储层与非储层的差别,使各种岩性的曲线特征更加明显。同时结合岩心、分析化验资料,建立储层岩性判别标准。由于目的层段自然伽马有很好的岩性分辨能力,所以利用自然伽马测井曲线中高频为基础,并以声波与密度测井曲线乘积作为低频趋势,重构目的层岩性识别曲线。

3. 重构反演处理

用信噪比、信号的水平连续性和低频模型的偏差及反射系数门槛值作为约束条件。以低频模型为基础,以测井资料为约束最终得到三维地震反演数据体。

通过测井曲线重构反演技术的方法对全区进行反演分析,如图 7 所示。可以看出井间变化自然,分辨率有较大提高,储层响应明显,且与钻井吻合程度高,易于解释追踪。

最后统计 13 口井储层与可识别储层,如图 8 所示,储层可识别 97% 左右,说明储层吻合程度高,储层预测结果可靠。

图7 过B井—C井重构反演剖面

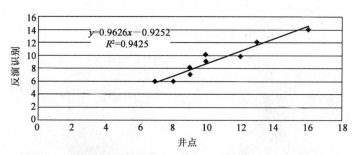

图8 钻井结果与反演结果吻合率统计图

四、反演技术对比

常规反演与重构反演差异较大,重构反演更能够反映储层的变化特征,与井点能较好地吻合,能够合理解释井间储层的变化特征。

如图9所示,常规反演只能识别6个反射轴,基本上没有提高原有地震资料的分辨率,储层在反演剖面上响应差;而重构反演大大提高了储层的分辨能力,储层对应关系较好,能清晰识别每套储层。

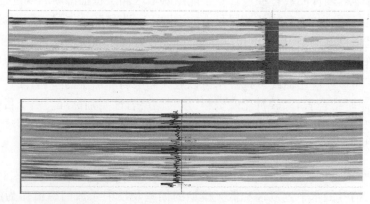

图9 过A井常规反演与重构反演对比剖面
(a)常规反演;(b)特殊反演

综上所述,重构反演处理大大提高了储层预测精度,能较好地解释钻遇井及井间的储层变化,储层顶面构造与厚度都能较好地与钻井相吻合,因此处理方法得当,效果明显,值得推广应用。

五、结论

(1)波阻抗反演技术具有合理的理论基础,但在厚度上无法区分砂岩和泥岩,不能够很好地预测有效储层。

(2)自然伽马及自然电位曲线对于识别中浅层砂岩及其围岩具有较好的敏感性,可以根据实际储层特点对上述两种方法进行优选。

(3)对于羊草气田,利用曲线重构反演技术能够很好地预测有利储层的分布。

参 考 文 献

[1] 陆基孟.地震勘探原理[M].东营:石油大学出版社,1993.

[2] 刘雯林.油气田开发地震技术[M].北京:石油工业出版社,1996.

[3] 李立诚,吴坚,张塞,等.地震波阻抗反演技术在层序研究中的应用——以准噶尔盆地为例[J].新疆石油地质,2001,23(3):242-244.

井 A 产出地层水原因分析

莫 霞

摘 要:气井生产中,地层出水会引起气井产量大幅度下降,从而降低气井的生产能力。从2006年起,井A就开始产出地层水,为了高效开采该井,分析其出水原因很重要。该井目前是三个层位合采,对判断其出水原因也加大了难度。根据出水特征,从多角度、多资料综合判断其出水原因,充分利用生产资料、测井资料、地质资料,工艺措施等,采用动态和静态资料有机结合的方法,综合分析产出地层水的原因,为制订下一步的防水、控水措施提供依据。

关键词:地层水 束缚水 测井

一、引言

井 A 于2004年12月23日投产,截止到2010年7月10日,累计生产1288天,累计产气23274.305 × 10^4m^3,累计产水4951.945m^3。该井2006年11月(图1),日产气22 × 10^4m^3,发现氯离子和矿化度急剧上升;氯离子由原来的13.8mg/L上升到5560mg/L,矿化度由原来的2560mg/L上升到16600mg/L(该井区域水性:氯离子浓度900~1670mg/L,矿化度为5650~13300mg/L),产出水不再是凝析水,而是地层水。在后来的生产过程中,当以大的工作制度(20 × 10^4m^3左右)生产时,产出水是地层水。2009年12月28日至2010年3月23日以17 × 10^4m^3生产时,产出水也是地层水。地层出水会引起气井产量大幅度下降,从而降低气井的生产能力,因此,确定产出地层水的原因十分重要。

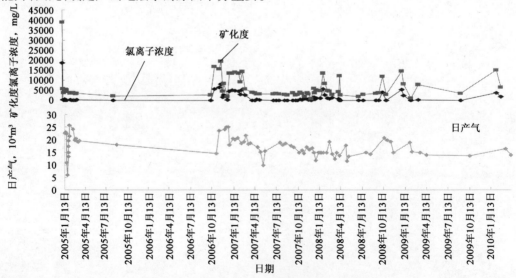

图1 井 A 水质变化和产气量的关系曲线图

二、地层及试采情况

井 A 钻至井深 4548.00m 于沙河子组完钻,主要目的层营城组四段 145 号层、营城组一段 149 号层、营城组一段 150 号层,以及沙河子组 234、235 号层,射孔井段分别为 3364.0 ～ 3379.0m、3460.0 ～ 3470.0m、3592.0 ～ 3624.0m 和 4466.0 ～ 4446.0m。

试气时各层产液量为压裂液,试采时营城组 3 段合采。在试采阶段,认为是无水气层,并无地层水产出,产出水属于天然气的凝析水,而且试采时间较长,其稳定水气比应该反映的是地层条件下天然气的水蒸气含量(表1)。

表1 井 A 分层试气统计表

层位	油嘴,MPa	产气量,$10^4 m^3$	产液量,m^3	流压,MPa	无阻流量,$10^4 m^3$
145	8	17.3	8.95 ~ 6.17	12.853	5.36
149	9.95	17.39	1.3	18.2	22.67
150	14.29	53.275	28.8	30.717	119.502

三、生产情况

该井初期平均日产气 $20 \times 10^4 m^3$,平均日产水 $2.8 m^3$。从图2可看出,2005 年 5 月至 12 月以 $16 \times 10^4 m^3$ 生产,平均日产水 $2.3 m^3$,平均水气比 $0.058 m^3/10^4 m^3$,产出水为凝析水,生产比较稳定。

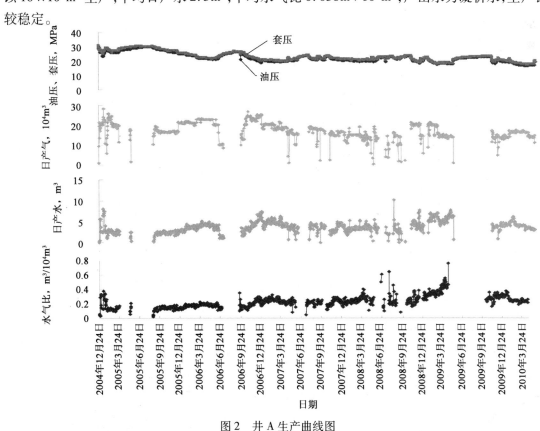

图2 井 A 生产曲线图

2006 年 10 月 3 日至 2006 年 12 月 20 日,以 $22 \times 10^4 m^3$ 生产,油套压下降快,平均日产水 $4.9 m^3$,最高至 $6.7 m^3$,平均水气比 $0.21 m^3/10^4 m^3$。氯离子含量在 2729.88 ~ 8026.81 mg/L 之间,矿化度含量在 8449.79 ~ 17436.66 mg/L 之间,产出水不再是凝析水。

2008 年 10 月 13 日至 2008 年 11 月 21 日,日产气 $20 \times 10^4 m^3$,油套压下降快,平均日产水为 $5.2 m^3$,最高至 $7.3 m^3$,平均水气比 $0.26 m^3/10^4 m^3$。氯离子含量在 4007.59 ~ 5506.27 mg/L 之间,矿化度含量在 11985.35 ~ 14524.17 mg/L 之间,产出水不再是凝析水。

2010 年 1 月 3 日至 2010 年 3 月 23 日,以 $17 \times 10^4 m^3$ 生产,平均水气比 $0.25 m^3/10^4 m^3$。氯离子含量 3667.8 mg/L,矿化度含量 15205.91 mg/L,产出水不再是凝析水。

从以上生产情况来看,在起初以 $20 \times 10^4 m^3$ 大的工作制度开采时,产出水为凝析水;随着开采时间的延长,后来再以大的工作制度生产时,产水量增加,气水比增大,氯离子和矿化度的含量明显增高,产出水不再是凝析水。

四、原因分析

1. 构造位置显示井 A 为纯气层

从构造位置来看(图3),井 A 处于该区块构造高部位。该区块整体构造表现为明显的上气下水特征,处于构造高部位的井 A 未见水,该井显示为纯气层。

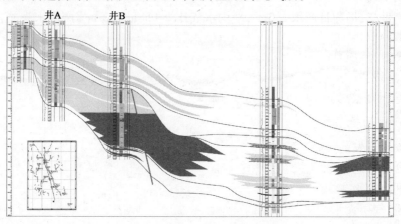

图 3　井 A 区块部分气藏剖面图

从测井的小层数据(表2)来看,该井射孔的层位都是气层,层间没有水层或气水同层,该井也显示为纯气层。

表 2　井 A 小层数据表

序号	井段 m	ILD Ω·m	AC μs/ft	CNL %	DEN g/cm³	GR API	CAL in	V_{sh} %	PORE %	S_{we} %	K mD	解释结果
144	3254.4 ~ 3268.0	37	63	7.1	2.61	113	8.7	39.4	2.4	100	0	干层
145	3268.6 ~ 3386.2	140	62	4	2.45	107	8.9	0	10	70	120	气层
146	3387.2 ~ 3395.4	300	60	3	2.56	105	8.9	5	5.5	70	10	差气层
147	3397.2 ~ 3403.4	89	58	4	2.63	112	8.9	20	3	100	0	干层

序号	井段 m	ILD $\Omega \cdot m$	AC $\mu s/ft$	CNL %	DEN g/cm^3	GR API	CAL in	V_{sh} %	PORE %	S_{we} %	K mD	解释结果
148	3426.4 ~ 3433.8	25	67	5	2.35	67	9.8	10	13	100	19	差气层
149	3447.0 ~ 3573.8	921.1	59	4.7	2.48	117	8.7	6	8	23	8	气层
150	3578.4 ~ 3705.2	322.8	61	7.3	2.4	156	8.6	0	12	38	40	气层
151	3711.6 ~ 3721.4	21.9	61	8.8	2.61	102	8.8	25	7.5	100	6	干层
234	4435.2 ~ 4464.8	80.6	100	2.4	2.52	64	9.2	4.8	8.1	62	4	差气层
235	4465.6 ~ 4480.0	93.6	65	3.2	2.52	64	9.2	2	7.8	65	3	差气层
236	4482.4 ~ 4491.2	83.7	58	3.8	2.6	69	9.2	10	3	100	0	干层
237	4495.2 ~ 4504.6	128:1	56	2.7	2.59	109	9.1	5.2	3.6	100	0.2	干层

2. 井 A 与周边气井水层不连通

虽然构造较低部位的井 B 见水(图 3),但是井 A、井 B 分属于不同的火山岩体,互不连通。井 B 下覆水体又被厚隔层分为四个层段,水体在横向上受火山岩体控制,平面连通性差,供给范围小。纵向上,水体内部及水层与气层之间存在隔夹层,这些隔夹层对水体上升有较强的阻挡作用,使水体在垂向上的传导能力很弱,底水上升很困难。而且这两口井开采井段距离气藏水体均很远,所以产出水不是来源于地层。

根据以上分析,认为该井产出的地层水不是来自于夹层水和边底水。但是,当该井以大的工作制度生产时,产出不是凝析水,而且氯离子含量和矿化度明显增高。笔者认为,可能存在两个原因:一是该井产出的地层水可能是岩石孔隙中的束缚水;二是可能由于桥塞不严,K_1sh 234 ~ 235 号层的压裂液返排。

3. 该井产出的地层水可能是岩石孔隙中的束缚水

气藏在投入开发前,并非孔隙中 100% 含气,而是有一部分被水占据。即使是纯气藏,其储层内都会含有一定数量的不流动水,称之为束缚水。由于气藏开发,气层压力下降,饱和在岩石孔隙中的束缚水或少量自由水因岩石和水本身的弹性膨胀而被挤出,被气流带到井底。

一般来说,气层含水饱和度超过 S_{we} >35% 就属于高含水饱和气层。从小层数据来看(表 2),该井合采的三层中有两层含水饱和度高,即营城组四段 145 号层和营城组一段 150 号层含水饱和度分别为 70%、38%。当该井以大工作制度生产时,井底压力下降快,导致饱和在岩石孔隙中的束缚水被挤出。根据实际生产情况,计算在不同工作制度生产所造成井底压降情况:

2006 年 10 月 3 日至 2006 年 12 月 20 日,以 $22 \times 10^4 m^3$ 连续生产 79 天,井底压力由 30.7MPa 降为 25.3MPa,下降 5.4MPa,日降 0.068MPa/d。

2008 年 10 月 13 日至 2008 年 11 月 21 日,以 $20 \times 10^4 m^3$ 连续生产 40 天,井底压力由 27.2MPa 降为 23.6MPa,下降 3.6MPa,日降 0.09MPa/d。

2010 年 1 月 3 日至 2010 年 3 月 23 日,以 $17 \times 10^4 m^3$ 连续生产 81 天,井底压力由 25MPa 降为 21.1MPa,下降 3.9MPa,日降 0.048MPa/d。

2009 年 2 月 14 日至 2009 年 4 月 19 日,以 $14 \times 10^4 m^3$ 连续生产 64 天,井底压力由 22.8MPa 降为 22.6MPa,下降 0.2MPa,日降 0.003MPa/d。

从以上的分析中可看到,该井以 $20 \times 10^4 m^3$ 生产时井底压力下降幅度比以 $14 \times 10^4 m^3$ 生产时大得多,说明当以大工作制度生产时,井底压力就会急剧下降,此时,岩石中的束缚水可能因为气层压力下降快被带出,不过这种情况下出水量较小,产水稳定,只要制定合理的工作制度,该井就能稳定生产。

4. 可能由于桥塞不严,K_1sh 234~235 号层的压裂液返排

2010 年 6 月 11 日第一作业区检修一节阀门时,在一节前发现有铁块(5 块)、铁片和块状橡胶等返出物(图4),与桥塞实物进行对比,认为返出物中铁块和橡胶为桥塞受压膨胀部位的橡胶和与橡胶两侧粘连起支撑作用的铁块。

图4 在井口一节处发现的异物

根据分析,该井压裂结束后,井底高压致使桥塞与套管壁产生移动,并且该井生产时间长,又长时间受到 CO_2 腐蚀,在底部高温、高压气流冲蚀下,导致桥塞胶筒老化成块状脱落,桥塞受压膨胀部位橡胶两侧粘连起支撑作用的铁块一起被气流带出井口,在一节前沉淀。

该井是三层合采,主要是营城组四段 145 号层、营城组一段 149 号层、营城组一段 150 号层,目前沙河子组 234、235 号层还没有开采(图5)。

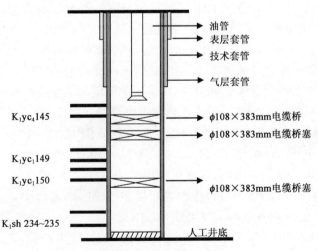

图5 井A井身结构图

从水质统计表中可看出(表3),当该井以大的工作制度生产时,产出水中的钾、钠离子含量比产量低的时候高很多,是 4000~6000mg/L,产量低的时候钾、钠离子含量一般为 1000mg/L

左右;硫酸根等离子含量也骤增,尤其氯离子含量也很高,高达 2700 ~ 8000mg/L(该井区域水性:氯离子900 ~ 1670mg/L),而压裂液本身成分里有较高含量的钾、钠、氯离子、硫酸根等离子。

表3 井 A 水质分析统计表

取样日期	pH 值	碳酸根 mg/L	碳酸氢根 mg/L	氯根 mg/L	硫酸根 mg/L	钙 mg/L	镁 mg/L	钾加钠 mg/L	矿化度 mg/L
2007 年 2 月 12 日	7.5	0	3706.97	4750.7	888.56	40.08	36.46	4634.5	14057.26
2007 年 2 月 25 日	8.5	0	3600.18	4467.08	936.59	80.16	0	4433.25	13517.25
2007 年 3 月 6 日	7.5	0	2562.84	2871.69	792.5	40.08	0	2995.75	9262.86
2007 年 3 月 15 日	7	660.22	2440.8	5353.4	840.53	20.04	12.15	4824.25	14151.39
2007 年 10 月 18 日	8.13	0	2722.71	33.18	0	0	6.08	1042.04	3804.01
2007 年 11 月 8 日	8.61	0	2130.82	33.18	0	15.15	0	815.99	2995.15
2007 年 11 月 29 日	7.5	0	2165.61	298.63	0	24.85	0	981.64	3470.73
2008 年 11 月 11 日	6.97	0	3800.44	4007.59	124.06	9.86	41.86	4001.54	11985.35
2009 年 2 月 2 日	7.45	0	3734.91	5506.27	64.98	0	17.94	5200.07	14524.17
2010 年 3 月 17 日	7.08	0	6638.37	3667.8	12.1	0	0	4887.64	15205.91

目前 145 号层、149 号层和 150 号层的压裂液早已返排完。但是 K_1sh 234 ~ 235 号层压裂时共打入地层压裂液 320.5m³,排出地层压裂液 110.64m³,返排率只有 34.52%。返排率低而且后期产水量低,后期日产水为 2.88m³/d,10 天后,起出压裂排液求产管柱并打上电缆桥塞。因此,K_1sh 234 ~ 235 号层内还残留有 181.06m³ 压裂液。

因此,认为可能是 K_1sh 234 ~ 235 号层的桥塞密封不严,当该井以大工作制度生产时,压力下降快,造成桥塞上下的压差增大,K_1sh 234 ~ 235 号层压裂液由此得以返排,从水质中氯离子和矿化度含量来看,所产出的水应该是凝析水和压裂液的混合液。

综合以上分析,认为出水的两个可能主要是因为该井工作制度大,造成压力下降快而产生的,因此,只要制定合理的工作制度,该井就能稳定生产。

五、结论及建议

(1)由于井 A 属于多层合采,产层多,出水原因复杂,从生产曲线、测井资料、井距边水距离、邻井出水情况等方面进行综合论证,从而确定该井出水的可能原因。

(2)该井产出地层水排除了夹层水和边底水的可能,根据分析,认为可能有两个原因:一是岩石孔隙中的束缚水;二是由于 K_1sh 234 ~ 235 号层的桥塞不严,导致原来滞留在层内的压裂液返排。

(3)只要制定合理的工作制度,压力下降平稳,该井能稳定生产。

(4)建议进行产出剖面测试,了解产出地层水的具体层位,确定该井产出地层水的准确原因,以便更好地进行防水、控水措施,保证无水采气。

参 考 文 献

[1] 罗万静,万玉金,王晓冬,等.涩北气田多层合采出水原因及识别[J].天然气工业,2009,29(2):86-87.

［2］ 杨胜来,魏俊之.油层物理学[M].北京:石油工业出版社,2004:132－133.

［3］ 康晓东,李相方,张国松.气藏早期水侵识别方法[J].天然气地球科学,2004,15(6):637－639.

［4］ 魏纳,刘安琪,刘永辉,等.排水采气工艺技术新进展[J].新疆石油天然气,2006,2(2):78－81.

［5］ 张新征,张烈辉,李玉林,等.预测裂缝型有水气藏早期水侵动态的新方法[J].西南石油大学学报,2007,29(5):82－85.

［6］ 王小鲁,许正豪.李江涛,等.水驱多层砂岩气藏射孔层位优化的实用方法[J].天然气工业,2004,24(4):57－59.

××气藏水体能量评价

杨亚英　汪立东　郑玉萍

摘　要：合理地进行产水气藏水侵量计算和水体能量评价是制定气藏后期产气措施的前提和依据。以往利用气藏动态资料评价水体大小的方法中忽略了产水量以及高压气藏岩石和束缚水的压缩性，并且计算水体倍数时近似地将水体大小看做与时间无关的常量。但是，对于水体较大的气藏，水体能量的动用是缓慢发生的，波及的水体大小是一个随时间变化的量。本文应用气藏水体能量评价改进方法，考虑了产水量以及高压气藏岩石和束缚水的压缩性，以及水体能量的动用程度随时间的变化情况，推算××气藏水体的大小，使计算结果更加精确。

关键词：物质平衡方程　水体能量　水驱指数

一、引言

××气藏位于黑龙江省安达市羊草镇东南5km处，为岩性—构造气藏，高部位以产纯气为主，低部位以产水为主，同时受岩性控制，气田垂向上为上气下水分布，平面上存在着边水。对于存在边底水的气藏来说，合理地进行水侵量计算和水体能量评价是至关重要的，因此，确定该井的水体能量大小，对气藏后续开发具有十分重要的指导意义。

二、理论依据

设在气藏的原始条件下，即在原始地层压力 p_i 和地层温度条件下，气藏内天然气的原始地质储量（在标准条件0.101325MPa和20℃下）为 G，它所占有的地下体积为 GB_{gi}；在压力从 p_i 降到 p 的过程中，累积采出的气体和水的地面体积为 G_p 和 W_p。在相同的压力、温度下质量守恒转化为体积守恒，根据地下体积平衡的原理可知：在地层压力下降 Δp 的过程中，累积产出天然气和水在压力 p 下的地下体积（$G_p B_g + W_p B_w$）应等于地层压力下降 Δp 而引起的地下天然气的膨胀量（记为 A），束缚水的膨胀和气藏空隙体积的减少引起的含气空隙体积的减少量（记为 B）以及天然累积水侵量（记为 $C = W_e$）之和，如图1所示。

这样，可以得出水驱气藏的物质平衡方程：

$$G_p B_g + W_p B_w = G(B_g - B_{gi}) + W_e + GB_{gi}\frac{C_w S_{wi} + C_f}{S_{gi}}\Delta p \tag{1}$$

式中　G_p——天然气累积产气量，$10^8 \mathrm{m}^3$；

　　　　B_g——气藏天然气体积系数；

　　　　W_p——累积产水量，$10^4 \mathrm{m}^3$；

　　　　B_w——地层水体积系数；

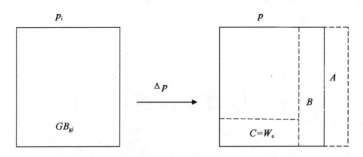

图 1　气藏随压力下降发生的体积变化

G——天然气地质储量,$10^8\,\mathrm{m}^3$;

B_{gi}——原始地层压力下的天然气体积系数;

C_{w}——地层水的压缩系数,$1/\mathrm{MPa}$;

S_{wi}——原始含水饱和度;

C_{f}——地层岩石的压缩系数,$1/\mathrm{MPa}$;

S_{gi}——原始含气饱和度;

Δp——气藏压降,MPa。

式(1)两边同除以 GB_{gi},$\dfrac{C_{\mathrm{w}}S_{\mathrm{wi}}+C_{\mathrm{f}}}{S_{\mathrm{gi}}}$ 用有效压缩系数 C_{e}代替,可得:

$$\frac{G_{\mathrm{p}}B_{\mathrm{g}}+W_{\mathrm{p}}B_{\mathrm{w}}}{GB_{\mathrm{gi}}}=\frac{B_{\mathrm{g}}}{B_{\mathrm{i}}}-1+\frac{W_{\mathrm{e}}}{GB_{\mathrm{gi}}}+C_{\mathrm{e}}\Delta p \tag{2}$$

气体的状态方程:

$$B_{\mathrm{g}}=\frac{ZTp_0}{T_0 p} \tag{3}$$

$$B_{\mathrm{gi}}=\frac{Z_{\mathrm{i}}Tp_0}{T_0 p_{\mathrm{i}}} \tag{4}$$

式中　p_{i}——原始地层压力,MPa;

p——气藏地层压力;MPa;

p_0——地面标准状况下的压力,$0.1\mathrm{MPa}$;

Z_{i},Z——与 p_{i},p 对应的天然气压缩因子;

T_0——地面标准状况下的温度,$293\mathrm{K}$;

T——气藏温度,K。

将式(3)和式(4)代入式(2),整理得到:

$$\left(1-\frac{G_{\mathrm{p}}}{G}\right)\frac{p_{\mathrm{i}}/Z_{\mathrm{i}}}{p/Z}=-\frac{W_{\mathrm{e}}}{GB_{\mathrm{gi}}}-C_{\mathrm{e}}\Delta p+\frac{W_{\mathrm{p}}B_{\mathrm{w}}}{GB_{\mathrm{gi}}}+1 \tag{5}$$

水侵量是水体在压力变化以后的体积变化量,可以表示成:

$$W_{\mathrm{e}}=V_{\mathrm{pw}}(C_{\mathrm{w}}+C_{\mathrm{f}})\Delta p$$

水体倍数为水体体积与天然气含气体积的比,表示为:$n=\dfrac{V_{\mathrm{pw}}}{GB_{\mathrm{gi}}/S_{\mathrm{gi}}}$。将 W_{e} 和 n 代入式

(5)得：

$$\left(1 - \frac{G_p}{G}\right)\frac{p_i/Z_i}{p/Z} = -\left(n\frac{C_w + C_f}{S_{gi}} + C_e\right)\Delta p + \frac{W_p B_w}{GB_{gi}} + 1 \qquad (6)$$

式中　n——水体倍数；

　　　V_{pw}——水体体积，$10^8 m^3$；

　　　C_e——有效压缩系数，1/MPa。

等式(6)左边相当于 y，把 Δp 看作自变量，$\frac{W_p B_w}{GB_{gi}} + 1$ 为截距，W_p 为 0 时，在纵轴上截距为 1，形成 $y = k\Delta p + b$ 的形式。其中，与水体倍数有关的 $-\left(n\frac{C_w + C_f}{S_{gi}} + C_e\right)$ 为斜率 k。对于有限水体，由于波及整个水体的时间很短，n 可以看做是一个与时间无关的常量；对于水体很大的气藏，水侵慢慢发生，再波及整个水体，动用整个水体能量之前，n 应该是一个随时间不断增加的变量，在整个水体能量动用之后，n 值不变。

三、××气藏水体能量分析

1. 气藏水体大小计算

用上述方法计算××气藏水体能量大小。气藏地层水和岩石的参数见表1。

表1　气藏地层水和岩石参数表

地层水体积系数(B_w)	1.01903	地层水压缩系数，MPa^{-1}	0.000461
含气饱和度(S_{gi})	70%	岩石压缩系数，MPa^{-1}	0.0004019
含水饱和度(S_{wi})	30%	综合压缩系数，MPa^{-1}	0.000772

气藏参数：气藏温度 $T = 332.95K$，$Z_i = 0.8620$，$p_i = 12.65MPa$，$B_{gi} = 0.007887$，地面温度 $T_0 = 293K$，地面压力 $p_0 = 0.101325MPa$，$G = 1.7444 \times 10^8 m^3$。根据生产数据和物质平衡方程计算气藏水侵量，见表2。

表2　气藏水侵量计算参数表

p/Z, MPa	p, MPa	Δp, MPa	Z	W_p, m^3	G_p, $10^4 m^3$	W_e, $10^4 m^3$
14.68	12.65	0	0.8620	0	0	0
11.82	10.13	2.52	0.8572	7.36	2859	0.176
10.80	9.49	3.16	0.8788	23.517	4481	1.032
10.68	9.4	3.25	0.8804	24.145	4944	2.334
10.29	9.09	3.56	0.8836	39.066	5701	5.588
9.81	8.67	3.98	0.8841	83.545	6378	8.063
9.33	8.28	4.37	0.8875	219.868	7391	13.983
8.93	7.97	4.68	0.8926	582.823	10666	53.131
8.78	7.85	4.8	0.8940	605.369	11912	64.862
8.61	7.69	4.96	0.8928	619.273	12360	69.919

根据公式(6),以 $\left(1-\dfrac{G_p}{G}\right)\dfrac{p_i/Z_i}{p/Z}$ 为 y 轴,以 Δp 为 x 轴作图(图2)。

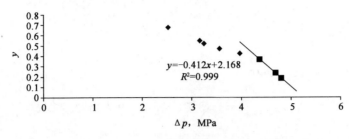

图2 水体倍数关系图

从图2中可以看出,随着压力下降,y 值下降,斜率逐渐变小,n 值逐渐变大;最后几个散点基本成一条直线,斜率不再变化,水侵能量波及整个水体,水体不再变大。线性拟合这几个点,得到斜率 $k=-0.412$,代入 S_{gi} 和 C_e,计算得出水体倍数 $n=333.73$。

可根据 $n=\dfrac{V_{pw}}{GB_{gi}/S_{gi}}$ 进一步求得该气藏地下水体体积 $V_{pw}=6.65\times10^8\mathrm{m}^3$,折算地表水体体积 $V_w=6.44\times10^8\mathrm{m}^3$。

2.气藏驱动指数计算

弹性水驱气藏根据能量大小习惯上又可分为强水驱、中水驱及弱水驱三类,本文以水驱驱动指数(WEDI)作为分类指标:

$$\mathrm{WEDI}=\frac{W_e}{G_pB_g+W_pB_w} \tag{7}$$

根据式(7)计算得××气藏水驱驱动指数 $\mathrm{WEDI}=0.0425$。

根据表3可确定××气藏为弱弹性水驱气藏。此外,从压降储量曲线看××气藏也表现为弱弹性水驱气藏的特征,压降储量曲线如图3所示。

表3 水驱气藏驱动类型划分标准

WEDI	≥ 0.3	0.1 ~ 0.3	< 0.1
类型	强弹性水驱	中弹性水驱	弱弹性水驱

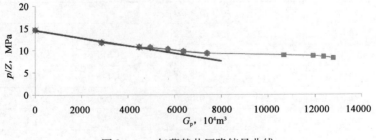

图3 ××气藏某井压降储量曲线

四、结论

(1)气藏水体能量评价改进方法考虑了产水量以及高压气藏岩石和束缚水的压缩性,以及水体能量的动用程度随时间的变化情况,计算结果更加精确。

(2)经计算,××气藏的水体倍数为333.73,地下水体体积为$6.65 \times 10^8 m^3$,水驱驱动指数为0.0425,为弱弹性水驱气藏。

(3)该方法计算的结果与××气藏之前所做的分析相符,可为该气藏后期开发及类似气藏的开发提供参考。

参 考 文 献

[1] 钟孚勋.气藏工程[M].北京:石油工业出版社,2001:70 - 77.

[2] 冈秦麟,等.气藏开发应用基础技术方法[M].北京:石油工业出版社,1997:33 - 34.

[3] 黄炳光,刘蜀知,等.气藏工程与动态分析方法[M].北京:石油工业出版社,2004:48 - 50.

高含二氧化碳混合气相态识别及应用

吴微微

摘　要:某气田天然气属于干气藏,在整个开发过程中不存在相态变化,始终是单相气体,但部分井区高含 CO_2,CO_2 含量分别超过了 20% 和 70%。CO_2 含量在 70% 以上的气藏被定义为 CO_2 气藏。考虑到 CO_2 本身易相变,而且它的存在会对混合气相变有影响,为此本文根据 VLEFlash 软件获取了多组 CO_2 和 CH_4 混合气相态曲线,弄清了高含 CO_2 混合气相变规律,并将该规律运用到现场实际中,发挥了重要指导意义。

关键词:相态识别　应用　指导意义

一、相态识别方法

纯 CO_2 相态图是一条简单的饱和蒸气压曲线(图 1);而混合气相态图则变成了由露点和泡点曲线围成的包络线(图 2),内部是气、液两相区,相态描述变得复杂化。那么高含 CO_2 混合气的相态会发生怎样的变化? 这里通过物料和热力学平衡方程来预测混合流体的相态变化规律。

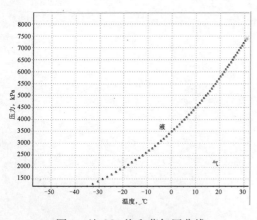

图 1　纯 CO_2 饱和蒸气压曲线

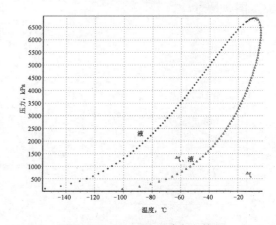

图 2　CH_4 和 C_2H_6 混合气相态图

1. 软件预测

根据 VLEFlash 软件(图 3),可以预测出不同组分的相态曲线。但该软件是半公开软件,开放的功能不够完善,不利于曲线处理和修改,所以需要进一步进行处理,通过处理可以得到想要的曲线格式。

2. 曲线举例分析

25% CO_2 + 75% CH_4 的相态图,如图 4 所示,图中正方形曲线为泡点线,三角形曲线为露

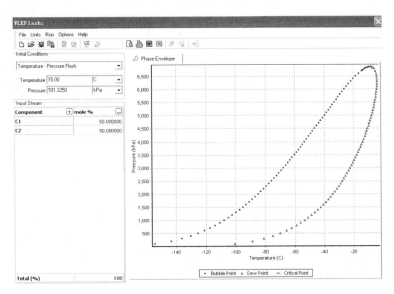

图 3   VLEFlash 软件界面

点线,泡点线以上为液相,露点线以下为气相,中间是气、液两相,虚线交叉线以上是超临界区域。露点线的最大温度为临界凝析温度。该类气藏包括×井 1 等井,它的临界凝析温度是 -43℃,虽然二氧化碳含量较高,但在整个开发过程中是以气态存在,不发生相态变化。

图 5 至图 9 是几组在开发过程中可能发生相态变化的 CO_2 混合气相态图。

图 5 是 50% CO_2 +50% CH_4 的相态图,它的临界凝析温度是 -12℃。此类气藏在开发过程中基本不发生相态变化,但是在发生严重节流降温时有可能发生相态变化,目前该类气藏没有相关气井。

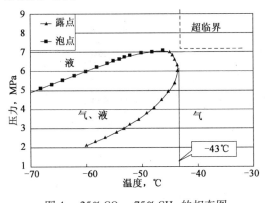

图 4   25% CO_2 +75% CH_4 的相态图

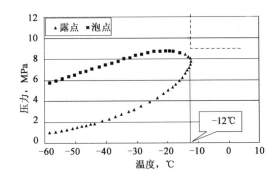

图 5   50% CO_2 +50% CH_4 的相态图

图 6 是 70% CO_2 +30% CH_4 的相态图,其临界凝析温度是 7℃。该类气藏包括达×井 2,在整个开发过程中,比较容易发生相态变化。

图 7 是 90% CO_2 +10% CH_4 的相态图,其临界凝析温度是 24℃。该类气藏包括×区块 1 等一些气井,在整个开发过程中非常容易发生气、液、超临界相态变化。

图 8 是 95% CO_2 +5% CH_4 的相态图,其临界凝析温度是 28℃。该类气藏包括×井 3,在整个开发过程中极容易发生气、液、超临界相态变化。

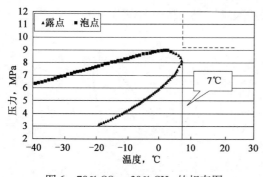

图6 70% CO_2 + 30% CH_4 的相态图

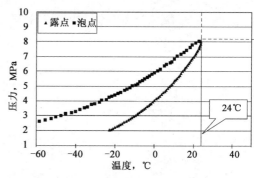

图7 90% CO_2 + 10% CH_4 的相态图

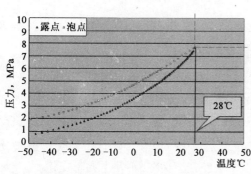

图8 95% CO_2 + 5% CH_4 的相态图

图9是不同 CO_2、CH_4 组成时的相态图,图中各组包络线从左至右代表 CO_2 含量依次增大。从图中可以看出,随着 CO_2 含量的增大,包络线的位置逐渐向纯 CO_2 靠拢。另外,还可以得知,混合气成分越单一,其两相区越狭窄。

3. 对预测结果进行验证

为了证明该数学模型能准确预测二氧化碳混合气相图,可利用PVT室内实验来验证。如图10所示的PVT装置是一套用来研究流体压力、温度、体积状态参数相互关系及状态变化的可视化实验装置。它可以用来研究水合物生产条件,混合物露点、泡点曲线等,下面介绍一下利用该装置获得露点、泡点压力的方法。

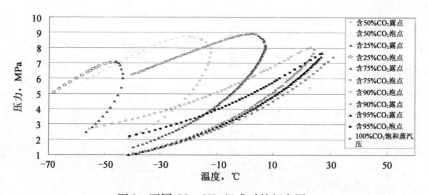

图9 不同 CO_2、CH_4 组成时的相态图

气瓶为系统提供气源,将气源注入恒温浴釜中,它使系统保恒定持的适当温度。利用高压泵对系统增压,透过看窗看到系统出现第一个液滴时的压力即为露点压力。继续加压,使混合气变成液相,之后放空卸压,当系统出现第一个气泡时的压力即为泡点压力。

2010年5月与东北石油大学合作对 95% CO_2 + 5% CH_4、90% CO_2 + 10% CH_4 两组气样进行了PVT露点室内模拟和泡点室内模拟,结果是模拟值与计算值的相对误差均小于5%(表1和表2),说明计算结果满足精度要求。

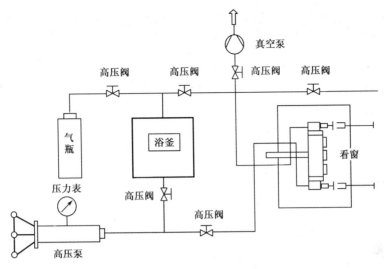

图 10　PVT 装置流程示意图

表 1　PVT 露点室内模拟结果

温度,℃	95% CO_2 + 5% CH_4			90% CO_2 + 10% CH_4		
	计算值,MPa	实验值,MPa	相对误差,%	计算值,MPa	实验值,MPa	相对误差,%
15	5.5	5.3	3.80	6.1	6.3	3.20

表 2　PVT 泡点室内模拟结果

温度,℃	95% CO_2 + 5% CH_4			90% CO_2 + 10% CH_4		
	计算值,MPa	实验值,MPa	相对误差,%	计算值,MPa	实验值,MPa	相对误差,%
15	6.3	6.1	3.30	7.4	7.2	2.80

二、现场应用中的指导意义

通过前面的分析,认识了高含 CO_2 混合气的相态变化规律,得知 70% 以下 CO_2 含量的气藏在整个开发过程中基本不发生相态变化,因此不再讨论。下面主要探讨 CO_2 含量超过 70% 的气藏即 CO_2 气藏的相态变化规律在开采、地面处理两个方面发挥实际作用。

1. 开采方面

1) 对压缩因子的指导意义

根据定义,压缩因子等于同等条件下真实气体与理想气体的体积之比,对于液体不存在压缩因子。压缩因子在气藏储量核实、水侵量计算、水侵特征判断等方面都是必不可少的参数。

CO_2 气藏在地层条件下处于超临界态,其可压缩性质与气体相似,因此在进行上述计算时也必须用到压缩因子。这说明只有弄清了相态才知道压缩因子是否可用,才能选择合适的计算方程来计算,从而保证结果的准确性。

2) 对井流状态分析的指导意义

通过相态分析得知,实际 CO_2 气藏静态下井筒流体以液相和超临界相存在,因此常规的

$pV = ZnRT$ 状态方程已经不再适用,而是优选气、液两相都适用的 PR 状态方程来进行参数计算。PR 状态方程为:

$$p = \frac{RT}{V - B} - \frac{a}{V^2 + 2bV - b^2}$$

当压力和温度数值给定时,PR 状态方程为一元三次方程,可以通过编程来计算相关参数。例如,求得某 CO_2 气井从井口到井底的流体相对密度(表3)。相对密度数值上等同于测试的百米压力梯度,因此以相态识别基础计算的井筒流体相对密度值有助于对气井测试积液分析。

表3　90％二氧化碳混合气相对密度计算结果表

序　号	温度,℃	压力,MPa	相 对 密 度
1	8.0	13.95	0.848
2	20.6	17.11	0.802
3	37.0	20.85	0.747
4	63.3	24.3	0.647
5	92.1	27.3	0.562
6	109.7	30.05	0.538
7	125.9	32.71	0.523
8	139.8	35.33	0.517

通过进一步相态分析还得知(图11),CO_2 气井静态时井筒上部为液相,下部为超临界相,流体密度呈现上大下小的异常分布,为什么这种异常分布能够维持下去呢? 因为无论是液态还是超临界 CO_2 的密度对温度变化都很敏感。上面密度高的流体在重力作用下会下沉,但在热力场作用下又被加热变轻、上升,因此流体不停地上下动荡,维持着动态平衡。

只有在生产气量很高时,井口压力变得很低,流体温度大幅上升,才会打破这种动态平衡。例如,×4 井是 CO_2 气井,产量达到 $6 \times 10^4 \text{m}^3/\text{d}$,井筒流体原来的相态结构被完全打破,变成了气相(图12 左侧曲线);如果气量较低,如只有 $1.6 \times 10^4 \text{m}^3/\text{d}$,原有的平衡状态未被打破,仍保持上部液相、下部超临界相、密度上大下小的异常分布(图12 右侧曲线)。

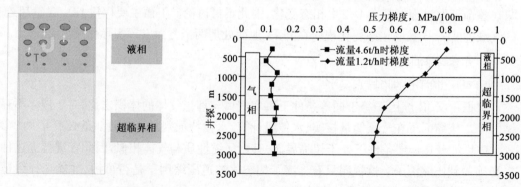

图11　CO_2 气井井筒流体动态平衡示意图　　　图12　×4 井筒流体在不同产量下的相态

此外,在静态下井口位置密度甚至超过甲醇的密度。因此在进行注醇解堵时,注入井口的甲醇浮在井口,不能到达冻堵位置,影响解堵效果。

2.地面处理方面

1）对冻堵处理的指导意义

以 CO_2 气井取气样冻堵为例,温度较高时井口无冻堵,可以正常取样;但当温度较低时,井口频繁冻堵,影响检测结果。如表4所示,在高温季节录取气样检测结果正常,而在低温季节时 CO_2 组分偏低,甲烷组分偏高。原因是井口压力高、温度低时,经节流降压后,温度变得更低,这样会出现气、液、固多相,导致组分分配不均。尽管产品二氧化碳在取样过程中也会节流降温形成干冰,发生冻堵,出现气、液、固多相,但由于其纯度高,几乎不影响组分检测。为了确保气井取样的安全、准确,可以在各井经过加热节流后再进行取样。

表4 CO_2 取样组分检测结果统计表 %

组分 井号 日期	CO_2		CH_4	
	×4	×5	×深4	×深5
2011 年 9 月 1 日	90.59	88.48	8.75	10.59
2011 年 10 月 20 日	75.69	76.65	22.33	21.66
2011 年 12 月 7 日	79.61	82.15	19.68	16.61

2）对二次节流后温度控制的指导意义

某集气站井口来气经过两次加热和两次节流,如表5所示,过程中发生了一系列相态变化,来气为纯液相,经一次加热后变成超临界相,一次节流后又变成液相,二次加热后逐渐由气液两相变成气相,再经过二次节流后进入分离器。

表5 井口来气到二节后各节点参数

节 点 名 称	井 口 来 气	一次加热后	一次节流后	二次加热后	二次节流后
压力,MPa	13	13	7 ~ 8	7 ~ 8	5.3
温度,℃	10	45	5 ~ 10	40 ~ 45	20

实际生产中,要求进入分离器之前保证纯气相(游离水除外)。因此通过图13分析得知,二次节流后温度应控制在10℃以上,否则就会出现 CO_2 混合液,就无法判断分离器中的积液是水还是 CO_2 混合液。

3）对管输的指导意义

某集气站管输的起点是5MPa,17℃为气相;终点是4.9MPa,0 ~ 10℃为气液两相(图14),因此管输是气、液混相输送。管输的终点是某液化站缓冲罐。

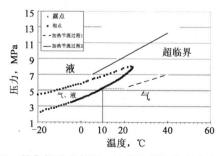

图13 某集气站来气到二次节流后流体相态变化图

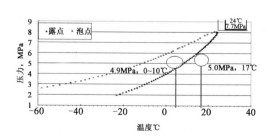

图14 90% CO_2 + 10% C_1 的相态图

当缓冲罐中为气、液两相时,为了得出液相的含量以及气的含量,为此利用软件将相态图的包络线区域细化成若干条等液线来分析(图15)。等液线从左至右,液相含量依次降低,它在 0~8℃区间分布密集,说明在此区间气液转换对温度很敏感。0℃时液相占 70% ,5℃时占40% ,到8℃时全部变成气相。因此,可以根据温度大小来判断液相含量的多少,从而合理指导缓冲罐液位设置。当液相含量较多时,液位可调低;相反,液位就要调高点。

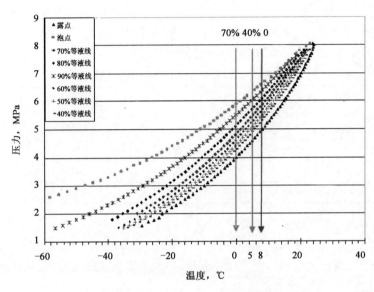

图15　90% CO_2 + 10% CH_4 等液线

三、结论及认识

(1)利用物料、热力学平衡方程可以完成对高含 CO_2 混合气相态的预测,经验证可以满足实际工作需求的精度。

(2)当二氧化碳含量低于70%时,虽然二氧化碳含量较高,但是在开发过程中以气相为主;当二氧化碳含量大于70%时,可以出现多相,这类型气藏在开发过程中要密切关注其相态变化。

(3)通过分析得出,混合气相态曲线具有重要的指导作用,总结为以下 3 点:

一是清楚了高含 CO_2 混合气如何计算压缩因子,如何判断井流相态;

二是弄清了 CO_2 气井流体从井口到集输全过程的相态变化规律;

三是明白了高含 CO_2 混合气,气、液两相按多少比例分配。

影响天然气露点测定准确性的因素

张春辉

摘　要：本文主要阐述了影响测定天然气露点准确性的三个因素：人为因素、仪器因素、环境因素。人为因素主要是测定开始前放空时间和测定过程中流速控制对露点准确性的影响。仪器因素主要是仪器自身稳定性、两台不同仪器测定及同一台仪器校验时间对测定露点准确性的影响。环境因素主要是环境温度和湿度对测定露点值的影响。

关键词：露点　露点仪　流速

一、引言

露点（动态，物理化学平衡）是指在恒定的压力下，混合气体开始析出第一滴水的温度。从地下采出的天然气为混合物，其中或多或少地含有一定量的水分。经过分离器、脱水装置脱水后，混合气体中仍然含有一定量的水分。当压力足够大、温度较低时，混合气体中含有的水分就会与以甲烷为主的烷烃形成水合物。水合物能堵塞油管、阀门、外输管线，影响天然气的开采、集输和加工的正常运行。因此如何抑制水合物的生成是气田安全生产与平稳供气的关键。从水合物生成的机理及生成水合物的条件上不难看出，抑制水合物的生成可以通过以下三种途径去实现：第一，在天然气生产工艺中加入水合物抑制剂（目前天然气集气站广泛采用向管线中加入甲醇）；第二，预测及计算天然气生产工艺中各处的温度，并根据此温度及季节生产条件对各处生产工艺加热升温，使各处生产工艺的温度高于天然气水合物生成的温度，从而抑制天然气水合物的生成；第三，降低气体环境的压力，使过饱和的气体转变成对水不饱和的气体。

二、测定天然气露点的意义

准确地测量露点（含水量），能够准确地确定天然气混合物在什么样的温度条件下析出水，进而能够为抑制天然气水合物的形成提供技术参数，减少天然气水合物形成对设备及天然气生产造成的危害。

天然气脱汞装置所用药遇水易失效，而药本身价格较高，检测出口露点值可以知道天然气含水值，进而调整是否进脱汞装置。

采气分公司对于露点的测定一直都非常重视，2010年还列为重点项目。

三、影响天然气露点测定准确性的因素

1.人为因素

1)操作过程中放空时间的影响（放空不完全，雨后测定露点）

测定露点的过程中,必须按照操作卡和操作规程操作,其中准确性决定步骤是打开测量点的取样阀,检查管线口中无灰尘和冷凝物后调节取样阀(如果有灰尘或冷凝物,请等待排净或放弃测量),并且用管线内气体吹扫5min放空。因为在天然气在接压力表或放空口处会积聚水分,必须把水分吹干净才能准确地测定天然气露点值。通过表1对比四次测定结果可以看出,吹扫时间对露点测定结果有很大的影响,第一次吹扫时间不足测定的露点值同吹扫时间超过5min后测定露点值相差有9℃。

表1 吹扫管线时间对露点准确性测定的影响

测定地点	吹扫时间	常压露点 ℃	校正常压露点 ℃	干线压力 MPa	干线露点 ℃
某1号调压间 三甘醇 出口处	吹扫不足2min	−38.29	−26.8	1.21	0.4
	第二次测定	−43.65	−34.3	1.21	−8.5
	第三次测定	−44.1	−34.6	1.21	−9.1
	第四次测定	−44.52	−35.5	1.21	−9.8

2)流速变化对露点准确性的影响

天然气流速在测定过程中也是影响露点测定结果是否准确的凭证,针对这一问题2010年4月21日在某1号集气站使用LD−1和米希尔两台便携式露点仪对天然气露点进行测定,测定结果见表2、表3。通过两个表都可以看出,流速对两台便携式露点仪测定露点的值均有影响,在流速较低和正常流速下测定露点值相差7~10℃,是常压侧露点影响准确性的因素之一。

表2 LD−1便携式露点仪某1号集气站三甘醇出口处的测量结果

流速,L/min	常压露点,℃	校正常压露点,℃	干线压力,MPa	干线露点,℃
0.15	−48.51	−39.5	5	1.3
0.5	−50.62	−42.4	5	−2.9
1	−51.94	−44.3	5	−5.5
1.0−1.5	−52.01	−44.3	5	−5.5

表3 米希尔便携式露点仪在某1号集气站三甘醇出口处的测量结果

流速变化,L/min	常压露点,℃	常压露点校正,℃	干线压力,MPa	干线露点,℃
3	−42.9	−41.4	5	−1.49
4	−46	−44.8	5	−6.16
5	−48.6	−48.7	5	−11.47
6	−48.8	−49	5	−11.88
7	−49	−49.3	5	−12.29
8	−50.0	−49.5	5	−12.52

2.仪器因素

1)仪器自身稳定性对露点的影响

在影响露点准确测定的因素中,露点仪的稳定性也很重要。同一台仪器在同一点的多次测定值应该在误差允许的范围内,这样才能保证测定的露点值准确性。仪器的稳定性也是判定仪器是否能继续为气田测定数据的前提。通过表4可以看出,两台仪器的稳定性能都比较好,可以用这两台仪器研究其他影响天然气露点准确性的影响因素,也能继续为气田生产提供数据支持。

表4 同一台仪器在同一点多次测定露点值对比

仪 器 名 称		常压露点,℃	校正常压露点,℃	干线压力,MPa	干线露点,℃
LD-1 (某1号调压间)	出口	-43.65	-34.3	1.21	-8.5
		-44.1	-34.6	1.21	-9.1
		-44.52	-35.5	1.21	-9.8
	入口	-38.29	-26.8	1.23	0.4
		-38.43	-26.9	1.23	-0.3
		-38.23	-26.7	1.23	0.4
米希尔 (某6号集气站)	出口	-30.8	-31.5	5.7	16.07
		-29.2	-30.5	5.7	17.72
		-29.7	-30.8	5.7	17.23

2)同一种方法不同仪器对露点值的影响

两台露点仪在相同外界条件测定露点对比见表5,通过不同仪器对比,可以看出仪器间的差别,结合其他条件,可以判断哪台仪器测定的露点值较为准确。通过比较可以看出,五个站对比有三个站露点偏差在误差允许范围内,其他两个站值相差5~6℃。

表5 两台仪器在相同外界条件下测定露点值

测定地点	仪器名称	测定日期	干线压力 MPa	常压校正露点 ℃	干线露点 ℃
某2号 集气站	LD-1	2010年5月17日	4.6	-31	13.56
	米希尔	2010年5月17日	4.6	-35	7.18
某1号 调压间	LD-1	2010年5月19日	0.87	-27.2	-4.06
	米希尔	2010年5月19日	0.87	-26.8	-3.58
某3号 集气站	LD-1	2010年5月19日	5	-37.6	4.27
	米希尔	2010年5月19日	5	-39.5	1.28
某4号 集气站	LD-1	2010年5月19日	5	-34.2	9.68
	米希尔	2010年5月19日	5	-34.8	8.72
某1号-101	LD-1	2010年5月20日	4.95	-39.5	1.14
	米希尔	2010年5月20日	4.95	-44.1	-5.86

3)校验次数对仪器的影响

仪器使用过程中,使用频率大,气源对仪器有污染,需要校验。校验周期的掌握对测定露点的稳定性也有很重要的影响。图1为米希尔便携式露点仪的校正曲线,可以看出,仪器实测值和标准值偏差很小,仪器性能较好。图2为LD-1便携式露点仪2009年和2010年校验曲线对比图,通过图中可以看出,校正曲线发生漂移,且测定值和标准值间偏差较大,说明在这一年中因为使用较多和气源污染等原因仪器需要缩短校验周期。结合前面两台仪器在同一点测定有不在误差范围内的数据,可能就是因为 LD－1 校正曲线发生偏移导致的。

校仪器示值平均值,℃

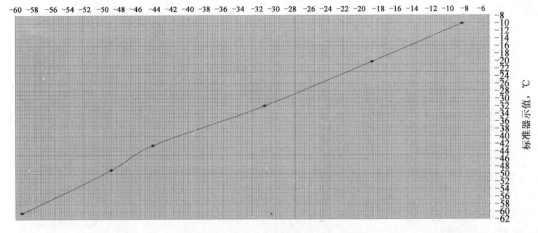

图1　米希尔便携是露点仪校正曲线

被校仪器示值平均值,℃

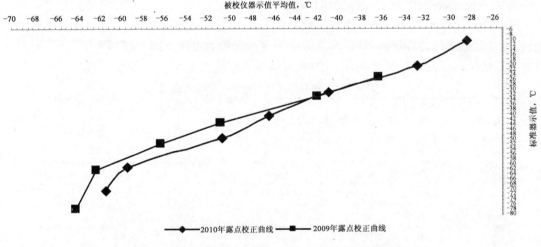

图2　LD－1 便携式露点仪 2009 年、2010 年校正曲线

3. 环境因素

1) 环境温度对测定露点值的影响

北方冬季温度太低,最低能达到零下 30 多摄氏度,露点的测定地点在管线上,测定条件都是在户外,仪器工作温度就是决定露点值测定准确性的因素了。温度对露点仪有影响,进而对所测得的露点的准确性有影响。

冬季测定露点值 LD－1 便携式露点仪每次需要 30 ~ 40min,仪器反应时间长,反应速度慢,必须要等到露点值稳定了才可以读数,有时候继续等,数值还是会有变化。米希尔便携式露点仪在温度低于 －20℃ 时仪器就不显示数值了,而在温度高些的其他三个季节测定露点到稳定时只需要 5 ~ 10min,且数值稳定后波动很小。

2）环境湿度对测定露点值的影响

当下过雨雪后，环境湿度较低，这时候测定露点值发生波动，所以在环境湿度大的天气不适宜测定露点。

四、结论

通过现场实际测定露点及露点数据分析，露点的主要影响因素分为三个大方向：

（1）人为因素：测定露点前放空要完全，LD－1 和米希尔便携式露点仪在测定过程中流速分别为 1.0L/min、6mL/min，流速太小空气对露点值的影响大。

（2）仪器的因素：仪器自身的稳定性能越好，露点值测定越准确；在同一点用两台仪器同时测定露点，数值越接近，测定露点值越准确，对比测定更有说服力；仪器根据使用时间的长短和本年度工作量调整校验时间，准确测定必须以仪器校验结果为前提。

（3）环境的影响：冬季低温对仪器的影响很大，建议加建保温房，以确保露点测定的准确性。

参 考 文 献

[1] 黎修祺,骆如精,毛平.气体中微量水分的测定——露点法和氧化铝电容法[J].低温与特气,1986,4(1)：61－65.
[2] 罗勤,邱少林.天然气中水含量分析方法标准简介[J].石油与天然气化工,2002,16(1):96－99.

汪家屯新投产气井钻后地质认识及产能特征分析

金 辉

摘 要:汪家屯气田新投产了7口气井,其中包括2口斜井。目前新井生产情况是2口井产量压力稳定,部分气井已表现出明显的递减特征。本文主要分析新井区域储层及地质特征,对新井按不同开发指标进行分类并分析产量变化及低产原因,针对各井情况结合同区域老井作业效果,提出措施改造,总结出气田实施高效开发的经验。

关键词:汪家屯 地质认识 产能分析

一、气田基本概况

汪家屯气田区域构造属于松辽盆地北部中央凹陷区三肇凹陷内的安达—肇州断裂带,由在基底突起上长期继承性发育形成的一个背斜构造和一个鼻状构造组成。全气田不存在统一的构造圈闭,气田从构造位置上划分为南北两个区块,分属两个三级构造—汪家屯背斜构造和升平背斜构造。气田开发的主要目的层为泉四、泉三段的扶余和扬大城子两套砂岩储层。属孔隙型储层,以河流相、滨浅湖相沉积为主。

汪家屯气田于1987年投入开发,在2010年编制气田开发方案前已陆续投产了37口井。开发方案部署20口新井,2010年投产了7口,2011年7月底又投产了2口,目前投产气井42口(不包含报废井)。

二、钻后地质分析

1.钻后实际与设计情况对比

汪家屯新投产气井中除W6井为1988年完钻外,其他气井均为2010年新钻(表1)。所有气井实际完钻井深与设计井深完全一致,但钻遇储层的有效厚度较预测值偏小,少了6.1m。

表1 汪家屯新投产气井储层预测与实际完成情况对比表

序号	井号	完钻日期	设计井深 m	完钻井深 m	预测储层有效厚度,m	实钻储层有效厚度,m
1	W1	2010年8月9日	2057	2057	15.4	28.8
2	W2	2010年8月27日	2150	2150	25.6	15.1
3	W3	2010年10月31日	2080	2080	12.5	17.3
4	W4	2010年8月26日	2100	2100	9.8	11.7
5	W5	2010年11月7日	2100	2100	11.3	9.9

续表

序号	井号	完钻日期	设计井深,m	完钻井深,m	预测储层 有效厚度,m	实钻储层 有效厚度,m
6	W6	1988年3月23日	2277	2277	30.4	10.7
7	W7	2010年8月25日	2150	2150	13.5	18.9

2.剖面对比分析

根据现有的新投产气井的完钻井、测井资料,应用卡奔软件绘制气井气藏剖面图,图1举例说明了6口井剖面情况。对气藏进行纵向分析发现,新投产气井中杨大城子气层砂体厚层较多,扶余油层砂体以薄层为主。扶余储层含气系统主要受构造与断块控制,含水层较少;杨大城子储层含气系统气水关系复杂,气水层相互叠置。扶余含气系统多在F1、F2含气;杨大城子含气系统气层多发育在Y1、Y2层,Y2及下部多发育含水层。此次新投产的气井小层划分解释是在三维地震解释及完钻井资料上进行的精细构造解释,所以小层数据更为精细,准确性更高。

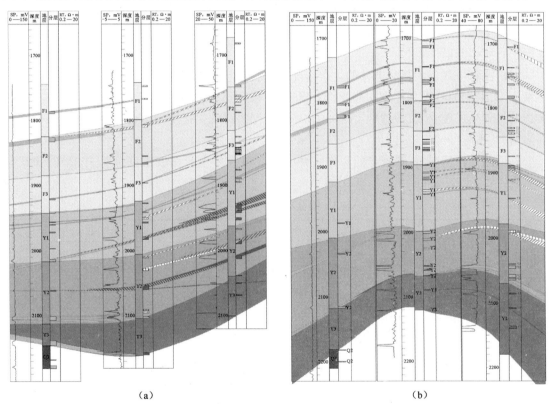

(a)   (b)

图1　新投产气井剖面示意图

(a)S-S1-W10井剖面图;(b)S2-W11-W12井剖面图

三、与开发方案跟踪对比及产能特征分析

1.开发方案跟踪对比分析

新投产的7口气井中,有4口井初期产量均高于开发方案设计,3口井初期产量较低,如表2所示。产量低于方案值的原因为实钻砂岩厚度及有效厚度低于方案预测值。

表2 汪家屯气田新投产气井与方案符合对比表

序号	井号	方案预测产气量 $10^4 m^3/d$	投产初期产量 $10^4 m^3/d$	目前产量 $10^4 m^3/d$	备注
1	W1	0.82	1.14	1	高于方案设计
2	W2	1.5	4.58	3.6	高于方案设计
3	W3	0.95	2.81	1.51	高于方案设计
4	W4	1.35	2.04	1.44	高于方案设计
5	W5	1.25	0.84	0.48	低于方案设计
6	W6	2.61	1.69	1.3	低于方案设计
7	W7	1.12	0.67	0.52	低于方案设计

2. 汪气屯气田低渗、特低渗透的地质特征,决定了其产能特征

汪家屯气井产能普遍低,气藏产能分布极不均衡,这主要是由气藏自身物性差、储层非均质性严重所引起的。

分析汪家屯气田大部分老井的生产情况,可发现随着生产的进行及地层压力的降低,产量逐渐下降,共同的特点是投产初期产量下降迅速,稳产条件普遍不太好。这是因为低渗、特低渗透的气藏生产压差大,随着地层压力的下降,储层的再压实作用使得近井地带的孔隙度和绝对渗透率下降。

从目前生产情况看,新投产的7口气井中有2口气井生产比较稳定,4口井缓慢递减,详情见表3。

表3 新投产气井生产情况表

分类	井号	投产日期	投产初期				目前稳定生产时				累计产气 $10^4 m^3$
			油压 MPa	套压 MPa	日产气 $10^4 m^3$	日产水 m^3	油压 MPa	套压 MPa	日产气 $10^4 m^3$	日产水 m^3	
稳产	W1	2010年11月18日	11.1	12	4.58	0.27	9.8	11	3.6	0.3	466.27
	W2	2010年11月25日	9.9	10.5	1.4	0.1	9.1	10.6	1.3	0.14	128.13
递减	W3	2010年12月7日	5.7	5.9	0.84	—	4.2	6.6	0.48	—	84.62
	W4	2010年11月17日	13.1	13.7	2.81	0.42	11.3	13.5	1.51	0.16	145.38
	W5	2010年12月7日	6.5	7	0.67	0.2	6.8	8.2	0.52	0.1	70.44
	W6	2010年12月2日	8.4	9	2.04	0.3	7.2	9.5	1.44	0.28	102.83
其他	W7	2010年11月26日	3.55	6.6	1.14	0.25	8.6	12.6	1	0.17	49.14

随着生产时间的增加,已有4口井表现出递减趋势,经 Arps 递减模型计算,递减规律为双曲线递减。大部分新老气井计算出递减指数为0.5,见表4。典型的双曲线衰竭递减的主要原因为汪家屯气井生产压差大,单井控制储量低的气藏储层,一般只能依靠天然气自身能量的衰竭式开发,即利用气藏自身的压力作为驱动动力。

表4 汪家屯新井及其邻井递减情况统计表

序　　号	井　　号	递减指数	递减类型	备注
1	W3	0.05	双曲线递减	衰竭
2	W7	0.15	双曲线递减	衰竭
3	W5	0.5	双曲线递减	衰竭
4	W4	0.5	双曲线递减	衰竭
5	S16	0.5	双曲线递减	衰竭
6	W12	0.5	双曲线递减	衰竭
7	S1	0.5	双曲线递减	衰竭
8	W13	0.045	双曲线递减	
9	W11	0.145	双曲线递减	
10	S3	0.5	双曲线递减	衰竭
11	S4	0.5	双曲线递减	衰竭
12	W14	0.045	双曲线递减	
13	S5	0.5	双曲线递减	衰竭
14	S	0	指数递减	
15	S6	0	指数递减	
16	W15	0	指数递减	
17	S7	0	指数递减	
18	S2	0	指数递减	
19	S8	0	指数递减	

四、结论与建议

（1）汪家屯气田储层为后生成岩作用中等的碎屑岩，属孔隙型储层。对于裂缝不发育的低渗透孔隙型气藏，采用压裂造缝提高气井初期产量的效果十分明显；另外，低渗气藏的压裂宜在早期进行，地层有充足的能量使压裂液及时排出。如果将压裂与酸化工艺相结合采用，则能达到既增产又稳产的效果；同时，参考邻井措施效果，对于有递减趋势的4口井，建议采取压裂、酸化措施。由于W3井地层中部F1发育气水同层，可采取酸化措施，其他3口井可采取压裂与酸化工艺相结合的措施。

（2）对气藏进行纵向分析发现，新投产气井中杨大城子气层砂体厚层较多，扶余油层砂体以薄层为主。

（3）经计算，大部分新老气井的递减指数为0.5，为典型的双曲线衰竭递减。

（4）下步应加强储层地质特征认识，认清断层和裂缝分布特征。

参 考 文 献

[1] 黄炳光，等.气藏工程分析方法[M].北京:石油工业出版社,2004.

[2] 庄惠农.气藏动态描述和试井[M].北京:石油工业出版社,2004.

庆深气田天然气水露点检测准确度的研究

李凤华

摘　要: 检测天然气的水露点是天然气气质要求的一项重要指标。本文针对露点仪出现的问题,提出了相应的解决措施,提高了露点检测的准确度。

关键词: 天然气水露点　露点仪　探头

一、引言

天然气混合物经过分离器、三甘醇脱水后,混合气体中仍然含有一定的微量水。根据图1中的天然气含水变化曲线可知:温度越低含水量越小,压力越高含水量越小,所以当温度足够低、压力足够大时,混合气体中的一部分水蒸气就会结露,形成液态水,进而产生如下影响:(1)液态水会限制管线中天然气流率,增加动力消耗;(2)天然气中的液态水会与酸性组分反应,造成设备和管线腐蚀;(3)水的存在可能形成水化物,造成冻堵,导致输气中断。因此,准确检测天然气的水露点,将为判断天然气中有无液态水析出提供依据,为采取有效预防措施提供参考,并且也是天然气气质要求的一项重要指标。

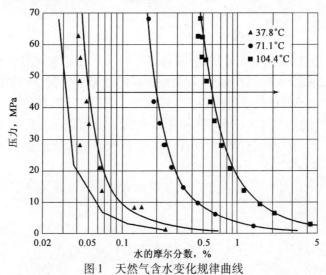

图1　天然气含水变化规律曲线

天然气水露点检测方法主要有阻抗法、冷镜法、卡尔费休法等。阻抗法检测天然气露点响应速度非常快,多用于现场和快速测量。

二、露点仪异常现象及存在的问题

为了进一步验证露点仪的准确性,露点仪在使用一段时间之后,从气源、探头、仪器响应时间三方面对露点仪进行了实验。

1. 气源

针对不同的气源,用露点仪对其进行检测。由表 1 可以看出,用露点仪检测不同的气源,其露点值几乎无变化。

表 1　米歇尔露点仪检测结果统计表　　　　℃

气　源	钢瓶氮气	钢瓶氦气	二氧化碳气	红　压	徐深1
露点	−23.5	−24.0	−23	23.1	−23.7

2. 探头

针对同一气源,分别用旧探头与新探头对其进行检测。由表 2 可以看出,检测的结果差距较大,不在仪器允许的误差范围内。

表 2　新、旧米歇尔露点仪所测露点统计表　　　　℃

露点　＼　气源 ＼ 探头	钢瓶氮气	钢瓶氦气	二氧化碳气	红压	徐深1
新	−32.1	−54.5	−55.1	−32.3	−42.1
旧	−23.5	−24.0	−23	23.1	−23.7

3. 仪器响应时间

对新、旧露点仪的响应时间进行了比较。由表 3 可以看出,旧露点仪的响应时间变长,反应变慢。

表 3　新、旧米歇尔露点仪响应时间统计表　　　　min

响应时间　＼　气源 ＼ 探头	钢瓶氮气	钢瓶氦气	二氧化碳气	红压	徐深1
新	5	5.1	5.5	5.6	5.7
旧	11.5	9.8	12	9.5	11

三、露点仪异常现象原因分析

针对出现的上述问题,利用露点仪厂家的标准气进行了对比。从表 4 可以看出,该仪器的检测值基本上不随着标准值的变化而变化,与标准差距较大。

表 4　比对结果统计表　　　　℃

序　　号	1	2	3
标准值	−33.5	−41.2	−51.1
检测值	−20.5	−23.5	−24.8

针对露点仪检测值不准的问题,对露点仪进行拆卸,发现气腔及探头表面均有油污,并且探头表面还有划痕,这就不难解释检测值不准。因为探头表面已被油污填充,当气流经过探头时,气流中的水分无法与吸湿层内部的水分进行充分交换,这样电容器的导电性基本不变。对应的阻抗值也不变。因为仪器出厂时已建立了阻抗值与露点的一一对应关系式,于是无论检测何种气体都显示一个基本不变的露点值。

四、采取的措施

1. 清洗探头

对污染的探头进行了清洗、吹扫、烘干,并与标准气进行了对比。从表5可以看出,清洗后的露点仪检测值随着标准值的变化而发生同步变化,检测值与标准值误差比清洗前减少,这说明探头表面油污也得到一定程度的清洗。

表5　清洗后检测结果统计表　　℃

序　号	1	2	3
标准值	−35.3	−44.2	−51.7
检测值	−26.9	−34.5	−37.8

2. 校正仪器

从表6可以看出,第一次粗校正后,有一部分检测值符合要求,但是还有一部分不符合要求。

表6　清洗加第一次校正后检测结果统计表　　℃

序　号	1	2	3	4	5
标准值	−58.8	−51.7	−42.2	−29.9	−21.6
检测值	−53.1	−48.1	−43.1	−35.7	−25.0

于是对仪器进行第二次校正。经过第二次校正后,由表7可以看出,各检测值都符合要求。

表7　清洗加第二次校正后检测结果统计表　　℃

序　号	1	2	3	4
标准值	−22.4	−31.6	−40.1	−49.1
检测值	−23.5	−32.7	−41.5	−50.5

3. 露点仪的检定

经过上述处理,为验证其真实性,到国家计量院进行了检定。由表8可以看出,检测值与标准值均在误差允许范围内,可以满足现场需求。

表8　国家计量院检测结果统计表　　℃

序　号	1	2	3	4
标准值	−50.2	−42.1	−29.2	−22.9
检测值	−49.3	−43.7	−30.3	−23.7

4.气源的改进

为了尽可能减小气源中的杂质对露点仪的危害,缩短了取样管路,降低了流量并增加了过滤器。

五、露点仪现场应用情况

利用露点仪对庆深气田各投用三甘醇装置的井站进行了检测。检测结果如表9所示。

表9 露点仪检测结果统计表

序 号	检测地点	干线压力,MPa	常压露点,℃	干线露点,℃
1	1号集气站	4.8	−39.7	0.4
2	1号调压间	1.2	−26.1	1.3
3	2号集气站	4.5	−33.0	10.0
4	3号集气站	4.4	−38.4	1.2
5	4号集气站	4.5	−37.2	3.4
6	5号集气站	4.9	−43.3	−4.3
7	2号调压间	1.2	−23.6	4.8
8	6号集气站	4.6	−40.5	−1.3
9	3号调压间	4.5	−34.4	7.8

六、结论

通过到国家计量院、省计量院、同类行业调研,初步得出以下结论:露点检测的准确性可以通过溯源得到验证,露点准确性可划分为三个档次,即好、较好、可接受。好:与标准值偏差2℃左右;较好:与标准值偏差3℃左右;可接受:与标准值偏差5℃左右。

参 考 文 献

[1] 黎修祺,骆如精,毛平.气体中微量水分的测定——露点法和氧化铝电容法[J].低温与特气,1986,4(1):61−65.
[2] 邬旭然、杨华铨、华惠珍.用交流阻抗法研究某些离子选择电机的响应特性[J].物理化学学报,1990,6(2):190−195.

水质分析的准确度浅析

李 鹏

摘 要:本文阐述了气田水质分析的过程,并且针对水质化验分析的准确度进行了深入的分析,以便更好地提高水质化验分析的准确度,为气田安全生产提供支持和保障。

关键词:水质分析 手动滴定 自动滴定 离子色谱

一、影响水质准确度的因素

1. 操作手法的熟练程度

手动滴定分析方法需要用"人肉眼"去判断指示剂是否变色,对操作人员手法的熟练程度要求很高,直接影响着水质分析的准确度。

2. 玻璃器皿的精密程度

玻璃器皿的精密程度对实验结果有很大的影响,因此选择使用正确的玻璃器皿至关重要。表1给出玻璃器皿的精密情况对比,由表可以看出玻璃器皿对水质准确度的影响。

表1 玻璃器皿的精密情况比对表

序号	硝酸银溶液的消耗量 mL		滴定出氯离子含量 mg/L		标准氯离子含量 mg/L
	吸量管	大肚移液管	吸量管	大肚移液管	
1	4.00	4.23	648.026	685.287	
2	4.02	4.25	651.266	688.527	680.51
3	4.00	4.25	648.026	688.527	

3. "特殊"情况的水样

"特殊"水样浑浊程度较高,颜色较深,过滤后其颜色仍会对指示剂颜色变化造成影响,增加了判断终点的难度,直接影响到水质检测数据的准确性。以滴定钙离子为例,滴定终点颜色是由紫红色滴定到纯蓝色,而当遇见颜色较深的水样时,滴定终点颜色很难判定。

4. 低浓度的水样

在水质分析中,当水样中离子含量较低时,用手动滴定方法的得出的化验结果会存在一定的误差。如氯离子含量小于100mg/L的水样用手动滴定很难保证检测的准确性,所以将此类水样定义为低浓度水样。

二、提出相应的解决办法

1. 强化技能训练,提高操作人员的技能水平

为了提高化验室化验人员的技能水平,开展了内部操作技能的培训;组织全体员工学习水质分析标准 SY/T 5523—2000,让化验室员工掌握化验分析的依据,用标准严格要求自己;开展百日大练兵、技能大赛及各项考核等措施,并且到权威机构跟班学习;要求化验室人员在现场同权威机构人员进行平行样品对比,同时做样看数据差距,以数据对比,如图1所示,所有数据均达到了 SY/T 5523—2000 手动分析滴定平行性误差要求范围。

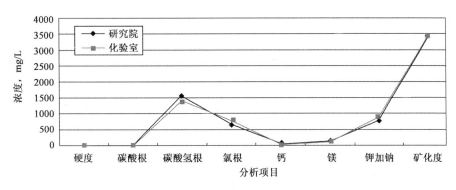

图 1　升深 2 - 25 井水质分析数据

2. 使用 10mL 高精度大肚移液管代替吸量管

为了减小在操作过程中玻璃器皿带来的误差,经过筛选,把原来的吸量管改为高精度的大肚移液管,这样可以直接避免操作过程中所带来的的系统误差。

3. 自动滴定仪辅助手动滴定

一部分有颜色水样颜色干扰严重,以至于无法进行滴定。针对这个问题,化验室采取自动滴定仪来辅助手动进行滴定。由于自动滴定仪是通过电极的信号确定滴定终点的,无需判断指示剂颜色变化,因此采用自动滴定仪辅助解决有色扰水样的水质分析问题。

经过化验室的实验,发现自动滴定仪能够解决 CO_3^{2-} 与 HCO_3^- 手动滴定前后颜色变化微弱、不易观察的问题,针对自动滴定仪对 CO_3^{2-} 与 HCO_3^- 的滴定方法复杂性做出了改进。改进之后大大提高了工作效率,减小了发生溶解平衡反应的概率。改进后的精密度得到了提高,大大减小了平行样的相对误差,见表2。

表 2　CO_3^{2-} 和 HCO_3^- 方法的改进前后的精密度　　　　　　　　　　mg/L

序　　号	原方法		改进后的方法	
	HCO_3^-	CO_3^{2-}	HCO_3^-	CO_3^{2-}
1	776.1	561.45	775.17	579.06
2	824.57	542.32	772.7	574.51
3	746.77	544.75	775.48	582.1
4	798.63	548.09	778.57	578.45

续表

序 号	原方法		改进后的方法	
	HCO_3^-	CO_3^{2-}	HCO_3^-	CO_3^{2-}
5	765.29	563.58	781.04	573.9
平均值	782.27	552.04	776.59	577.6
精密度	30.18	9.81	3.24	3.4

为了验证自动滴定仪滴定有色水样的检测准确度,化验室配制已知氯离子浓度的有色溶液来验证自动滴定仪的滴定精度,见表3,测得的相对偏差在标准要求范围内。

表3 已知浓度的有色水样自动滴定仪检测表

序 号	自动滴定结果 mg/L	实际溶液浓度 mg/L	相对偏差 %
1	598.30	577.60	3.40
2	789.37	776.59	1.60
3	324.35	317.55	2.09

通过以上实验解决了由于颜色干扰而导致视觉疲劳或无法滴定的问题,有色水样的检测得到了有效的解决。

4. 离子色谱仪辅助手动滴定

离子色谱法基于离子交换树脂上可离解的离子与流动相中具有相同电荷的溶质离子之间进行的可逆交换和分析物溶质对交换剂亲和力的差别而将其进行分离,因此它得出的分析结果更具有权威性。

为了进一步验证离子色谱仪检测低浓度水样的精确度,化验室已知离子浓度的5种低浓度水样应用离子色谱仪检测,最后将结果进行比对,见表4。

表4 手动滴定与离子色谱仪检测结果对比表   mg/L

操 作 方 法	滴定分析结果	实际溶液浓度	误 差
离子色谱仪	19.48	20.45	0.97
	37.38	38.36	0.98
	57.42	58.38	0.96
	70.63	71.33	0.98
	94.27	95.26	0.99

表5 手动滴定与离子色谱仪检测氯离子结果对比表

井 号	操作日期	离子色谱仪 mg/L	手动滴定 mg/L	偏差 %
宋183	2011年3月5日	2315.90	2268.09	2.06
升深202	2011年3月9日	4989.16	4933.10	1.12

井　号	操作日期	离子色谱仪 mg/L	手动滴定 mg/L	偏差 %
升气1-1	2011年5月4日	1484.62	1514.02	1.98
徐深1-平2	2011年3月10日	2067.13	2063.96	0.16
芳深8	2011年7月19日	8722.67	8709.86	0.15
徐深1-304	2011年3月14日	23.80	—	—
徐深6-104	2011年6月21日	28.19	—	—
卫深5	2011年9月9日	30.89	—	—

表5汇总了不同井号、不同时间的水样检测结果,很明显地看出,氯离子含量小于100mg/L的徐深1-304、徐深6-104、卫深5水样可以应用离子色谱仪检测,而手动则无法滴定出终点。因此,应用离子色谱仪分析低浓度水样是非常准确的。

经过以上对三种分析方法的介绍,总结了三种分析方法的优缺点,见表6。

表6　三种检测方法优缺点对比表

方法比对	手动滴定	自动滴定仪	离子色谱仪
优点	(1)对外界硬件要求比较低; (2)化验结果直观、明了	(1)动态滴定模式; (2)电极的信号响应代替人眼对指示剂颜色变化的判断,精准度大幅提高	检测水样不受离子浓度范围的限制,化验结果准确度高
缺点	(1)有干扰因素的水样,指示剂变色迟钝,难以找到滴定终点; (2)低浓度水样检测精度低	(1)样品浓度低时有一定误差; (2)需要定期维护、保养电极	(1)化验时需要多次更换色谱柱,工作量较大; (2)色谱柱易受污染,维护成本高

三、结论及认识

(1)为提高化验人员技能水平,制定并完善了仪器的操作方法,使得仪器进一步满足气田水质分析的实际问题。

(2)手动滴定是基础。应把它作为化验员基本功训练必不可少的一项工作,常抓不懈。

(3)自动滴定仪辅助手动滴定进行做样,主要解决特殊水样的终点滴定。

(4)离子色谱主要检测浓度较低的水样,同时,该方法是行业标准,可以把它作为判断手动和自动滴定准确与否的检验手段。

参　考　文　献

[1] 武汉大学.分析化学[M].4版.北京:高等教育出版社,2000:1-90.

[2] 马春香.水质分析方法与技术[M].哈尔滨:哈尔滨工业大学出版社,2008.

[3] 武万峰,徐立中,徐鸿.水质自动监测技术概述[J].水利水文自动化,2004,1:14-18.

[4] 蒋仁依,张秀红,鄂永安,等.ZIC_IIA改型离子色谱用于油田注入水的矿化度分析[J].分析试验室,1991,10(5):33-35.

浅谈 CO_2 吞吐在大庆外围油田应用

黄　龙　李　超　孔令茂

摘　要: 本文在了解二氧化碳吞吐机理、研究吞吐参数如何确定的基础上,结合第三作业区在大庆外围油田低渗透油井的吞吐施工情况,从地质方面、有效周期以及施工方式上对油井二氧化碳吞吐增油效果进行归类分析,针对外围低渗透油田提出了单井吞吐选井选层的一般条件,并总结了吞吐应用所取得的一些认识。

关键词: 二氧化碳　吞吐机理　增油　效果分析

一、引言

二氧化碳吞吐采油技术作为单井增产的一种方式,具有投资少、见效快、风险低、施工简单等优点,是油田三次采油的一种重要手段。目前 CO_2 吞吐作为增加油井产量的手段,在国内外已得到了越来越广泛的应用。

二、二氧化碳吞吐机理

1. 原油体积膨胀

原油中充分溶解二氧化碳后可使原油体积膨胀 10% ~ 40% 。原油溶解 CO_2 后,由于随着注入体积的增加和地层温度的上升,使地下原油体积不断膨胀,其结果是孔隙压力升高,一部分不流动的残余油会被驱入油井,从而提高了地层原油的流动能力。例如,在地层压力 20MPa 下,溶解能力从 $50m^3/t$ 到 $150m^3/t$ 不等。

2. 降低界面张力

在地层条件下,由于蒸发和溶解效应,降低了界面张力。随着注入二氧化碳量的增加,油水界面张力不断降低。当油水界面张力(σ)很小时,可以改善油水流度比,积聚的残余油滴在孔隙通道内自由移动,从而提高油相的渗透率。例如,在地层压力 20MPa 下,溶解度为 $96.44m^3/t$ 时,界面张力由 65mN/m 降为 35mN/m 。

3. 酸化解堵

CO_2 注入油层后溶于水形成弱酸,酸能溶解岩石中的 $CaCO_3$(碳酸盐),生成能溶于水的碳酸氢盐,导致岩石中 $CaCO_3$(碳酸盐)含量减少,从而使岩石的渗透性增大。

$$CO_2 + H_2O \longrightarrow H_2CO_3$$
$$H_2CO_3 + CaCO_3 \longrightarrow Ca(HCO_3)_2$$
$$H_2CO_3 + MgCO_3 \longrightarrow Mg(HCO_3)_2$$

4. 萃取轻烃

轻质烃与 CO_2 间具有很好的互溶性。当压力超过一定值(此值与原油性质及温度有关)时,CO_2 能将原油中的轻质烃萃取,可使轻烃含量下降5% ~20%左右。

5. 溶解气驱

由于所注入的 CO_2 在原油中的溶解,井筒附近压力和地层能量增加。当开井生产时,溶解气的脱出与膨胀带动原油流入井筒,形成 CO_2 溶解气驱,增加单井产量。

三、二氧化碳吞吐参数的确定

影响单井吞吐效果的因素有很多,通过分析吞吐效果,发现注入量、注入速度、最高注入压力及焖井时间是影响单井增油效果的重要因素。

1. 注入量的确定

相态理论认为,理论注入量为:

$$\pi r^2 h \phi S_{or} R_s / 550$$

室内试验表明,合理注入区间为:

$$0.2 \sim 0.3 PV$$

式中　r——油层半径,m;

　　　h——油层有效厚度,m;

　　　ϕ——油层孔隙度;

　　　R_s——CO_2 在原油中的溶解度,m^3/t;

　　　PV——注入空隙体积系数。

由以上两式即可选出合理的注入量。

2. 注入速度的确定

井筒内液体二氧化碳的温度分布理论模型如下:

$$T_r(Z,t) = T_0 + \alpha Z - \alpha A + (t_0 - T_0 + \alpha A) e^{-Z/A}$$

式中　T_r——液体在井筒中的温度,℃;

　　　T_C——二氧化碳临界温度,℃;

　　　t_0——井口注入温度,℃;

　　　T_0——地面环境温度,℃;

　　　α——地温梯度;

　　　A——代用系数;

　　　Z——井筒深度,m;

　　　t——时间,h。

根据 $T_x(Z_x, t_x) < T_C$ 即可选出合理的注入速度。

3. 最高注入压力的确定

$$p_{Imax} + \rho g h < p_s \& p_{Imax} < p_{we}$$

式中　p_{we}——井口最大承压,MPa;

　　　p_{Imax}——最大注入压力,MPa;

　　　p_s——地层破裂压力,MPa。

以上面公式作为限制条件,根据迭代循环(牛顿法)等数学方法,结合实际测试的井筒流体密度、基础数据项,通过提供的破裂压力、井口承压能力等参数,可确定最高注入压力。

4. 焖井时间的确定

冷量公式:

$$Q_冷 = cm\Delta t$$

热量公式:

$$Q_热 = \lambda d$$

式中　c——CO_2 的比热容,kJ/(kg·℃);

　　　Δt——温度差,℃;

　　　d——时间,h;

　　　λ——地层导热系数,W/(m·K)。

结合上面 2 个公式由注入的冷量要与地层的热量换热后达到平衡,可确定合理的焖井时间。

通过对注入量、注入速度、最高注入压力、焖井时间计算方法的应用,结合吞吐井的储层参数,利用数值方法进行参数优选,即可得出二氧化碳吞吐的注入参数(表1)。

表 1　注　入　参　数

油 井	注 入 日 期	注入量,t	注入速度,t/h	最高注入压力,MPa	焖井时间,d
X1－7	2008 年 7 月 2 日	134	5.7	10.5	15
X71－56	2008 年 7 月 4 日	150	5.7	11.3	15
X6－11	2008 年 12 月 23 日	100	5.7	10.1	15
Y72－124	2008 年 10 月 9 日	140	5.7	11.5	15
Y104－72	2008 年 10 月 20 日	130	5.7	12.5	15
Y84－50	2009 年 5 月 13 日	80	4.5	12.6	15
Y82－52	2009 年 5 月 15 日	149	4.5	13.2	15
Z185－131	2009 年 5 月 20 日	120	5	12.4	25
Z185－129	2009 年 5 月 22 日	76	5	12	25
Q93－W15	2009 年 5 月 26 日	122	5	13.1	25
K18－斜68	2009 年 6 月 18 日	35	3.5	12	15
K18－斜64	2009 年 7 月 8 日	35	3.5	11.4	25
K18－斜66	2009 年 7 月 10 日	60	3.5	11.7	15
K39－3	2009 年 7 月 11 日	35	5	12.4	6

四、二氧化碳吞吐效果分析

通过数值计算优化出的注入数据,对吞吐井生产情况进行跟踪观察,其增油情况如表 2 所示。

表2　增油情况

2008—2009年油井	开井日期	试验前		试验后(2008年截止到3月22日,2009年截止到7月27日)		增油量 t/d	增油幅度 %	累积增油量,t
		产液,t/d	产油,t/d	产液,t/d	产油,t/d			
X6-11	2009年1月10日	1.1	0.8	1.2	0.83	0.03	4	1.68
X71-56	2008年7月22日	0.27	0.18	0.84	0.66	0.48	267	14.72
X1-7	2008年7月18日	0.33	0.1	1.9	1.15	1.05	1050	34.2
Y72-124	2008年10月27日	1.19	1.11	1.99	1.36	0.25	23	22.5
Y104-72	2008年11月10日	1.56	1.28	3.41	3.27	1.99	155	120.6
Y84-50	2009年6月2日	0.46	0.4	5	3.3	2.9	725	118.7
Y82-52	2009年5月27日	0.8	0.8	5.1	4.4	3.6	450	145.2
Z185-131	2009年6月13日	0.54	0.4	1.3	1	0.6	150	12.1
Z185-129	2009年6月21日	0	0	0.64	0.5	0.5	—	3
K18-斜68	2009年7月3日	0.5	0.4	1.8	1.2	0.8	200	13.1
K18-斜66	2009年7月24日	0.9	0.8	3.1	3	2.15	269	8.6
K39-3	2009年7月17日	0.7	0.4	2	1.3	0.9	225	9.9

Y84-50、Y82-52开井2个月,分别增油118.7t和145.2t;7月中下旬头台4口吞吐井开了3口,分别增油13.1t、9.9t和8.6t;Y104-72开井3个多月,增油近120t。从表2可知,吞吐井大多数见效明显,成功率可达50%以上。

下面将吞吐效果分为三个层次来分析:

1. 对 CO_2 吞吐增油地质方面的分析

为了深入了解 CO_2 的吞吐效果,根据受效情况(表3)对各类油井的地质储层物性进行分析。

表3　受效情况

受效情况	井号
受效明显	Y104-72、Y82-52、Y84-50、K18-斜66、K39-3
受效一般	K18-斜68、X1-7、Y72-124
受效不明显	X6-11、X71-56、Z185-129、Z185-131

1)受效明显井分析

对受效明显井(表4),经分析认为:

(1)渗透率相对较高,有充足的剩余油(平均在35%);

(2)射开层位单一,位于较为封闭的区块,注入的 CO_2 不易外泄,与地下原油能充分接触;

(3)存在堵塞现象, CO_2 吞吐疏通了渗流通道,激活了油井产能,因而增油幅度明显。

表4 受 效 明 显 井

油 井	有效厚度,m	渗透率,mD	孔隙度,%	剩余油饱和度,%	原油黏度,mPa·s	累积增油量,t
Y104－72	5.8	8.5	17	29~37	8.7	120.6
Y84－50	6.1	22.5	16	29~41	10.4	118.7
Y82－52	9.6	22.5	16	29~41	10.4	145.2
K39－3	3.6	6.5	18.9	28~35	5.3	9.9
K18－斜66	5.2	7.2	19.1	26~36	4.6	8.6

2)受效一般井分析

对受效一般井(表5),经分析认为:

(1)油层渗透率低,且剩余油较低(均值30%);

(2)可能存在裂缝,CO_2沿着裂缝层突进发生气窜,未能与地下原油进行充分接触;

(3)产生的酸化解堵作用致使产水量有所上升,而产油量却增加得不明显。

表5 受 效 一 般 井

油 井	有效厚度 m	渗透率 mD	孔隙度 %	剩余油饱和度 %	原油黏度 mPa·s	产油 t	含水率 %	累积增油量 t
X1－7	7.6	2.6	11.5	27~34	5.3	1.9	39.44	34.2
K18－斜68	2.4	1.7	16	26~33	4.7	1.99	31.71	13.1
Y72－124	11.8	5.2	16	26~34	9.2	1.8	33.33	22.5

3)受效不明显井分析

对受效不明显井(表6),经分析认为:

(1)渗透率非常低,地层没有充足的剩余油;

(2)这些井与周围井地层连通较好;

(3)注入CO_2量较多,对地层原油起到了驱替作用,经过一段时间后,原油未能从远井区向近井筒流动,致使吞吐几乎没效果。

表6 受 效 不 明 显 井

油 井	有效厚度,m	渗透率,mD	孔隙度,%	剩余油饱和度,%	原油黏度,mPa·s	累积增油量,t
X6－11	13.8	1	12.2	23~27	4.2	1.68
X71－56	16.3	1.1	12.2	23~29	4.2	14.72
Z185－131	10.7	1.2	14.5	25~30	6.6	12.1
Z185－129	5.6	1.2	14.5	25~30	6.6	3

2.对CO_2吞吐增油有效周期的分析

1)生产压差

通过油井生产压差与增油量的分析(图1)可知:生产开始阶段的生产压差越大,吞吐效果越好;当达到一个合理值时,之后生产压差再增大,累积增油量和换油率也不再明显变化,而是趋于稳定。

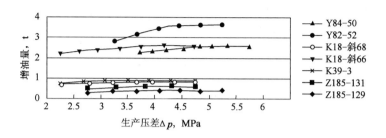

图1　油井生产压差与增油量的关系曲线

2) CO_2 吞吐见效期

分析图2、图3可知: CO_2 吞吐增油在前2~4个月增油显著,之后增油效果逐渐降低,直至无效果,可尝试对其进行二次吞吐。

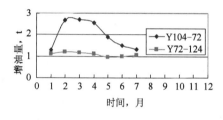

图2　Y厂吞吐井增油情况

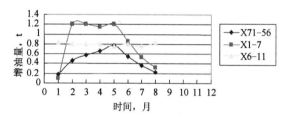

图3　X厂吞吐井增油情况

3) CO_2 吞吐周期数

从图4可知,每个吞吐周期内,随着注入压力的升高,换油率会逐渐下降, CO_2 吞吐换油率随着吞吐周期的增加逐渐降低,可知吞吐在1~2个周期之内经济上比较划算。

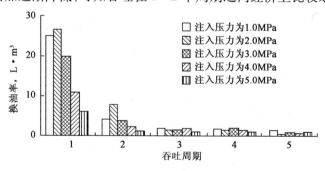

图4　吞吐周期与换油率关系曲线

五、结论与认识

(1)通过相关理论公式并结合矿场经验,可以对注入量、注入速度、最高注入压力及焖井期等吞吐重要参数进行优化和确定:剩余油饱和度大于30%;低渗透压裂井、产能不足的单井、油井含水率要小;与周围井的连通性差、受层间井间干扰小的油井;油藏密封性好,注水驱效果差。

(2)从 CO_2 吞吐增产效果上来看,油井 CO_2 吞吐采油可归纳为两类:解堵型、增能型。

(3)油井吞吐作业后,见效期一般在 2~4 个月左右。由此可知,对于单井,可进行第 2 次的重复吞吐施工,以便进一步提高单井产量。

(4)开井初期,提高生产压差,有利于提高增油量,能增强 CO_2 的吞吐效果。

参 考 文 献

[1] 马涛,汤达祯,等.注 CO_2 提高采收率现状[J].油田化学,2007,24(4):3-4.

[2] 张怀文,张翠林,多力坤. CO_2 吞吐采油工艺技术研究[J].新疆石油科技,2006,4(16):19-21.

[3] 程诗胜,刘松林,朱苏清.单井 CO_2 吞吐增油机理及推广应用[J].油气田地面工程,2003,22(10):16-17.

[4] 赵明国,王东.大庆油区 Z48 断块 CO_2 吞吐室内实验[J].油气地质与采收率,2008,15(2):90-91.

徐深 1 区块气井地层压力确定方法研究

赵 航 张 松

摘 要:地层压力是气藏地质研究和评价、储量计算、动态分析的基础。为准确获取气井目前的地层压力,通过对系统试井理论及产能方程的研究,提出利用井底流压求取气井目前的地层压力的方法;由于部分气井无法测试,提出了利用井口压力计算井底流压的方法。通过实例计算表明,这种方法简便易行,结果可靠。

关键词:地层压力 系统试井 产能方程 井底流压

一、引言

徐深 1 区块储层物性较差,为低孔、低渗储层;储层岩石类型复杂,岩性岩相变化快,地质情况非常复杂。通过模拟计算,该区块气井井底压力恢复稳定至少需要半年以上时间,随着下游用气需求的增加,气井不可能长时间关井,因此无法通过实测法确定地层压力。

地层压力是气藏能量的直接体现。及时、准确地掌握气井的地层压力变化,对于气井的合理配产、气藏平面连通性、气藏动态储量的计算、产能计算和评价、动态分析、气藏开发效果的评价都是非常重要的。要获得稳定、可靠的地层压力,目前的主要方法就是实测法。实测法不仅影响生产,而且测试成本也较高。如果由于某种原因,压力计下入井筒遇阻,或者压力计故障,无法测压或测试结果误差大,将对科研工作和生产管理带来不利。实际上,在进行压力恢复试井时,为了降低测试成本,往往关井恢复时间短,实测的地层压力未恢复平稳(偏低),利用测试资料很少能够进行压力恢复曲线外推。

针对以上问题,开展了地层压力确定方法研究。

二、利用二项式产能方程确定地层压力

通过系统试井可以确定出气井稳定的二项式产能方程:

$$p_R^2 - p_{wf}^2 = Aq_g + Bq_g^2 \qquad (1)$$

当气井的二项式产能方程确定后,只要测得某个工作制度下的稳定流压,就可计算出气井目前的地层压力:

$$p_R = \sqrt{Aq_g + Bq_g^2 + p_{wf}^2} \qquad (2)$$

三、二项式产能方程的确定

对于没有开展过产能试井的气井,可以利用其三个稳定工作制度下的数据计算出二项式产能方程。

根据气井系统试井原理,在气井生产过程中,改变三次工作制度(产量由小到大),要求每一个工作制度生产至稳定状态。根据气井产能方程通式,利用三组对应稳定的产量、井底流压联立求解产能方程组,便得到当前可靠的二项式产能方程和地层压力。

将三个稳定工作状态下测得 q_g、p_{wf} 值代入产能方程,可得产能方程组:

$$\begin{cases} p_R^2 - p_{wf1}^2 = Aq_{g1} + Bq_{g1}^2 \\ p_R^2 - p_{wf2}^2 = Aq_{g2} + Bq_{g2}^2 \\ p_R^2 - p_{wf3}^2 = Aq_{g3} + Bq_{g3}^2 \end{cases} \tag{3}$$

式中　p_R——地层压力,MPa;

　　　p_{wf}——井底流压,MPa;

　　　A, B——二项式系数;

　　　q_g——气井产量,$10^4 m^3/d$。

解方程组(3)得:

$$B = \dfrac{\dfrac{p_{wf2}^2 - p_{wf3}^2}{q_{g3} - q_{g2}} - \dfrac{p_{wf1}^2 - p_{wf2}^2}{q_{g2} - q_{g1}}}{q_{g3} - q_{g1}} \tag{4}$$

$$A = \dfrac{(q_{g3}^2 - q_{g2}^2)(p_{wf1}^2 - p_{wf2}^2) - (q_{g2}^2 - q_{g1}^2)(p_{wf2}^2 - p_{wf3}^2)}{(q_{g2} - q_{g1})(q_{g3} - q_{g2})(q_{g3} - q_{g1})} \tag{5}$$

可见,该方法利用三个稳定生产状态下测得的产量、井底流压来确定气井的产能方程,避免了传统系统试井对生产的影响,节约了测试费用。

四、井底流压的折算

徐深 1 区块的部分气井,由于某些工艺方面原因,试井时压力计无法下到产层中部,导致记录的压力存在深度误差。对于这部分气井,可利用井口压力折算其井底流压。

1. 单相气体的井筒压力折算公式

对于气体从井底沿油管流到井口这一问题,首先进行如下假设:从管鞋到井口没有功的输出,也没有功的输入,即 $dW=0$;对于气体流动,动能损失相对于总的能量损失可以忽略不计,即 $udu=0$;讨论气体流动为垂直管流,则可得到井筒管流方程:

$$\dfrac{dp}{\rho} + gdH + \dfrac{fu^2 dH}{2d} = 0 \tag{6}$$

式中　p——压力,Pa;

　　　ρ——流动状态下气体密度,kg/m^3;

　　　g——重力加速度,m/s^2;

　　　H——垂向油管长度,m;

　　　f——摩阻系数;

　　　u——流动状态下气体流速,m/s;

　　　d——油管内径,m。

任意流动状态(p, T)下,气体的流速可用流量和油管截面积表示为:

$$u = B_g s = \frac{q_{sc}}{86400} \frac{T}{293} \frac{0.101325}{p} Z \frac{4}{\pi} \frac{1}{d^2} \tag{7}$$

式中　T——井筒内某点温度,K;

　　　Z——井筒内某状态(p,T)下气体压缩系数;

　　　q_{sc}——标准状态下气体流量,m^3/d。

同一状态(p,T)下的气体密度为:

$$\rho = \frac{pM_g}{ZRT} = \frac{28.97\gamma_g p}{0.008314ZT} \tag{8}$$

式中　γ_g——气体相对密度。

将式(7)、式(8)代入式(6),并除以重力加速度,整理后得到:

$$\frac{1}{0.03415\gamma_g} \frac{ZT}{p} dp + dH + 1.324 \times 10^{-18} \frac{f}{d} \frac{q_{sc}TZ}{pd^2} dH = 0 \tag{9}$$

式中　H——井口到气层中部的垂直深度,m。

分离变量后,写成积分形式为:

$$\int_1^2 \frac{\dfrac{ZT}{p}dp}{1 + \dfrac{1.324 \times 10^{-18} f(q_{sc}TZ)^2}{d^5 p^2}} = \int_1^2 0.03415\gamma_g dH \tag{10}$$

对于流动气柱,式(10)可写为:

$$\int_{p_{tf}}^{p_{wf}} \frac{\dfrac{ZT}{p}dp}{1 + \dfrac{1.324 \times 10^{-18} f(q_{sc}TZ)^2}{d^5 p^2}} = \int_0^H 0.03415\gamma_g dH \tag{11}$$

式中　p_{tf}——井口流动压力,MPa;

　　　d——油管采气时为油管内径(环空采气时为$d_2 - d_1$),m。

摩阻系数f和雷诺数Re的计算公式如下:

对于油管采气

$$\frac{1}{\sqrt{f}} = 1.14 - 2\lg\left(\frac{e}{d} + \frac{21.25}{Re^{0.9}}\right)$$

$$Re = 1.766 \times 10^{-2} q_{sc} \frac{\gamma_g}{\mu_g d}$$

对于环空采气

$$\frac{1}{\sqrt{f}} = 1.14 - 2\lg\left(\frac{e}{d_2 - d_1} + \frac{21.25}{Re^{0.9}}\right)$$

$$Re = 1.766 \times 10^{-2} \frac{q_{sc}\gamma_g}{\mu_g(d_2 + d_1)}$$

式中　d_2——套管内径,m;

　　　d_1——油管外径,m;

　　　μ_g——气体黏度,$mPa \cdot s$;

e——管壁相对粗糙度,m;

Re——气体的雷诺数。

2. 拟单相气体的井筒压力折算公式

大多数气井气流中都含有少许凝析油和水,井筒中流动实属气、液两相流,但与油井相比气液比极高(大于2000m³/m³),流态属于多相流中的雾状流。为简化计算,视这类多相流的气井为假想的单相流气井,称拟单相流。当气中含凝析油时,将地面分离的气体和凝析油通过气油比这一参数复合成单相烃类气体(即拟单相气体);若气中含有水,将其视为复合烃类气体和气水两相问题,认为气水两相混合物的流态仍为雾流,因而气水体积流速相同。对拟单相气流井筒流动,无论直井、斜井、油管环空流动,统一采用下式进行计算:

$$\int_{p_{tf}}^{p_{wf}} \frac{\frac{p}{TZ}\mathrm{d}p}{\left[\left(\frac{p}{TZ}\right)^2 + 7.651 \times 10^{-16} \frac{f_m}{d^5}\left(\frac{W_m}{M_w}\right)^2\right]F_w} = 0.03415\gamma_g H \tag{12}$$

式中 W_m——气水混合物的质量流量,kg/d;

M_w——复合气体的摩尔质量,kg/kmol;

f_m——气水混合物的摩阻系数;

F_w——含水校正系数。

3. 应用实例

徐深 1-304 井 2009 年四季度生产过程中改变了三个工作制度,测试数据见表 1。

表 1 徐深 1-304 井系统试气数据

工作制度	日期	油压,MPa	流压,MPa	日产气量,10^4m³
1	2009 年 10 月 29 日	22.6	28.45	10.1751
2	2009 年 11 月 15 日	21.7	26.89	11.0952
3	2009 年 12 月 3 日	20.7	26.15	11.4987

用三个制度下的数据求得徐深 1-304 井的产能方程为:

$$p_R^2 - p_{wf}^2 = 0.5248q_g + 4.3656q_g^2$$

进而求得 2009 年四季度的地层压为 p_R 为 35.59MPa。2009 年 9 月份徐深 1-304 井进行了压力恢复测试,试井解释拟合该井的地层压力为 35.62MPa,与计算结果相近。

2010 年 4 月下旬,徐深 1-304 井以稳定产量 12.54×10⁴m³/d 进行生产,此时井口油压为 16.60MPa,利用拟单相流井筒压力折算方法计算该井井底流压 p_{tf} 为 21.27MPa,代入该井的产能方程求得目前的地层压力为 33.85MPa。2010 年 5 月份该井进行了压力恢复测试,试井解释该井地层压力为 33.71MPa,与计算结果相近。两次计算证明了计算结果是准确、可靠的。

五、结论与认识

(1)通过二项式产能方程分析,可以利用气井某一稳定工作制度下的流压资料来确定气井地层压力,避免了长期关井恢复测试地层压力对气井生产的影响。

(2)通过气井三个稳定工作制度下的生产资料求得稳定的产能方程,不仅避免了开展产能试井对气井生产的影响,而且节约了测试费用。

(3)对于压力计无法下到产层中部的气井,可以利用井口压力折算其井底压力,避免了测试过程中的深度误差。

参 考 文 献

[1] 陈元千.油气藏工程计算方法[M].北京:石油工业出版社,1992.

[2] 杨继盛.采气工艺基础[M].北京:石油工业出版社,1992.

第二部分

采气工程

D1 井涡流排水试验效果分析

孙会来

摘　要:D1 井投产于 1993 年 5 月,是汪家屯气田的一口开发井。2010 年 11 月,该井油压、套压差达 3.3MPa,日产气 0.6×10⁴m³ 左右,低于井筒临界携液流量,无法有效排出积液,影响了气井产能的有效发挥。针对该井的动态特征,试验应用井下涡流工具排水,评价降低井底流压、提高产量的效果。通过对该案例的分析评价,把握开采过程中影响气井产能的主要矛盾,适时采取合理工艺技术对策,对于稳定和提高单井产量有重要的借鉴意义。

关键词:涡流排水　选井　效果分析

一、试验选井分析

针对 D1 井投产以来的生产特征,深入认识该井的产能特点,对气井作业情况、井筒举升携液动态及预期效果等因素进行分析,结合涡流排水工艺界限,评价试验可行性。

1. 气井自然能力

该井投产初期,日产气达 $5.6 \times 10^4 m^3$ 以上,日产水 $0.1 m^3$,油压 14.6MPa,套压 14.7MPa,产量水平较高,稳产能力较好,见图1。

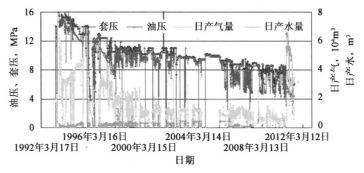

图 1　D1 井生产曲线

2. 气井作业情况

D1 井于 1993 年 5 月投产,1993 年 7 月进行压裂改造。截至 2010 年 12 月,该井未进行其他类型的气井作业,见表1,无需评价气井作业对产能造成的影响。

3. 井筒举升状态

分析该井的生产数据,统计日产气量与油压的关系,见图2,与临界携液流量进行对比,见图 3。当油压降到 10MPa 以下的较长生产时期,该井已经无法有效携液。

表1 D1井作业情况表

时　间	项　目	备　注		
1988年5月	试油	F1−1	1726.4~1729.4m	干层
		F1−2	1744.2~1748.4m	气层
		F1−4	1772.8~1774.2m	干层
		F2−2	1825.6~1827.2m	气层
		Y1−6	1973.8~1985.2m	气层
		Y3−4	2147.6~2156.2m	可疑气层
1993年5月	投产	日产气 $1.8 \times 10^4 m^3$		
1993年7月	压裂	日产气 $5.6 \times 10^4 m^3$		

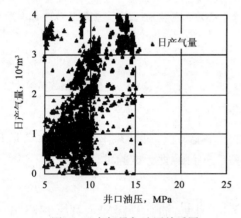

图2 日产气量与油压关系图   图3 临界携液流量与油压关系图

2006年9月,生产水气比大幅下降,证明由于携液能力不足造成井底积液,见图4。

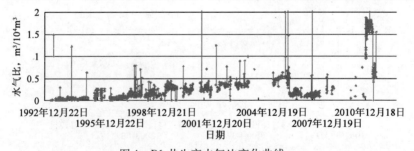

图4 D1井生产水气比变化曲线

4. 涡流排水界限

该工艺具有成本低、易管理、效益好的特点,适用于油套压差较大、含水率较低、日产气量高于最小临界携液流量70%的气井,D1井满足涡流排水的试验条件。

二、试验效果分析

1. 现场试验情况

2010年12月8日,在D1井开展了涡流排水采气现场试验。采用φ59mm通井规通井,深度 1756m,工具下入深度 1741m(井口为 35/65 型采气树,油管内径 ϕ62mm)。

2. 增产效果分析

现场试验的效果见图 5,产水量由实验前的 0.1m³/d 提高到 6.0m³/d;油套压差由试验前 3.3MPa 降低到 1.6MPa;产气量由 0.6×10^4m³/d 升到 3.6×10^4m³/d,增加了 5 倍。井下涡流工具发挥了有效排出井底积液、降低井筒举升能量损耗、改善气井产能的良好作用。截至 2011 年 7 月底,D1 井累计增气达 577×10^4m³。

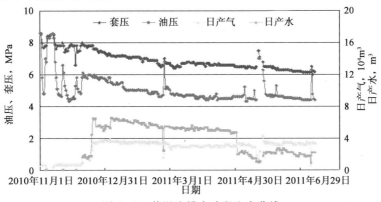

图5 D1 井涡流排水阶段生产曲线

试验后,D1 井产量增加至 3×10^4m³/d 以上,能够满足井筒携液的要求,且产气量、产水量、油套压差达到了"三稳定"状态。估算 2010 年 12 月以前的井底积液量约为 430m³,预测的涡流排水阶段产水量需大于井底积液排出量及增产气量的产水量,确定了 2011 年 4 月底打捞井下涡流工具。2011 年 4 月 29 日打捞涡流工具,气井生产状态保持稳定。

三、认识

D1 井由于长期的井底积液使得气井产能无法得到有效发挥,造成气井欠产。通过采用涡流排水工艺,实现了有效排出井底积液、大幅提高单井产量的目的。

对于投产时间短、携液能力不足造成产量递减幅度小的气井,涡流排水工艺的价值在于降低井筒举升的能量损耗、延缓产量递减、保持气井的平稳生产。

参 考 文 献

[1] 李颖川,等. 气田与凝析气田开发新技术新理论[M]. 北京:石油工业出版社,2005.
[2] 李闽,等. 气井携液新观点[J]. 石油勘探与开发,2001,28(5):105 - 106.
[3] James F Lea,Henry V Nickens,Mike R. Gas Well Deliquification[M]. New York:Wells Gulf Professional Publishing,2008.

×5 井排液特征分析及应用

闫 伟

摘 要: ×5 井目前日产气量 $0.9 \times 10^4 m^3$, 油压 4.7MPa, 套压 7.2MPa, 表现出稳定生产的状态。纵观该井生产的历史数据, 主要经历了三个生产排液阶段: 一是试生产阶段, 开井油压下降快, 油套压差急剧增大, 生产时间短, 关井油压恢复快, 无法持续生产; 二是拟稳定阶段, 通过降低井口压力, 以降低临界携液流量要求, 实现气井稳定开井, 在生产过程中, 通过不断调节瞬时流量, 摸索出合理的井口油压控制区间, 实现了气井长期稳定持续生产; 三是拟稳定晚期生产阶段, 目前 ×5 井的现状是"在对产量没有要求的前提下, 油压与外输压力持平, 不需要人为的调节, 能持续稳定生产", 需要开展必要的排液措施。

关键词: 临界流量 间歇开井 瞬时流量

一、×5 井自身特点

1. 试气情况

×5 井于 2004 年 8 月开始试气, 试气结果如下(图 1):

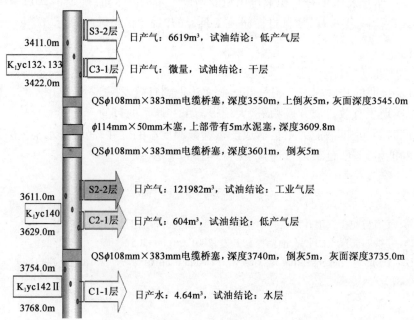

图 1 ×5 井试气层位图

第 $K_1yc142 \text{II}$ 号层, 井段 3768.0 ～ 3754.0m, 厚度 14.0m, 测井解释及综合解释均为气水同层。该层采用 MFE(II) + TCP 求产, 日产水 $4.64m^3$, 结论为水层。

第 K_1yc140 号层,井段3629.0~3623.0m、3613.5~3611.0m,厚度8.5m,测井解释及综合解释均为气层。该层采用 MFE(Ⅱ)+TCP+自喷求产,日产气604m³。该层采用压后自喷求产,10mm 油嘴、63.5mm 挡板,油压8.75MPa,日产气121982m³,结论为工业气层。

第 K_1yc133、132 号层,井段3422.0~3411.0m,厚度11.0m,测井解释及综合解释均为气层。该层采用 MFE(Ⅱ)+TCP 求产,日产气微量。该层采用压后自喷求产,8mm 油嘴、16mm 挡板,油压1.31MPa,日产气6619m³,结论为低产气层。×5井完井管柱见图2。

2. 作业井史

表1　×5井作业井史

时　　间	作业类型	情况表述
2004 年 11 月	压裂改造	对 K_1yc132/133、140 层进行压裂
2005 年 11 月	钻桥塞作业	防喷器将油管夹断,φ62mm 外加大油管 354 根落井(图3)
2006 年 9 月	打捞油管、磨铣桥塞	注入压井液 739m³,加入含胶粒堵漏剂 3000kg,加入皮屑堵漏剂 400kg
2008 年 10 月	酸化解堵增产改造	对产层进行笼统酸化

如表1所示,×5井4年时间里经历了4次措施,其中2006年的打捞油管、磨铣桥塞作业入井流体较大,对气井影响较大,后经酸化改造处理见到了一定的效果。

图4为×5井目前管柱图。

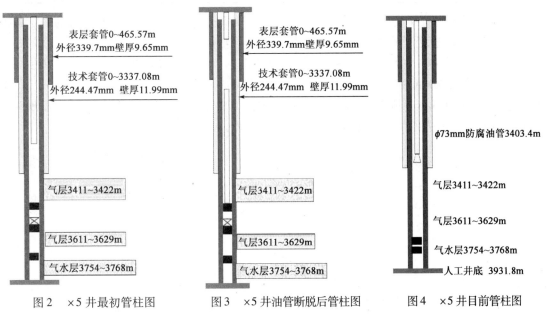

图2　×5井最初管柱图　　　图3　×5井油管断脱后管柱图　　　图4　×5井目前管柱图

二、×5井三个排液生产阶段分析

1. 试生产阶段

2010 年 10 月份对×5井进行了开井试生产,如图5所示,表现的特点是:开井时间短,油压下降快,油套压差急剧增大,关井油压恢复快;气井无法持续开井生产,仅能以频繁、短暂间开的方式维持生产。

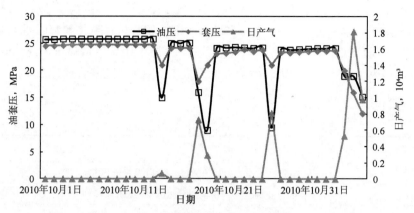

图5 ×5井试生产阶段生产曲线

表2 2010年5月14日测静压数据

测试日期	井口温度 ℃	油压 MPa	套压 MPa	起始点压力 MPa	起始点温度 ℃	终止点深度 m	终止点压力 MPa	终止点温度 ℃	推算气层中部压力 MPa	推算气层中部温度 ℃
2010年5月14日	4.93	22.5	23.9	22.58	4.93	3373	28.44	139.68	28.80	147.70

从表2测压数据看,气层中部静压高达28.8MPa,表示地层能量充足,应具有的一定的产能。如图6所示,管径尺寸越大,同等条件下井筒内携液需要的临界流量越大。×5井的井身结构的特点是(图4):主力产层顶界距油管鞋处距离达200m,当气井开井的时候,口袋中的液体向油管内流动,200m的套管体积相当于760mϕ73mm油管的内部空间,即产生7.6MPa的油套压差,导致开井油压急剧下降;关井时油管内的液体靠重力作用回落到套管空间,表现为油压快速恢复。这两方面的原因导致该井无法正常生产。

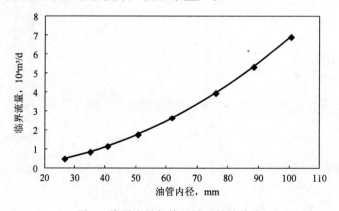

图6 临界流量与管径关系特性曲线

2.拟稳定生产阶段

经过上述分析,针对×5井的特点,以小时为单位进行了工作制度的摸索(图7)。如图8

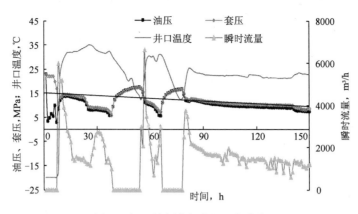

图 7　合理制度摸索阶段生产曲线

所示,井口油压与临界流量的关系是:相同管径条件下,临界流量随井口油压的降低而降低,随井口油压的升高而升高,从而确定 ×5 井的合理工作制度的摸索方向,即采取定压的方式,以一个合理的临界流量条件实现稳定生产。如图 9 所示,以现场摸索的生产数据为基础,结合绘制的 ×5 井井口压力与临界流量的特性曲线,发现井口油压控制在 7 ~ 9MPa 区间时, ×5 井的生产数据满足临界携液要求,可以稳定生产。

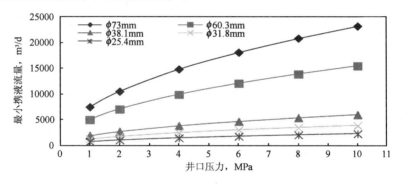

图 8　井口油压与临界流量特性曲线

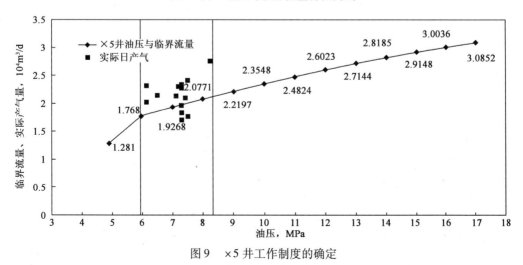

图 9　×5 井工作制度的确定

3.拟稳定生产晚期

如图10、图11所示,×5井经过拟稳定工作制度的生产后,目前油压与外输持平,随外输变化而变化,不需要人为调节瞬时流量,接近于无阻状态,处于气井生产状态的边缘,随着地层能量的进一步消耗,将无法自喷。如图12所示,目前×5井的生产状态达不到携液要求,井内积液排不出,对于地层能量消耗较大。如此生产下去,必然导致停喷期的加快到来。需要对其采取必要的排水措施,以维持生产。

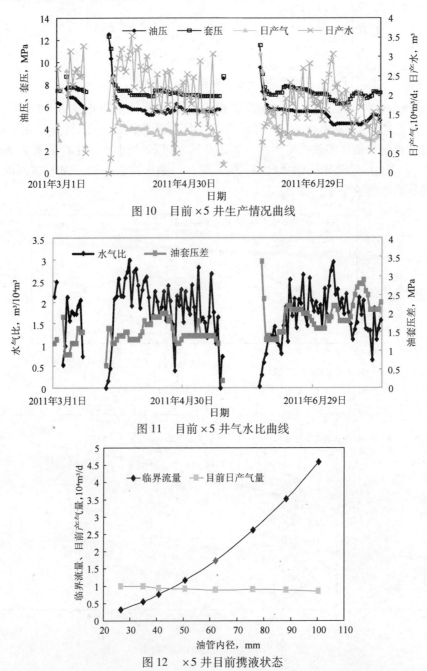

图10　目前×5井生产情况曲线

图11　目前×5井气水比曲线

图12　×5井目前携液状态

三、目前庆深气田深层气井积液状况分析

1. 管柱情况

如表 3 所示，目前庆深气田共投产气井 124 口，其中深层 75 口，中浅层 49 口，其中 3½in 油管完井 18 口，2⅞in 油管完井 104 口，2⅜in 油管完井 2 口，以下将对深层气井的积液情况进行分析。

表 3　庆深气田气井井下管柱尺寸统计表　　　　　　　　口

油管尺寸	深层	中浅层	小计
3½in 油管	1		1
	17	0	17
2⅞in 油管	55	49	104
2⅜in 油管	2	0	2

2. 积液现状及管理意见

如图 13、图 14、图 15 所示，3½in 油管的深层气井绝大多数满足临界携液流量要求，地层能量较充足，其中仅有 2 两口井满足不了临界流量的要求；2⅞in 油管深层气井目前仅有 4 口井满足不了临界流量的要求；2⅜in 油管的两口深层气井有一口井满足不了临界携液流量要求。对于以上的气井，要采取相应的排液辅助措施，以保证稳定生产。但是，对于处于临界携液线上部及其周围的气井，必须加强生产的管理，密切关注生产状态，必要时降压放产，以保证它们处于满足临界携液流量要求的生产状态。

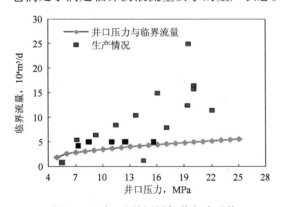

图 13　3½in 油管深层气井积液现状

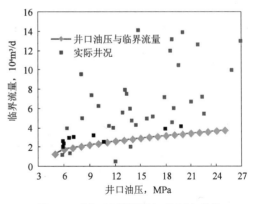

图 14　2⅞in 油管深层气井积液现状

四、结论

（1）井底口袋过深、不合适管径等因素导致气井排液难度大。

（2）对于单井排液来说，需从自身产能、井身结构特点、工作制度优化多方面入手，才能给出正确的排液对策。

（3）不同的井要有不同的分析，要确定合理排液的时机和措施界限，以确保排液及时、有效。

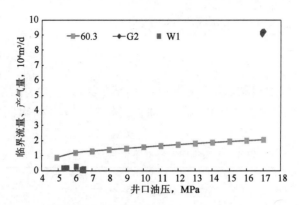

图15 2⅜in 油管深层气井积液现状

（4）气井的产液状态是一个动态的过程,对于不同的气井要实时分析,必要时需与开发系统联作建立积液诊断系统。

参 考 文 献

［1］杨川东.采气工程［M］.北京:石油工业出版社,1999.

［2］杨继盛.采气工艺基础［M］.北京:石油工业出版社,1992.

［3］刘琦.预测气井井筒积液新方法［J］.国外油田工程,2006,22(4):32－34.

固化水暂堵技术在徐深气田适用性分析

梁旭升

摘　要: 采气分公司井下作业普遍采用压井作业,而深层气井一般都经过压裂施工,进行作业时压井液漏失比较严重,施工周期长,作业后产能、压力都有明显下降,甚至无法正常生产,大大影响了开发效果。本文从储层保护的角度出发,在压井作业过程中研究固化水屏蔽暂堵技术,减少压井液的漏失量,既保护了储层,又节省了施工费用。

关键词: 储层保护　固化水　屏蔽暂堵

一、引言

井下作业施工过程中需要利用压井液来平衡地层压力,入井液与储层及流体的不配伍对气层造成一定伤害,并且深层气井一般都经过压裂施工,进行压井作业时漏失比较严重,单井用量达到 $400 \sim 500 m^3$,施工周期长,作业后产能、压力都有明显下降,甚至无法连续生产,大大影响了开发效果。因此,应对气井作业过程中的储层保护技术进行研究,尽量减少入井流体的数量,解决储层保护难题。

二、徐深气田的地质特征

徐深气田从储层的埋藏深度上可分为中浅层和深层两类气藏。中浅层气藏开发的目的层为白垩系泉头组三、四段的扶余油层及杨大城子气层,埋藏深度 $1500 \sim 2000m$ 左右。深层气井埋藏深度 $2500m$ 以上,从上至下包括白垩系下统泉头组、登娄库组、营城组、沙河子组、侏罗系上统火石岭及基底等地层。徐深气田岩性复杂,主要是砂砾岩和火山岩两类储层。

(1)中浅层气井储层基本特征:储层岩性主要为小型河流相、滨湖相沉积的砂泥岩互层,砂体规模较小,多以条带状、透镜状分布,平面连续性较差。

(2)砂砾岩储层基本特征:主要含气层位是登娄库组砂岩、营城组四段的粗砂岩和砂砾岩。储层物性差,有效渗透率 $0.01 \sim 46.8mD$,孔隙度 $0.8\% \sim 8.8\%$,属于低孔、低渗储层,自然产能低,需压裂才能获得工业气流。

(3)火山岩储层基本特征:主要含气层位是营城组,以流纹岩、流纹质熔结凝灰岩和火山角砾岩为主,有效渗透率 $0.002 \sim 13.6mD$,孔隙度 $0.6\% \sim 20.7\%$,裂缝和孔洞发育,也是低孔、低渗储层,除部分高渗地区的井自然产能可获工业气流,多数井都需要压裂,气井在作业后压力或产能都有一定的下降。

三、固化水暂堵室内试验情况

通过研究发现,压井作业造成储层损害的原因大致有以下几种:

（1）压井液盐度降低或与储层 pH 值不匹配，引起气层中的黏土矿物水化、膨胀、分散，因而减少了储层孔隙的流动通道。

（2）压井液携带的微粒侵入储层，造成孔隙喉道的堵塞；或其流速过高超过储层的临界流速，使那些胶结不好的地层微粒运移而堵塞孔喉通道。

（3）压井液与储层中流体不匹配，进入储层后产生物理化学作用，使原有的沉淀—溶解平衡状态被破坏而生成沉淀（如碳酸钙、碳酸镁、硫酸钡、铁盐等）。

（4）压井液侵入改变油气储层润湿性，降低油气相对渗透率，或形成高黏乳状液，堵塞油气层的流动通道，导致渗流阻力增大，从而损害油气层。

（5）压井液漏失严重，返排比较困难。

1. 裂缝性油气层的暂堵规律研究

1）固相颗粒在裂缝中的架桥机理

架桥取决于颗粒直径与两接触点之间距离的关系，首先形成一级架桥，根据裂缝颗粒暂堵的数学模型计算，形成一级架桥的颗粒直径和裂缝宽度有以下关系：

$$0.804w < R < w$$

式中　　w——裂缝宽度；

　　　　R——颗粒直径。

在裂缝表面上吸附、重力沉降和捕集的各种尺寸的微粒将有助于形成架桥，且使架桥尺寸更小。

裂缝表面的不规则和微粒的不规则均有助于架桥，并会提高架桥的强度，但由于应力敏感，架桥不稳。

2）纤维在裂缝中桥堵机理

纤维在地层孔隙中主要以条状纤维和团簇状纤维两种形态，详见图1。

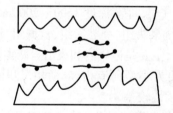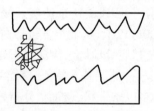

图 1　条状纤维和团簇状纤维的形态

条状纤维一般在开度较小的位置形成架桥，与微粒形成坚固的桥堵。团簇状纤维在缝壁上钩挂或在岩石颗粒接触部位间桥堵。两种桥堵的承压能力较弱。

2. 固化水配方的研制

根据以上裂缝暂堵规律，综合纤维和固体颗粒暂堵剂的封堵优点，研究出储层屏蔽暂堵固化水体系，主要由固化剂、固体堵漏剂、纤维、胶体保护剂等组成。

固体堵漏剂是一种刚性架桥暂堵材料，是自然界中的一种生物性材料，有一定的酸溶能力，其颗粒尺寸分布可以人为控制，以满足不同裂缝宽度的架桥需要，如图2所示。

纤维呈白色，长度约 10mm，可酸于溶。这种结网剂在清水中搅拌会聚集成直径约 10mm

的团絮。固化剂是由一种高分子吸水材料组成，遇酸、碱或氧化剂后可以破胶，能够吸水膨胀成最大直径约3mm的软性粒子，如图3所示。

图2　固体堵漏剂

3. 固化水暂堵室内实验

1）室内实验装置的特点

固化水室内实验装置如图4所示。该装置有如下特点：

（1）可模拟直井和水平井裂缝暂堵；

（2）可同时做三块岩心或水平井三个方向的暂堵；

（3）试验液体可以循环流动，剪切速率可调；

（4）模拟温度大于150℃；

（5）正压差大于10MPa；

（6）可测得返排效果。

图3　纤维和固化剂

图4　固化水室内实验装置图

2）1mm裂缝宽度的试验结果

（1）120℃变压条件下的滤失曲线，详见图5。

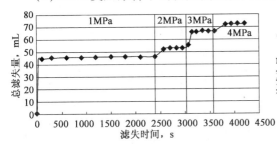
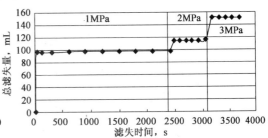

图5　1mm岩心在120℃变压下的滤失曲线

瞬态失水时间短暂,暂堵层形成快,每次增压都有少量液体冲出,但很快又形成暂堵,失水速率再次趋于平缓,暂堵良好,返排压力小于1MPa。

(2)140℃变压条件下的滤失曲线,详见图6。

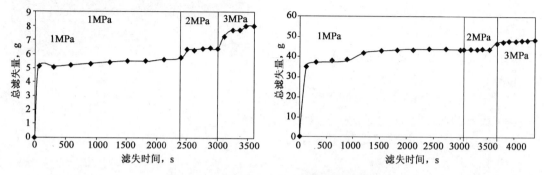

图6 1mm岩心在140℃变压下的滤失曲线

瞬态失水时间稍有增加,但仍在1min以内,试验过程中或每次增压时有少量液体冲出,但马上又形成暂堵,返排压力小于1MPa。

3)2mm裂缝宽度的试验结果

(1)120℃变压条件下的滤失曲线详见图7。

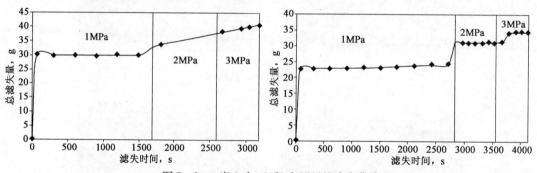

图7 2mm岩心在120℃变压下的滤失曲线

瞬态失水时间稍有增加,但仍在1min以内,总滤失量小,封堵效果良好,返排压力小于1MPa。

(2)140℃变压条件下的滤失曲线,详见图8。

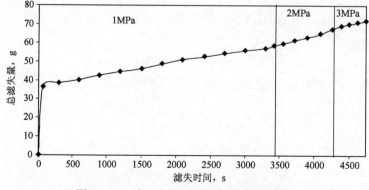

图8 2mm岩心在140℃变压下的滤失曲线

瞬态失水时间短,暂堵层形成较快,随压力上升,失水速率未发生变化,返排压力小于1MPa。

实验结论:该固化水体系利用纤维材料的团絮状结网架桥,能够更好地使固相颗粒在一定的正压差下在裂缝端面形成有效的封堵,并在短短的数秒至数十秒内形成具有一定承压能力、渗透率极低的封堵层,防止储层漏失的发生;同时,还加入了软性粒子,能够进一步封堵细小的孔隙和微裂缝。

四、固化水暂堵现场应用情况

固化水暂堵技术目前已经在徐深气田试验了3口井,具体施工情况如下所述。

1. F井现场应用情况

F井进行固化水压井,先注热水12m³循环,然后注5m³固化水后循环压井液26m³,关井。4小时后循环压井液28m³。次日早6:00油压8MPa,套压6MPa。经过分析,该井井下管柱存在断脱的可能。调整方案后重新进行固化水压井,注入固化水3m³,跟进26m³压井液,关井挤注,压力15MPa,无注入量。循环压井一周,观察压力,第三日早6:00油套压均为0MPa。在起原井管柱过程中,证实该井管柱已经断脱,整个施工过程压井液日漏失量小于1m³。随后该井进行打捞施工,整个大修打捞施工该井日漏失量1m³左右,固化水暂堵取得了较好的屏蔽效果。

2. G井固化水现场应用情况

根据前期放压情况分析,该井压裂封隔器没有解封,故进行挤注压井。先向油管内打入清水2m³,跟进固化水5m³,再打入压井液8.5m³,压力升至37MPa,关井观察。同时套管压力放至0MPa,分两次向套管内灌注压井液14m³。在随后的施工过程中,压井液日漏失量在0.5m³左右。目前该井正已经施工完毕,油套压恢复至26MPa,应用效果较好。

3. H井固化水应用情况

该井首先进行凝胶暂堵,先向油管内打入凝胶10m³,跟进21m³压井液,4小时后循环压井液29m³,出口未见液,漏失严重。进行固化水压井,打入清水40m³+凝胶4m³+固化水6.0m³+压井液12m³,泵压起压35.0MPa。停泵3min,重新起泵,40s压力升至35MPa,循环压井液,油套压均为0MPa。日漏失量小于0.5m³,固化水压井取得了较好的效果。

五、结论

(1)固化水暂堵工艺在徐深气田试验了3口井,固化水体系耐温达到140℃以上,压井液日漏失量控制在1m³以内,成功地保护了储层不受到入井液的伤害,大大减少了压井液的用量,节省了施工费用,提高了作业施工安全系数。

(2)固化水暂堵在作业后返排比较容易,负压差在1MPa以上固化水就会喷出,气井可以很快恢复到作业前的水平。

(3)固化水暂堵技术能否在水平井形成有效的屏蔽暂堵还需在以后的工作中继续攻关。

缓蚀剂加注防腐措施分析

林 喆

摘　要:本文主要介绍了气田缓蚀剂的应用情况,从缓蚀剂的防腐原理出发,应用了两种类型的缓蚀剂,取得一定的应用效果。为了精细加注制度,在加注周期和加注量上进行了一定调整,不断完善加注制度,总结了自缓蚀剂应用以来存在的问题,并提出了相应的解决措施,指导下一步防腐的工作方向。

关键词:缓蚀剂　CO_2防腐

一、缓蚀剂防腐工艺原理

缓蚀剂是以适当的浓度和形式存在于环境(介质)中,可以防止或减缓腐蚀的化学物质或几种化学物质的混合物。与其他通用的防腐蚀方法相比,缓蚀剂具备以下特点:

(1)在几乎不改变腐蚀环境条件的情况下,即能得到良好的防蚀效果;

(2)不需要再增加防腐蚀设备的投资;

(3)保护对象的形状对防腐蚀效果的影响比较小;

(4)当环境(介质)条件发生变化时,很容易用改变腐蚀剂品种或改变添加量与之相适应;

(5)通过组分调配,可同时对多种金属起保护作用。

缓蚀剂按作用机理分为两大类:薄膜剂和钝化剂。薄膜剂是通过在金属表面和腐蚀介质之间吸附一层不可渗透的薄膜层;钝化剂主要是在金属表面氧化反应形成一保护性氧化层。薄膜型缓蚀剂具有用量少、缓蚀性能好及安全性高的特点,目前应用的缓蚀剂主要类型是薄膜型缓蚀剂。

在第一次加药时要进行预模。预模就是用大剂量的缓蚀剂使被保护设备表面充分吸附缓蚀剂,减少正常投加缓蚀剂的损耗量,使缓蚀剂更有效地发挥其缓蚀作用。缓蚀剂会随着气体从油管排出,在分离器处观察到有缓蚀剂流出以后,即表示预模完成。参考比较通用的输送管道预模量公式计算:

$$V = 2.4DH \tag{1}$$

式中　V——预模量,L;

　　　D——管径,$D = D_{油管} + D_{套管}$,cm;

　　　H——管长,即井深,km。

第一次预模完成以后,定期加注少量的缓蚀剂,将随着气体排出的缓蚀剂补充上,起到应有的缓蚀作用。在加注缓蚀剂前后,会通过下挂片的方式来检测缓蚀剂的效用。

二、缓蚀剂应用分析

缓蚀剂分为水溶性和油溶性两种。

BUCT－D(水溶性)缓蚀剂的主要成分为咪唑啉、表面活性剂、水等,成本相对较低;在金属表面形成的膜较薄,易缺失,采用连续加注方式较好。

BUCT－Y(油溶性)缓蚀剂的主要成分为咪唑啉、乙醇,成本相对较高;在金属表面形成的膜较厚,不易缺失,可采用间歇加注方式。

应用水溶性缓蚀剂的费用相对要小,因此,在缓蚀剂加注初期所使用的是水溶性缓蚀剂。

1. 应用效果

1)水溶性缓蚀剂的应用情况

缓蚀剂加注初期,对 BUCT－D 型、CI－5A 型水溶性缓蚀剂进行了室内评价试验。试验结果:BUCT－D 缓蚀效率为95%;CI－5A 缓蚀效率为90%,见表1。

表1　缓蚀剂性能评价现场实验数据

井　号	A－8		A－8		A－7	
时间	2009 年 2 月 26 日至 3 月 20 日	2009 年 2 月 18 日至 2 月 25 日	2009 年 2 月 26 日至 3 月 20 日	2009 年 5 月 31 日至 7 月 5 日	2009 年 4 月 2 日至 5 月 6 日	2009 年 7 月 28 日至 8 月 27 日
项目	空白样	BUCT－D	空白样	CI－5A	空白样	BUCT－D
产量,$10^4 m^3/d$	11.2847	10.8462	11.2847	13.2211	7.3059	6.3276
CO_2 含量 mg/L	2.4	2.4	2.4	3	2.64	2.64
pH 值	5.97	5.97	5.97	5.85	6.14	6.77
Cl^- 含量 mg/L	308	308	308	2813.88	875	917
温度,℃	47	44	47	50	60	60
监测腐蚀速度,mm/a	1.73	0.023	1.73	0.096	1.12	0.071
缓蚀速率,%		98.67		94.46		93.66

但是在投入生产之后,经过一段时间的运行,出现了三甘醇泛塔的情况。经过检测分析,判断为水溶性缓蚀剂含有表面活性剂,会造成三甘醇流失泛塔。由于集气站并没有配备地面消泡工艺,所以停止了对水溶性缓蚀剂的使用。

2)油溶性缓蚀剂应用情况

2010 年年初,开始了对 BUCT－Y 型油溶性缓蚀剂的试验应用。BUCT－Y 型油溶性缓蚀剂室内试验结果:BUCT－Y 缓蚀率为96%。

通过井口挂片以及地面探针腐蚀监测,加注缓蚀剂之后,腐蚀速率明显降低,达到合理的范围之内,试验过程中分离器和三甘醇脱水装置正常运行。

BUCT－Y 型油溶性缓蚀剂与三甘醇配伍性良好,不会造成三甘醇泛塔,见表2。

表2　三甘醇和缓蚀剂配伍性实验表

实　验　项　目	实　验　条　件	失　重
三甘醇	200℃加热 1h	0.50%
三甘醇＋2%BUCT－Y 缓蚀剂	200℃加热 1h	0.50%

失重没有增加,说明缓蚀剂进入三甘醇后,不会引起三甘醇的流失。

通过油溶性缓蚀剂与水溶性缓蚀剂在生产用的运行效果对比,油溶性缓蚀剂虽然价格要高一些,但是能更好地适用于实际现场,并且油溶性缓蚀剂的持久性比较强,缓蚀剂的消耗量比水溶性缓蚀剂小,因此,将气田所应用的缓蚀剂类型定为 BUCT - Y 型油溶性缓蚀剂。

采用缓蚀剂加注防腐以来,先后在 49 口气井进行了应用,通过挂片监测,缓蚀率达到了90% 以上,起到了很好的防腐效果,见表 3。

表 3   井下缓蚀效果表

井　号	腐蚀速率,mm/a		缓蚀率,%
	空白样	加缓蚀剂	
A - 1	0.123	0.0112	90.89
A - 2	1.3481	0.0053	99.6
A - 3	2.356	0.0838	96.44
A - 4	0.2007	0.0151	92.43
A - 5	0.8645	0.0563	93.48
A - 6	0.7906	0.0449	94.32

通过挂片监测,加注缓蚀剂前后的腐蚀状况见图 1。

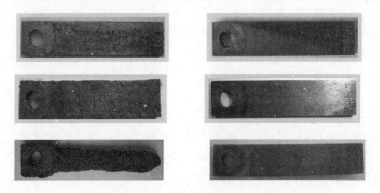

图 1   挂片监测在加注缓蚀剂前后图片

3)缓蚀剂加注量和加注周期的制定

为了节约缓蚀剂的成本,根据腐蚀程度的不同,在缓蚀剂的用量上进行了区分。对于腐蚀较严重的气井,缓蚀剂的用量比较大。如井 A - 3,将缓蚀剂的加注量由一周 90kg 增加为一周100kg,同时进行了挂片腐蚀监测。该井未加注缓蚀剂前腐蚀速率为 2.36mm/a,加注缓蚀剂后为 0.08mm/a,此次加注制度调整后为 0.04mm/a,具有较好的防腐效果。对于腐蚀较为轻微的气井,缓蚀剂的用量相对较少。例如井 B - 1,二周的加注量为 32kg。

调整缓蚀剂用量的同时,在缓蚀剂的加注周期上进行了调整,对 A 区块 12 口气井缓蚀剂加注周期由每周加注 2 次调整为每周加注 1 次,对其进行挂片腐蚀监测后,可以达到防腐要求。

2.存在问题

1)缓蚀剂合理制度的调整

缓蚀剂加注工作推广以后,通过监测,气井腐蚀速率明显降低,起到了很好的防腐效果。为了保证防腐效果,开始的加注量都偏大,加注周期都偏勤,为了保证缓蚀剂的加注合理经济,在保证良好的防腐效果的情况下,尽量减少缓蚀剂的加注量,开展了缓蚀剂制度调整,调整了缓蚀剂加注量以及加注周期。目前,这项工作还在进行当中,需要大量的试验以及腐蚀监测。

2)部分气井地面生产管线堵塞的问题

2011年4月份开始,出现了部分气井地面生产管线堵塞的问题,出现堵塞的气井分别是井A-5、井A-9、井B-2、井B-3、井B-4、井B-5、井B-6、井B-7。目前加注缓蚀剂虽然是油溶性的,但黏度仅为20mPa·s,因此,单纯的加注缓蚀剂从套管进入井下由油管随气流返到地面,并不会对整个生产系统造成堵塞,也不会对流量计产生影响。但如果缓蚀剂在井底与泥沙相接处,可能会造成泥沙的凝聚,随气流运移过程中容易在变径处发生堆积,从而导致管道或设备的堵塞,或者大量泥沙进入流量计的涡轮中对其产生影响。

解决方案是:首先关井,通过采气树的测试法兰丝堵向气井加注溶剂50kg;然后开井,使溶剂溶解堵塞物。开井时,站内进站阀组区倒入火炬放空流程,使长距离采气管道内杂质不进入后续流程中,此步骤能排除采气管道内堵塞物。

而后,再次从井口加注溶剂50kg,正常流程生产。此步骤能排除站内管道和设备的堵塞物,杂质与溶剂经分离器分离排至污水罐中。

3)井下管柱急需检测

由于缓蚀剂从2010年底才开始应用,经过五六年的无防腐措施生产,虽然通过腐蚀监测确定了部分气井的腐蚀性大小,但还无法确定井下管柱的实际腐蚀状况,需要对代表性的典型井进行井下管柱腐蚀程度检测。

三、下一步研究方向

1.缓蚀剂加注制度的调整

通过监测,在保证缓蚀效率的情况下,尽量减少缓蚀剂加注量,延长加注周期;缓蚀剂稀释后加注,降低缓蚀剂黏度;关井气井开井生产一周后加注;同站气井错开预膜错开加注;措施后气井待大量泥沙排出后加注;产气量低、携液能力差气井尽量少加(这样的气井一般腐蚀较轻);根据气井生产参数的变化改变加注制度。

2.开展水溶性缓蚀剂的实践运行

地面消泡工艺运行后,在井A-7试验应用水溶性缓蚀剂,跟踪三甘醇脱水设备运行情况,评价水溶性缓蚀剂防腐效果。

3.开展除砂工艺

2011年将对5口气井实施了井口除砂工艺。通过对分离砂体观察,能够判断砂体与缓蚀剂的结合情况,这是确定缓蚀剂是否导致堵塞的有效途径。通过采用除砂工艺,能够减少杂质对后续流程的冲刷腐蚀,即使缓蚀剂与杂质结合导致的堵塞通过除砂也能避免堵塞。

4. 对缓蚀剂的残余浓度进行分析

有机显色剂 R 与咪唑啉季铵盐类缓蚀剂发生离子缔合反应,在波长 485nm 处用分光光度法测定其吸光度,在一定条件下绘制工作曲线,从工作曲线可以查得未知试样的浓度,从而计算出其含量。有机显色剂 R 显色的分光光度法具有良好的选择性,仪器简单,操作方便。现场获得的缓蚀剂残余浓度曲线监测曲线直观反映了缓蚀剂在管线内的有效作用浓度和作用持续时间,可为缓蚀剂的加注周期进行参考。

四、结论

(1)经过现场实践证明,使用缓蚀剂是含 CO_2 气田经济有效的防腐措施。

(2)通过试验确定了合理的加药浓度及加注方式。只要严格遵守加注方案,缓蚀剂的缓蚀效率能达到90%以上。

(3)虽然缓蚀剂防腐工艺取得了一定效果,但随着加注时间的延长伴生了一些问题,需要在今后的生产实践中不断加以摸索解决。

参 考 文 献

[1] 谷坛,康莉. 川东峰七井 CT2-4 缓蚀剂加注工艺及效果监测[J]. 天然气工业,1999:19(6),72-75.
[2] 李娅,宋伟. 重庆气矿气井缓蚀剂应用效果分析[J]. 天然气与石油,2006:24(4),54-56.

徐深 A 井井下节流试验效果分析

宁中华

摘　要:采气分公司深层高压气井均采用地面高压集输工艺,地面系统压力负荷重且投资成本高,部分气井经常发生井筒、地面管线冻堵问题,给生产管理带来一定难度。为解决上述问题,分公司于 2009 年底引入井下节流工艺技术,并首先在徐深 A 井开展试验。本文对徐深 A 井下节流试验情况进行了全面分析,首先从选井方面入手,多角度阐释徐深 A 井开展井下节流试验的可行性,随后对该井节流参数的选取及变更情况进行说明,最后结合该井半年的试验生产数据曲线,详细剖析井下节流试验效果,并对潜在的问题进行分析,最终归纳结论,提出建议。

关键词:井下节流技术　水合物冻堵　低压集输

一、引言

1. 存在问题

采气分公司每年冬、春两季用气量繁重时都有相当一部分气井频繁发生井口或管线水合物冻堵问题,给气井生产及管理带来了一定的难度,也对早已紧张的下游供气需求带来一定影响。为维持气井正常生产,常规办法是井筒、管线加甲醇结合电伴热,既浪费了电力及天然气能源,效果也不理想,治标不治本。由于采取地面节流降压工艺,使得井口压力趋近于地层压力,而外输气要求低压输送,这就对地面系统提出了较高的承压要求,不仅增加了地面设备投资,还伴有一定的安全风险。

如何有效防治水合物冻堵问题,如何在不影响气井正常生产情况下降低地面系统压力,进而减少气井投资成本、节约能源,已成为采气科研工作者的一项重要课题,也是今后高压气井管理的大方向,因此需要从井下源头寻找新工艺途径来实现上述目标。通过前期深入调研,井下节流工艺技术可以满足降压、防冻堵、利生产的要求,分公司于 2009 年引入了该技术。

2. 试验目的

2009 年 12 月在徐深 A 井开展了井下节流工艺试验,针对该井以往生产情况,最初的试验目的包括如下几点:

(1)在不影响配产的前提下,大幅降低井口压力;

(2)在关闭电伴热条件下,井筒及地面管线无水合物冻堵问题;

(3)验证投送、打捞设备的一次成功性以及节流器坐封可靠性、气嘴耐腐蚀性。

为了更有针对性地分析试验效果及井下节流工艺的适应性,对徐深 A 井进行了两个阶段的试验,即同一口井在不同阶段应用不同的井下节流参数,从而对比分析效果,摸索该井开展井下节流工艺的规律。

二、徐深 A 井基础数据及生产情况分析

1. 井下管柱结构分析

徐深 A 井井口为 KQS105/78 采气树,井下管柱为:油管挂 0.53m(内径 ϕ62mm)+ ϕ73mmN80 外加厚油管 369 根(内径 ϕ62mm,完成深度 3507.09m)+ ϕ100mm 喇叭口(球座内径 ϕ48mm),完井管柱完成深度 3507.24m。

可以看出,从井口油管挂至喇叭口(井下 3500m),管柱内通径保持为 ϕ62mm,而井下节流器坐封前本体最大外径为 ϕ58mm,这就为节流器顺利到达设计位置提供了通道保证,内通径 ϕ62mm 也是开展井下节流试验的前提条件。

2. 试验前生产数据分析

该井距离徐深 6 集气站 1.57km,输气管线规格为 ϕ89mm×9mm,设计压力 30MPa。日配产气量 $4.5 \times 10^4 \text{m}^3$。试验前井口油压 12.6MPa,套压 13.8MPa。日平均产气 $4.7 \times 10^4 \text{m}^3$,日平均产水 1200kg。井口平均温度 20℃。以往生产数据如表 1 所示。

表 1　徐深 A 井部分生产数据统计

日　　期	油压,MPa	套压,MPa	日产气量,10^4m^3	日产水量,m^3	井口温度,℃
2009 年 11 月 8 日	17.10	18.70	5.65	0.85	19
2009 年 11 月 9 日	16.70	18.50	5.05	0.78	20
2009 年 11 月 10 日	16.20	18.40	4.07	0.59	19
2009 年 11 月 11 日	15.80	18.80	4.74	0.62	19
2009 年 11 月 12 日	17.50	18.80	4.68	0.60	22
2009 年 11 月 13 日	17.00	17.80	4.01	0.68	22
2009 年 11 月 14 日	16.50	17.80	3.97	0.67	22
2009 年 11 月 15 日	16.00	17.80	3.87	0.48	22
2009 年 12 月 1 日	13.30	14.20	4.76	1.95	27
2009 年 12 月 2 日	13.10	15.20	3.95	1.87	27
2009 年 12 月 3 日	11.80	15.80	3.76	1.82	18
2009 年 12 月 4 日	11.40	15.80	4.93	1.75	18
2009 年 12 月 5 日	12.60	15.20	4.88	1.86	18
2009 年 12 月 6 日	12.50	15.40	4.89	1.38	18

从上述生产数据可以看出,徐深 A 井属于低产、小水气比、中高压力Ⅳ类气井。该类气井具有产量较低,开井压力下降快的特点。对徐深 A 井开展井下节流试验也可验证该工艺是否能达到保持井口压力平稳、维持气井长期稳定生产、减少压力波动对地层和地面系统影响的效果。

开展试验后,油管内压力将大幅降低(理论上将降为 7.0MPa),井口温度会略有下降,届时将与地面部门配合关闭井口及进站全部电热带,维持其他因素不变,检验气井能否正常生产而不发生水合物冻堵。此外,根据井口实际压力值、温度值也可对比验证生成水合物的理论模

型的准确性。

3. 天然气组分分析

该井 2009 年 12 月份 CO_2 含量 0.43%，天然气相对密度 0.5765，CO_2 分压 0.054MPa，处于弱腐蚀环境，有利于节流器在井下长期工作，为长期观察、分析井下节流试验效果提供了可行性。

三、徐深 A 井井下节流试验

1. 井下节流参数的设计

徐深 A 井井下节流试验共分为两个阶段。第一阶段（2009 年 12 月 10 日至 2010 年 6 月 11 日）采用 ϕ4.2mm 气嘴，节流器下深 1700m。为了防止地层出砂，在节流器气嘴前部安放一过滤网。在半年试验生产时间内，平均日产气量减少 $0.5 \times 10^4 m^3$，日产水量 120～500kg，均未达到最初设计要求，故对该井进行第二阶段节流参数调换。第二阶段（2010 年 6 月 12 日至今）采用 ϕ4.5mm 气嘴，节流器下深 1500m，并且去除气嘴前滤网。

2. 试验生产数据

至 2010 年 6 月 30 日，徐深 A 井试验生产 188 天，共产气 $673.38 \times 10^4 m^3$，产水 $71.08 \times m^3$。试验前油压 12.6MPa，套压 13.8MPa，井口温度 20℃，日产气 $4.78 \times 10^4 m^3$，日产水 2431kg。第二阶段更换节流器后油压 5.6MPa，套压 15.7MPa，井口温度 17℃，日产气 $5.44 \times 10^4 m^3$，日产水 867kg，基本达到了设计要求。图 1 是该井试验生产运行曲线。表 2 为该井第二阶段变更节流参数后的生产数据表。

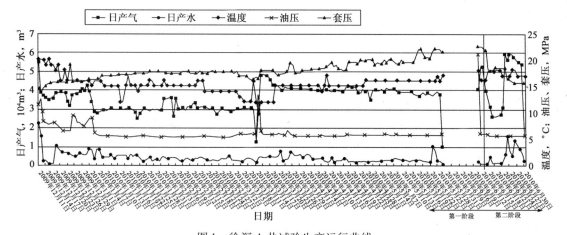

图 1　徐深 A 井试验生产运行曲线

表 2　徐深 A 井变更节流参数后生产数据统计表

日　　期	油压，MPa	套压，MPa	日产气量，$10^4 m^3$	日产水量，m^3	井口温度，℃
2010 年 6 月 13 日	5.60	18.20	3.63	0.05	18
2010 年 6 月 14 日	5.60	18.00	3.08	0.40	18
2010 年 6 月 15 日	5.60	18.20	2.57	0.09	18

续表

日　　　期	油压,MPa	套压,MPa	日产气量,$10^4 m^3$	日产水量,m^3	井口温度,℃
2010 年 6 月 16 日	5.60	18.50	2.54	0.06	18
2010 年 6 月 17 日	5.60	18.50	2.62	0.12	18
2010 年 6 月 18 日	5.60	18.50	2.64	0.09	18
2010 年 6 月 19 日	5.60	18.50	2.99	0.14	17
2010 年 6 月 20 日	5.60	18.50	5.88	0.56	17
2010 年 6 月 21 日	5.60	16.50	5.58	1.58	17
2010 年 6 月 22 日	5.60	16.30	5.92	0.77	17
2010 年 6 月 23 日	5.60	16.00	5.87	0.46	18
2010 年 6 月 24 日	5.60	15.70	5.71	1.30	18
2010 年 6 月 25 日	5.60	15.70	5.52	1.08	17
2010 年 6 月 26 日	5.60	15.70	5.43	0.87	17
2010 年 6 月 27 日	5.60	15.70	5.32	0.65	17

四、徐深 A 井井下节流试验效果分析

1. 试验效果剖析

1)第一阶段试验效果分析

从图 1 生产运行曲线可以看出:

(1)井口油压相对于试验前大幅降低并保持稳定,维持在 5.7MPa 左右,表明节流器正常工作,降压作用明显。

(2)日产气量平稳,以 2010 年 3 月 11 日为转折点,之前日产气平均维持在 $3.0 \times 10^4 m^3$,之后日产气平均保持在 $4.0 \times 10^4 m^3$,但均未达到设计值 $4.5 \times 10^4 m^3$。

分析原因,本文认为是井筒的污浊物造成了该结果。由于该阶段的节流器气嘴前有滤网,随着生产的进行,一部分井内脏物附着其上,减少了过流面积,致使日产气量较低。2010 年 3 月 11 日三级节流阀前温度过低,发生三级节流阀后冻堵,关井 1 天。开井后因为油压已恢复到较高值,并且地面三级节流阀处于全开状态,高压差将滤网上的污垢冲掉一部分,从而使日产气量有所增加,但节流器内气嘴通道仍被一部分污浊物堵塞,影响产气量。

(3)日产水量相对于试验前大幅降低,平均日产水量 300kg。

分析原因,本文认为是井内污浊物堵塞了节流器过气通道,阻碍井内液体被气流携出,即滤网上的黏稠物过气不过水,从而影响了产水量。

(4)套压逐渐升高,由最初 15.8MPa 升高至 22.6MPa。

分析原因,井内积液不能被及时排出,积累在气嘴以下井筒内,形成了一定高度的液柱,阻碍了部分天然气沿油管向上传输,从而产生油套环空憋压现象,致使套压持续升高。

(5)井口温度略有下降,最低达到 10℃,大体维持在 12~16℃。试验过程中停运电伴热带,井筒及进站管线未发生水合物冻堵现象。

分析原因,压力与温度是形成天然气水化物的两大因素,通过试验发现,压力对生成水合物的影响大于温度因素的影响。地面工程管理部门 2010 年 3 月、4 月曾对徐深 A 井进行地面工艺试验,发现在关闭电热带前提下井口压力为 5.9MPa,温度为 12℃,进站压力为 5.8MPa,温度为 9℃(理论上该压力下水合物生成温度 13.5℃),未发生节流冻堵问题,这也证实了现有计算水合物生产温度的理论模型存在偏差。

2)第二阶段试验效果分析

2010 年 6 月 12 日取出井下节流器,更换为更大嘴径的节流器,从打捞出的节流器可以看出(图 2、图 3),井筒内污垢堵塞了部分产气通道,影响了气井的产气量、产水量。

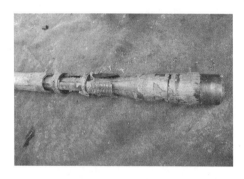

图 2　打捞出的井下节流器

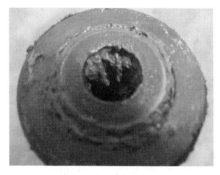

图 3　节流器进气口

(1)井口油压稳定在 5.6MPa,实现了节流降压作用。

(2)日产气量先降低后激增至 $5.9 \times 10^4 m^3$。

分析原因,更换节流器后井下节流参数发生变化,井内流体需要重新达到动态平衡,井筒内流体在到达节流器气嘴前呈杂乱的湍流形态,对气流顺利通过气嘴起阻碍作用。另外,本文认为仍有一部分井内脏物随气流进入到节流器内,占据了部分过气通道,降低了产气量,减少了产水量。随着生产的进行,井筒内重新达到新动态平衡。由于气嘴过流面积的变大,强气流将过气通道内脏物吹出井筒,表现为 2010 年 6 月 20 日产气量突然增至 $5.88 \times 10^4 m^3$,直至 29 日关井前,持续九天日产气量维持在 $5.0 \times 10^4 m^3$ 以上。井下节流试验见到了很好的效果。

(3)日产水量初期极少,随产气量升高而逐渐增加。

分析原因,更换节流器后由于产气量少以及井内污物影响,日产水量极少仅几十千克。随着产气通道变得顺畅,日产气量大幅提升,日产水量也相应增加,最多日产水 1580kg。将井内积液及时排出井筒,反而更加有利于产气。

(4)套压逐渐降低,恢复到井下节流试验前水平。

分析原因,日产水量随产气量增加而增加,排出了井底积液,避免了第一阶段油套环空憋压现象,从而表现为套压降低,恢复到正常值。

(5)井口平均温度 17℃。由于井口压力低、温度高,不会发生水合物冻堵现象。

2.潜在问题分析

1)节流参数的选取

节流参数的合理选取决定着井下节流试验效果的好坏。目前,已有四套计算井下节流参数的数学模型,但针对同一口井,不同模型计算结果均不相同。徐深 A 井是徐深气田第一口开展井下节流工艺的试验井。该井的最初节流参数是由理论模型计算得出的,期望通过该井以及其后数井的试验结果来不断修正模型,再去指导实践,从而摸索出徐深气田井下节流技术规律。在徐深 A 井第一阶段试验中,虽然基本达到了试验目的,但存在产气产水量偏低、套压升高的问题。在第二阶段对节流参数进行了适当调整,增大了气嘴直径,减少节流器下入深度,从生产数据看,取得了较好的效果,增加了产气量,降低了套压,返排出了井底积液。对两阶段的节流参数及生产数据进行分析,在原有计算模型基础上增加一修正参数 C_1,使气嘴尺寸的计算结果能够更加接近于真实值。

2)多产气少产水的可行性

由第二阶段生产运行曲线可以看出,日产水量最多达到 1580kg,但整体上小于试验前日产水量,由此可以猜想是不是地层水无法被排出。若地层水无法被携带出地面,那么就会积聚在井筒中,最终发生水淹现象,表现为产气量不断减少、套压持续升高。但变换节流参数后试验数据确与此相反,日产气量超过了设定值,连续九天在 $5.0 \times 10^4 \mathrm{m}^3$ 以上,套压降低到最初试验前水平 15.7MPa。

由此设想井下节流技术是否具有使气井多产气、少产水的效果。当井下节流器坐封后,整个气井产气量受限于几毫米尺寸的气嘴内通径,地层压力不会受到井口、地面压力波动的影响,气嘴至产层间聚集大量产层能量,使得越接近产层的井筒内压力越稳定,相当于越趋近于关井状态,从而减少了地层出水。当然,仅从一口试验井的数据还难以证实该想法的正确性,需要进行不断的井下节流试验,并结合气藏理论分析,来验证井下节流技术是否具有多产气、少产水的作用。

五、结论与建议

1. 阶段性结论

(1)井下节流技术能够大幅度降低井口及地面管线运行压力,实现节流降压作用,有助于简化地面工艺结构,为地面系统摸索低压集输工艺提供可行性,并且降低了能源消耗,方便管理,节约了生产运营成本。

(2)井下节流技术能够高效防治井筒及地面管线水合物冻堵问题。

(3)井下节流投送、打捞技术成熟,投送、打捞成功率可达 100%。

(4)井下节流技术有助于保护产层,实现气井连续、稳定生产。

2. 建议

加大井下节流工艺现场试验力度,开展多层次、多方面的研究,对不同井况的气井选择有代表性的气井进行试验,逐步摸索其应用范围及适应规律,为徐深气田井下节流工艺技术总结一套技术规范。

参 考 文 献

[1] 王宇,李颖川,佘朝毅.气井井下节流动态预测[J].天然气工业,2006,26(2):117-119.
[2] 杨继盛.采气工艺基础[M].北京:石油工业出版社,1992.

集气站腐蚀状况分析与预测

范家僖

摘　要：为了延长井站的使用寿命,首先需要了解气田的腐蚀状况。本文通过对多个集气站的管道、加热炉、阀门、分离器和脱水装置检测,找出了集气站腐蚀减薄位置的共性,在日后的防腐工作中将重点对其进行监测,在腐蚀状况分析的基础上对已经进行监测的集气站预测了剩余寿命,并安排了下次检测时间,变被动抢险为主动预防,变盲目更新为科学维护,从而保证生产安全,降低维修费用。

关键词：腐蚀分析　腐蚀预测　剩余寿命　检测周期

一、引言

近几年对集气站腐蚀情况的了解主要有两种途径:一是利用美国热电公司的在线腐蚀监测系统对理论上易发生腐蚀的管道部位进行实时监测;二是在井口安装挂片,通过周期性化验分析计算腐蚀速率。

然而上述两种方法都存在一定的不足:一是在线腐蚀监测系统仅能安装在常规管道上,对于弯头、三通等特殊部位无法进行监测;二是传统的挂片失重法只能给出某一段时期内的材料的均匀腐蚀速率,不能给出材料的瞬时腐蚀速率。管道的使用寿命一定程度上是由局部腐蚀速率决定的,因此对管道腐蚀严重的部位进行局部腐蚀速率测定是非常有必要的。

二、腐蚀状况分析

采气分公司采用超声波测厚仪和探伤仪等先进的检测仪器和技术,先后对 A-2、B-1、C-6、D-1 和 A-1 集气站进行了全面的安全检测,调查了集气站腐蚀状况。

1. 管道检测与分析

1）A-2 集气站管道检测

A-2 集气站检测 117 处管件的剩余壁厚,共有 54 处腐蚀减薄点,最大值为 1.4mm,减薄量大于 0.3mm 的有 18 处,见表 1。

A-2 集气站管道减薄关键部位分布位置见图 1。

表1　A-2 集气站管道减薄严重部位数据表

序号	检测位置	设计尺寸 mm×mm	测得最小壁厚 mm	减薄量 mm	减薄比例 %
1	A2-1 井进站出地三通	φ76×9.0	8.5	0.5	5.6
2	A2-2 井进站出地三通	φ114×13.0	12.3	0.7	5.4
3	A2-1 井进站出地后第一个直角弯头	φ76×9.0	8.7	0.3	3.3

续表

序号	检测位置	设计尺寸 mm×mm	测得最小壁厚 mm	减薄量 mm	减薄比例 %
4	A2-2井进站出地后第二个直角弯头处	φ114×13.0	11.6	1.4	10.8
5	A2-1井加热炉前入地第一个直角弯头处	φ76×9.0	8.3	0.7	7.8
6	A2-2井加热炉前入地第一个直角弯头	φ114×13.0	12.4	0.6	4.6
7	A2-1井加热炉入口直角弯头	φ76×9.0	8.7	0.3	3.3
8	A2-3井三级节流后出地第一个弯头	φ60×4.5	3.8	0.7	15.6
9	A2-4井三级节流后出地第一个弯头	φ60×4.5	4.0	0.5	11.1
10	A2-5井三级节流后出地第一个弯头	φ60×4.5	4.1	0.4	8.9
11	A2-3井三级节流后出地第二个弯头	φ60×4.5	4.0	0.5	11.1
12	A2-4井三级节流后出地第二个弯头	φ60×4.5	4.2	0.3	6.7
13	A2-5井三级节流后出地第二个弯头	φ60×4.5	4.2	0.3	6.7
14	A2-3井三级节流后第一个弯头	φ60×4.5	4.1	0.4	8.9
15	A2-5井三级节流后第一个弯头	φ60×4.5	4.2	0.3	6.7
16	A2-2井三级节流后第一个弯头	φ114×6.0	5.5	0.5	8.3
17	2号分离器排污管出口第一个弯头	φ60×4.5	4.1	0.4	8.9
18	生产分离器排污管出口第一个弯头	φ60×4.5	3.8	0.7	15.6

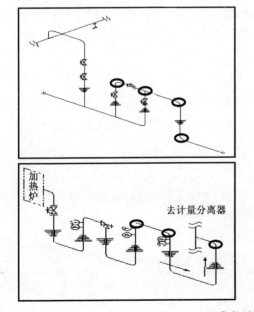
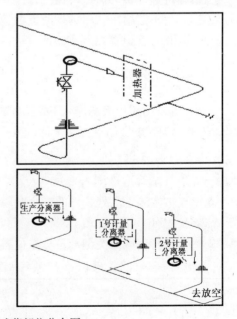

图1　A-2集气站减薄部位分布图

(1)进站出地后第一个三通处;
(2)进站出地后第一和第二个直角弯头处;

（3）去加热炉入地第一个直角弯头处；

（4）加热炉入口直角弯头处；

（5）三级节流后出地第一、第二个直角弯头处；

（6）三级节流后去计量分离器弯头处；

（7）分离器排污管出口第一个弯头。

2）B－1 集气站管道检测

B－1 集气站检测了 135 处管件的剩余壁厚，共有 53 处腐蚀减薄点，最大值为 1.8mm，减薄量大于 1.0mm 的有 16 处，见表2。

B－1 集气站管道减薄关键部位分布位置见图2。

表2　B－1集气站管道减薄严重部位数据表

序号	检测位置	管道规格 mm×mm	实测最小壁厚 mm	减薄厚度 mm	减薄比例 %
1	B1－1 井三节后第二个大小头	φ89×6	4.6	1.4	23.3
2	B1－1 井三节后大小头	φ89×6	4.8	1.2	20.0
3	B1－1 井三节后第二个弯头	φ89×6	4.3	1.7	28.3
4	B1－1 井三节后第一个弯头	φ89×6	4.2	1.8	30.0
5	B1－2 井三节后第一个大小头	φ60×5	3.7	1.3	26.0
6	B1－2 井换热旁通第一个弯头直管	φ60×8	6.5	1.5	18.8
7	B1－2 井三节后第一个弯头直管	φ60×5	3.9	1.1	22.0
8	B1－2 井换热旁通第二个弯头直管	φ60×8	6.5	1.5	18.8
9	B1－2 井三节后第二个弯头直管	φ60×5	3.8	1.2	24.0
10	B1－3 井三节后第二个大小头	φ76×5	3.5	1.5	30.0
11	1 号计量分离器进口第二个弯头	φ89×5	3.9	1.1	22.0
12	2 号计量分离器进口第一个弯头	φ89×6	4.4	1.6	26.7
13	2 号计量分离器进口第二个弯头	φ89×6	4.4	1.6	26.7
14	1 号计量分离器排污管出口第二个弯头	φ60×5	3.8	1.2	24.0
15	2 号计量分离器排污管出口第一个弯头	φ60×5	3.7	1.3	26.0
16	汇气缸3管线弯头直管	φ159×7	6	1	14.3

（1）三级节流后出地第一、第二个直角弯头处；

（2）三级节流后测温测压套筒变径处；

（3）分离器进口弯头处；

（4）分离器排污管出口第一个弯头处。

3）管道剩余壁厚分析

从腐蚀检测数据来看，腐蚀严重部位大部分为弯头，且位于中压区域居多。分析原因，一是冲蚀破坏，流体的不断冲刷使腐蚀产物膜遭到破坏直至撕裂，新鲜的金属表面在腐蚀过程中会作为阳极加速腐蚀，最终导致形成局部腐蚀；二是空泡打击，气流流态急剧变化常常会形成气泡，破裂时对管线表面造成锤击作用并导致腐蚀，如弯头及变径管线；三是中压区域位于加

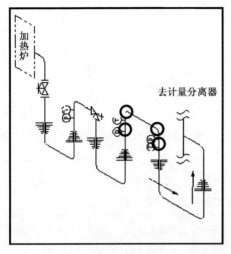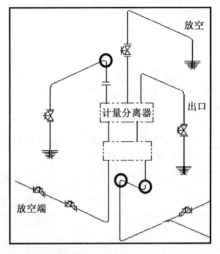

图2　B-1集气站减薄部位分布图

热换热之后,温度的提高加剧了管道的腐蚀;四是节流后流速降低,腐蚀介质与管体接触时间增长,加剧了腐蚀。

2.加热炉检测与分析

1)加热炉检测

2008年发现A2-1井盘管有穿孔现象。通过对加热盘管的解剖,发现A2-1井进口大小头腐蚀严重,内壁的亚弧焊焊道已不存在,形成一圈深浅不一的坑,有的已接近渗漏,焊道外侧也有这种情况出现,情况稍好一些。

随后对整个加热炉盘管进行了检测,A2-3井进口大小头也存在轻微腐蚀迹象,其他气井盘管内部均有不同程度减薄。

A2-6井加热炉盘管壁厚最大减薄值为0.6mm,减薄点均位于盘管的弯头部位,检测位置示意情况见图3,检测数据见表3、表4。

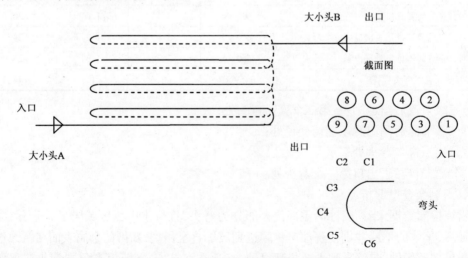

图3　A2-6井加热炉盘管检测位置示意图

表3　A2-6井加热炉盘管减薄量　　　　　　　　　　　　　mm

设计厚度	直管段	7.0	实测最小壁厚	直管段	7.3
	弯头	7.0		弯头	6.4

表4　A2-6井加热炉盘管弯头测厚数据　　　　　　　　　　mm

编号	厚度	编号	厚度	编号	厚度	编号	厚度	编号	厚度	编号	厚度	编号	厚度	编号	厚度
C_{1-2}^1	7.2	C_{2-3}^1	6.9	C_{3-4}^1	7.2	C_{4-5}^1	6.9	C_{5-6}^1	7.6	C_{6-7}^1	7.2	C_{7-8}^1	6.4	C_{8-9}^1	7.0
C_{1-2}^2	7.6	C_{2-3}^2	6.9	C_{3-4}^2	7.2	C_{4-5}^2	7.0	C_{5-6}^2	7.2	C_{6-7}^2	7.3	C_{7-8}^2	7.2	C_{8-9}^2	7.2
C_{1-2}^3	6.8	C_{2-3}^3	6.9	C_{3-4}^3	6.7	C_{4-5}^3	7.2	C_{5-6}^3	7.5	C_{6-7}^3	7.0	C_{7-8}^3	7.0	C_{8-9}^3	6.9
C_{1-2}^4	6.9	C_{2-3}^4	7.1	C_{3-4}^4	7.2	C_{4-5}^4	7.6	C_{5-6}^4	7.1	C_{6-7}^4	6.9	C_{7-8}^4	7.2	C_{8-9}^4	7.0
C_{1-2}^5	7.1	C_{2-3}^5	7.2	C_{3-4}^5	7.2	C_{4-5}^5	7.0	C_{5-6}^5	7.1	C_{6-7}^5	7.4	C_{7-8}^5	7.1	C_{8-9}^5	7.2
C_{1-2}^6	7.0	C_{2-3}^6	7.2	C_{3-4}^6	7.1	C_{4-5}^6	7.0	C_{5-6}^6	7.3	C_{6-7}^6	7.2	C_{7-8}^6	7.2	C_{8-9}^6	7.1

2010年对B-1集气站B1-4井加热炉盘管壁厚进行了检测,盘管弯头位置有多处裂痕,深度为2~3mm,该站另外2台多井加热炉在壁厚检测过程中均未发现异常。

2)加热炉盘管壁厚分析

A-2集气站加热炉盘管腐蚀严重,主要表现在进口大小头变径部位,盘管内直管段基本不腐蚀,弯头部位减薄较为严重,且离入口最近的第一、第二弯头减薄点最多,分析原因主要为天然气在大小头变径后流速较高,实际流速为12~37m/s,严重冲刷变径部位和弯头部位。从盘管内弯头的6点测厚来看,弯头上半弧面区域腐蚀程度强于其他位置。B1-4井加热炉盘管裂痕经分析为煨管时的加工缺陷导致,并非腐蚀所致。

3.分离器检测与分析

各集气站分离器经检测有局部减薄,但都处于验收规范所允许的范围内,不影响继续使用,而分离器进口弯头处减薄较为严重。分析原因,此处经过三级节流之后,分离出较多凝析水,气体在弯头处一方面冲刷弯头;另一方面,较多的游离水提供了湿润的环境,致使弯头加剧腐蚀。

分离器的储水罐腐蚀不严重,分析其原因,一是罐体内部有防腐涂层,抗腐蚀能力强;二是不接触CO_2腐蚀环境,即使有气体窜至筒内与分离出的水形成酸性离子,也会随自动排液及时排出。

4.阀门检测与分析

A-2集气站A2-1井三级节流阀的阀芯和金属垫片已严重损坏,在阀体中存有一定量的黑色固体颗粒和银白色液体。化验分析,该银白色液体为液态汞,且阀门损坏主要是由于固体颗粒的冲刷造成的。

B-1集气站选择30个阀门进行检测,其中有2个关闭不严。解体后,密封圈均有不同程度损坏,阀芯有机械伤害。分析其原因,一是杂质(沙粒、焊渣等)对密封圈冲刷导致密闭性减弱;二是阀芯处堆积杂质,阀门关闭操作时严重磨损阀芯,导致出现硬痕。

5.三甘醇脱水装置检测

检测过程中对三甘醇脱水装置进行了解体,对每个部件都进行了壁厚检测,未发现明显腐蚀迹象。

分析该设备腐蚀程度小的原因,一是天然气流程内三甘醇与气流充分接触吸走饱和水分;二是三甘醇再生流程内温度较高,水很难存留;另外,没有腐蚀介质 CO_2 等物质存在,因此该装置受腐蚀程度会很小。

三、腐蚀状况预测

根据深层气田集气站管道设计压力,可以将管道划分为 2 个区域,即高压区和中压区,以三级节流为划分界限。

从管道的设计尺寸可以看出,一是高压区的管道尺寸除个别气井为 $\phi114mm \times 13mm$ 外,大部分均为 $\phi76mm \times 9mm$,管壁较薄,本文将以 $\phi76mm \times 9mm$ 作为高压区代表分析腐蚀速率,预测管道剩余寿命;二是中压区尺寸种类较多,其中 $\phi60mm \times 4.5mm$ 所占比例最大,而且管壁最薄,本文将以 $\phi60mm \times 4.5mm$ 作为中压区代表分析腐蚀速率,预测管道剩余寿命。

1. 腐蚀速率分析

根据减薄严重点的减薄程度,得到最大腐蚀深度的均值。由于 A - 2 和 B - 1 集气站检测时各井投产时间均为 2 年,进而得到平均最大腐蚀速率,见表 5。

表 5　集气站平均最大腐蚀速率　　　　　　　　mm/a

集 气 站	平均最大腐蚀速率	
	高压区	中压区
A - 2	0.32	0.23
B - 1	0.34	0.25

2. 剩余寿命预测

壁厚临界值是维持正常工作时的最小壁厚,即:

$$T_{min} = \frac{pD}{2\sigma} \tag{1}$$

式中　T_{min} ——管道壁厚临界值;

p ——运行压力;

D ——管道外径;

σ ——管材屈服强度,20 号钢取 $245MPa/mm^2$。

按目前的腐蚀速率计算,可以推测管道的剩余寿命,即:

$$t = \frac{T_{sy} - T_{min}}{\bar{v}_{max}} \tag{2}$$

式中　T_{sy} ——当前剩余壁厚;

$\bar{v}_{max}$ ——平均最大腐蚀速率。

根据管道剖面示意图(图 4),从总壁厚中去掉已腐蚀壁厚和临界壁厚,得到腐蚀余量,再由平均最大腐蚀速率算出管道的剩余寿命,见表 6。

临界壁厚
腐蚀余量
已腐蚀壁厚
天然气
总壁厚

图 4　管道剖面示意图

表 6　集气站剩余寿命表

集气站	管道临界壁厚,mm		剩余寿命,a		集气站剩余寿命,a
	高压区	中压区	高压区	中压区	
A-2	3.9	0.9	13.9	14.1	13
B-1	3.9	0.9	13	12.4	12

3.确定检验周期

对于经过专业检测的集气站,一般将管道下次检验周期确定为剩余寿命的一半。根据 A-2、B-1 集气站的剩余寿命预测结果,确定出 A-2 和 B-1 集气站的检测周期,见表7。

表 7　集气站检测时间表

集气站	检验周期,a		检测时间		集气站检测时间
	高压区	中压区	高压区	中压区	
A-2	6.95	7.05	2016 年	2016 年	2016 年
B-1	6.5	6.2	2017 年	2016 年	2016 年

保存集气站初始检测数据,在第二次检测过程中有针对性地进行对比,一方面跟踪减薄严重管段腐蚀程度,具有隐患威胁时及时进行更换;另一方面查找出新的腐蚀点,计算腐蚀速率,加强整个站场腐蚀认识。

四、结论及建议

(1)集气站局部的腐蚀状况要比预期严重,尤其徐深区块需要加强重视程度。

(2)管道弯头是气田腐蚀的最大薄弱位置,在无法避免高流速冲刷腐蚀的情况下,加强弯头质量、减少加工缺陷显得尤为重要。

(3)需加强阀门检测频次,对阀芯杂质定期清理,及时更换密封圈,采取气井防砂除砂措施,延长阀门使用寿命。

(4)坚持定期检测,每年 5~9 月期间对达到检测周期的集气站进行全面检测,对其他集气站的弯头、阀门、加热炉盘管等易腐蚀位置进行壁厚测试,逐年比较腐蚀情况,及时更换存在问题的管段和设备。

参 考 文 献

[1] 翁永基,卢绮敏.腐蚀管道最小壁厚测量和安全评价方法[J].油气储运,2003,22(12),40-43.

[2] 莫剑.压力容器及管道剩余寿命的评估方法[J].化工装备技术,2004,25(5),32-34.

井底积液诊断方法探讨

王法高

摘　要:气井开采过程中,有很多原因会造成井底积液,降低了气井生产能力,对气井稳产构成很大挑战。结合采气分公司所辖投产气井的生产动态特征,总结和完善井底积液诊断方法,评价不同管柱尺寸及不同产量、压力条件的临界携液条件,综合运用采气曲线法、压力梯度曲线法、临界携液流量计算法等定性、定量分析,实现井底积液的有效诊断及预测,为排水采气时机的选择提供参考依据,确保气井稳定生产。

关键词:井底积液　临界携液流量　诊断方法

一、采气曲线法

1.孔板压差波动大,瞬时产量不稳定

当气井有液体产出而没有井底积液时,液体以小液滴的形式存在于气体中,呈雾状流特征,此时对孔板压差没有任何影响;当液体以段塞流的形式流过孔板时,由于液体密度相对较大,会导致孔板压差产生一个峰值,说明液体开始在井筒或管线中堆积,或者液体以段塞流的形式到达地面,并开始以不稳定的流量产出。

2.套压上升,油压下降,油套压差增大

井底积液增加了流体对地层的回压,降低了井口油压。此外,随产液量不断增加,油管内气体携带的液体增多,导致井口油压逐渐降低。井筒积液特征主要表现为产量下降而套压升高,油套压差增大。A井生产过程中表现该特征,见图1。

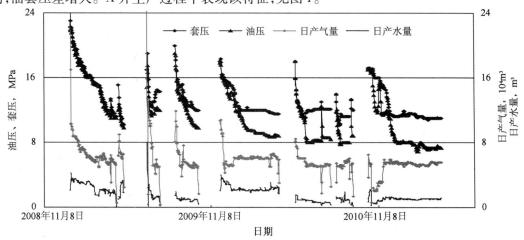

图1　A井采气曲线

3. 水气比明显降低，产水量下降，甚至停止产液

高产气井携液稳定一段时间后，产量会逐渐下降。随着产气量的下降，如产气速度低于"临界流速"，气液滑脱，井筒中的液体持续聚集，造成井底严重积液。生产时，由于液相和井底压力的增加，只有少量气体从液相中穿过，水气比大幅下降。产气量低于某一值时，液体不再进入油管，出现停止产液现象。B井表现明显的积液特征，见图2。

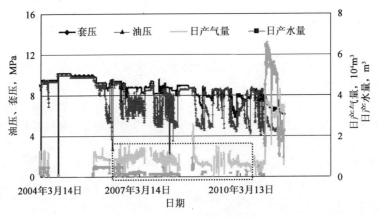

图2　B井采气曲线

4. 产量递减曲线波动大

纯气井的产量递减曲线表现平滑曲线特征。气井发生井筒积液时，产量递减曲线表现剧烈波动特征。C井生产特征说明，井底积液对产量影响明显，见图3。

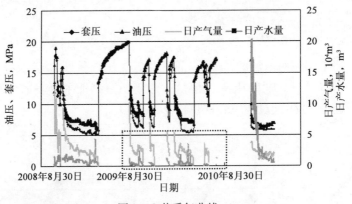

图3　C井采气曲线

二、压力梯度测试曲线法

静压或流压测试是确定气井是否积液或气井液面的有效方法。压力测试就是测量关井及生产过程中不同深度的压力，压力梯度曲线与流体密度和井深有关。由于气体密度远低于水的密度，当遇到油管液面时，梯度曲线斜率有明显变化，压力梯度接近1MPa/100m。分析2011年5月测得的D井静压和E井流压梯度曲线，表现出明显的积液特征，见图4和图5。

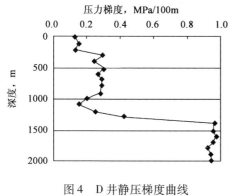

图4　D井静压梯度曲线

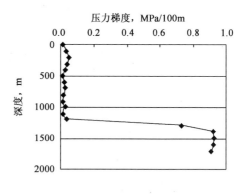

图5　E井流压梯度曲线

三、临界携液流量计算诊断法

天然气从产层流出后,经油层套管、油管上升至井口,套管、油管的尺寸和下深决定了气体流速,影响其携液能力。

1. 管鞋以下油层套管临界携液量诊断

利用李闽"扁平液滴"模型计算气井临界携液流量,其中气体相对密度取0.6,界面张力取0.060N/m。对于普遍采用的油管悬挂在射孔段上部的完井方式,评价管鞋以下部位携液能力应以油层套管内径为标准,见图6和图7。

$$v_g = 2.5 \left(\frac{\rho_L - \rho_g \sigma}{\rho_g^2} \right)^{\frac{1}{4}} \tag{1}$$

式中　v_g——最小携液流速,m/s;

　　　ρ_L——液体密度,kg/m^3;

　　　ρ_g——天然气密度,kg/m^3;

　　　σ——气水界面张力,N/m。

2. 油管临界携液量诊断

油管内径和下深决定了气体流速,当日产气量低于携液流量时,将发生井底积液,见图6和图7。

3. 油管渗漏临界携液流量诊断

油管发生渗漏或断脱时,天然气同时从油管和油套环空产出,气流通道扩大,流速大幅下降,临界携液流量倍增。2009年3月,F井出现油压、套压力平衡现象,5月流压梯度测试曲线表明,该井1300m以下积液,打捞油管后确认为油管渗漏。

四、认识及建议

(1)采气曲线法、压力梯度曲线法、临界携液流量计算法得到实例验证,证明三种方法能够及时、准确诊断井底积液的发生;

(2)井底积液诊断是动态过程,需准确认识管柱状态,结合产量、压力变化情况进行实时

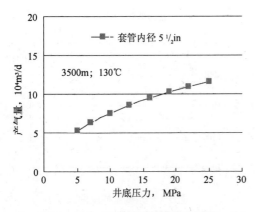

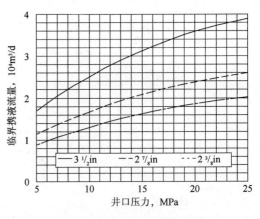

图6　5½in油层套管临界携液流量　　　　　图7　不同内径油管临界流量

诊断分析;

(3)对存在积液风险的井,应加强系统分析,有针对性地开展排水采气措施,以实现气井增产、稳产的目的。

参 考 文 献

杨川东.采气工程[M].北京:石油工业出版社,1997.

气井分层开采工艺管柱的改进及应用效果分析

文象连

摘　要:本文在分析分层开采工艺管柱井下构成及A井试验的基础上,对工艺管柱各个组件改进后的工艺原理做了详细的介绍,并对如何实现各种功能进行了探讨,同时总结了现场试验效果,提出了对该工艺的认识及建议。

关键词:分层开采　工艺管柱　现场试验

一、引言

采气工艺管柱直接影响着天然气井的生产寿命、安全生产和稳定开采。目前,采气分公司开发井完井时大部分采用的是光油管工艺管柱,存在再次作业对储层伤害等问题;而且,有的气井水层下部是气层,上部的水层抑制了下部气层的生产。从保护储层、简化施工、分层开采等角度考虑,研究了多功能分层开采工艺管柱。

二、原工艺管柱结构及存在的问题

1. 原工艺管柱构成

为了满足深层气井高温、高压的生产条件,而且要实现分层采气等功能,设计丢手完井管柱(图1),由丢手工具、封隔器、井下开关、丝堵等井下工具组成。

2. 原组件结构原理

1)井下开关

井下开关主要由上接头、弹簧、中心管、滑钉等组成(图2),井下开关的辅助机构由绳帽、凸轮、销钉等组成(图3)。

中心管上有长短两个滑道,滑钉可沿滑道上下运动和转动。井下开关关闭时滑钉在较短的滑道上,开启时在较长的滑道上。

下井时井下开关处于关闭状态。管柱下井完毕,再下入辅助工具。上提辅助工具,凸轮卡住中心管,使之上行,将井下开关打开。再上提辅助工具,将销钉剪断,凸轮回缩,起出辅助工具。同理,可将井下开关再关闭。

2)封隔器及丢手接头

封隔器由活塞、压环、胶筒、卡瓦、锁簧等组成,丢手接头主要由备帽、防转套、连接套及配套的上接头、中心管组成。

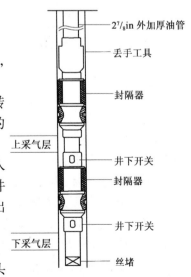

图1　丢手完井管柱

（图中标注：2⅞in 外加厚油管、丢手工具、封隔器、上采气层、井下开关、封隔器、井下开关、下采气层、丝堵）

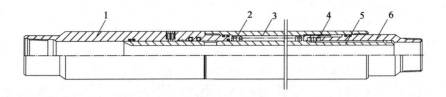

图2 井下开关结构示意图

1—上接头;2—弹簧;3—外套;4—滑钉;5—中心管;6—下接头

封隔器采用 Y441 结构,压缩式胶筒密封,双向卡瓦,液压坐封,上提管柱解封。在封隔器坐封之后,在需要丢手时,可正旋管柱,将上、下反扣的下接头和中心管脱开,实现丢手。丢手接头及配套封隔器结构示意如图4所示。

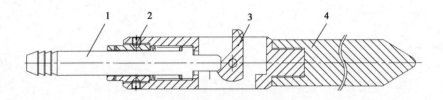

图3 井下开关辅助机构示意图

1—绳帽;2—销钉;3—凸轮;4—加重

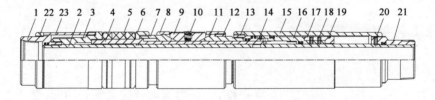

图4 丢手接头及配套封隔器结构示意图

1—上接头;2—中心管;3—上压环;4—胶筒轴;5—胶筒;6—下压环;7—上锥体;8—卡瓦罩;
9—卡瓦;10—弹簧;11—下锥体;12—螺帽;13—上活塞;14—坐封销钉;15—缸筒;
16—下活塞;17—锁簧座;18—剪切销钉;19—锁簧;20—解封销钉;21—下接头

3. 存在问题

对井下开关及配套工具进行了井下开关耐温耐压、封隔器耐温耐压、井下开关常压下换向、井下开关带压换向、井下开关打捞工具剪断力五项室内实验,各项指标满足了设计要求。

2009 年9 月下旬,为验证配套工具及组成的多功能管柱的可行性,随某井补孔作业进行了现场试验。封隔器释放压力正常(35MPa),从套管打压,验证封隔器坐封情况,压力 10MPa,稳压 10min 压力不降,表明封隔器坐封正常。但在试验过程中也发现了工具存在一些问题,具体表现为主要为井下开关辅助工具剪断力大、丢手困难这两点。

1)井下开关辅助工具剪断力大

在室内常温、常压下对井下开关辅助工具销钉做了三次剪断力实验,剪断力均为3.4kN。为使钢丝测试作业就能剪断销钉,设计值3 ~ 3.5kN。

采用 ϕ3.8mm 销钉,钢丝测试时出现钢丝在绳帽头处脱落的问题。

现场施工前,用电缆测试车地面测试辅助工具销钉的剪断力,共实验了8组,结果见表1。

表1　地面测试辅助工具销钉剪断力情况统计表

批　　次	销钉个数,个	销钉剪断力,kN
第一组(ϕ3.0mm)	2	1.6
第二组(ϕ3.0mm)	2	1.4
第三组(ϕ3.8mm)	2	5.3
第四组(ϕ3.8mm)	2	5.7
第五组(ϕ4.2mm)	1	5.0
第六组(ϕ4.4mm)	1	6.2
第七组(ϕ4.4mm)	1	6.0
第八组(ϕ4.5mm)	1	8.0

现场试验时选用第五组销钉,井下开关辅助工具销钉的剪断力超出设计值很多,见表2。

表2　现场试验时开关辅助工具销钉的剪断力表

项　　目	电缆规格,mm	电缆重,kN	仪器显示值,kN	剪断力,kN
关闭上级开关	5.6	2.2	11	8.8
打开下级开关	12.7	9.2	21.1	11.9

从表1、表2可以看出,销钉剪断力远远大于设计值,需要重新设计。

2)正转丢手方式存在丢手困难及操作不易掌握的问题

丢手螺纹采用左旋M76X3普通螺纹,需要正旋管柱来丢手,与油管螺纹上扣方向一致。丢手时,油管螺纹也随之旋转上扣,使油管长度缩短,传到井下增大了管柱的上提力,易造成封隔器的解封,所以传动效果不好,传动力不易控制。现场操作时就因为操作不易掌握,正旋管柱时将封隔器解封,导致丢手失败。

三、改进方案

针对现场试验时出现的问题,逐项完善了工具的结构。

1.井下开关辅助工具剪断力大

1)影响剪断力的因素

经分析,影响剪断力的因素有以下几个:

一是开关的换向力。辅助工具要实现井下开关的换向,工具提供的力就要大于换向力,所以换向力是剪断力设计的基础。

二是辅助工具中销钉的尺寸。销钉选择大了,力随之增大;选择小了,销钉易在开关换向前被剪断,而且销钉太小对下井时力的平稳性要求加强,不利于操作。

三是辅助工具在井下与井下开关中心管中心的偏差。由于是单凸轮,偏离中心线时传到销钉上的力就会减小,相应加大了销钉的剪断力。

2)降低剪断力的改进措施

针对上述因素,采取了相应的改进措施,有以下四项:

(1)减小井下开关的换向力。

为了降低井下开关的换向力,采取了两项措施,一是将弹簧圈数减少1~2圈,二是控制加工时工件间的公差间隙。

两项措施下来,开关的换向力由原来的1.50kN降至1.10kN。

(2)减小辅助工具的销钉尺寸。

由于开关的换向载荷减少,所以相对应的销钉尺寸就可减小。本次选取 $\phi3.1mm$ 的销钉,将力控制在6kN以内。

改进了辅助工具的结构,由凸轮、销子等组成,见图5。

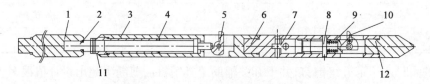

图5　改进后开关辅助工具示意图

1—加重杆;2—定位销;3—控制阀主体;4—弹簧;5—凸轮总成;6—定位器主体;
7—上凸轮总成;8—滑动销;9—弹簧;10—下凸轮总成;11—导向体;12—销钉

原井下开关控制阀只有一组凸轮,上提时启动井下开关换向。

现井下开关控制阀有两组凸轮,一组是上提时启动井下开关换向,由于井下开关换向载荷减小,销钉剪切力减小;另一组是下放振击,井下开关换向后,快速下放控制阀,帮助井下开关换向后复位。

(3)加重杆放在上部。

将加重杆放在上端并加长,增加扶正效果,使销钉剪切载荷减小,见图5。

(4)井下开关下端至少连接一根油管。

在井下开关下端至少连接一根油管,最下面接死堵。在辅助工具的销钉没有正常剪断时,可下放到死堵处,采用振击器帮助辅助工具剪切销钉。

2. 正转丢手方式存在丢手困难及操作不易掌握的问题

原管柱选用旋转丢手。丢手螺纹采用左旋 M76X3 普通螺纹,传动效果不好。

现管柱采用液压丢手和旋转丢手两种方式,液压丢手为主,旋转丢手为辅。上端增加一液压丢手接头,在封隔器坐封中途启动,完成丢手,但不泄压。封隔器坐封完成后,需起管时,上提管柱将丢手部分起出。由于丢手在封隔器坐封中启动,起管时无附加负荷。旋转丢手采用左旋 Tr80X4 梯形螺纹,传动效果好。

改进后丢手接头由上接头、连接套、活塞等组成,见图6。图6(a)为下井状态,油管内加压,活塞剪断销钉后下行,连接套下端失去支撑,打开与短接的连接。在封隔器坐封过程中,中心管与短接保持密封。封隔器坐封完成后,上提管柱,将上接头、连接套、活塞、中心管提出,留下短节与下接头,如图6(b)所示。

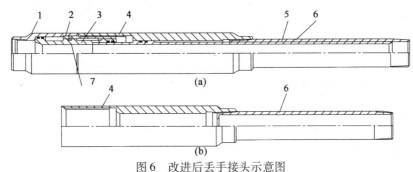

图6 改进后丢手接头示意图

1—上接头;2—连接套;3—活塞;4—短节;5—中心管;6—下接头;7—销钉

四、管柱功能

工具改进后,能更顺利地实现原管柱的功能。

1. 分层开采及试气

下入封隔器及井下开关配套形成分层管柱,用工具可随意打开或关闭其中任何一层,即可实现单层和分层开采,同时也可以满足单层试气需要,可避免多层试气下入多级桥塞、试气后还需将桥塞钻掉,即节省了费用,又可保护气层。

2. 不压井作业

随作业下入多功能管柱,再次作业不用压井。下入工具,将井下开关关闭,即可实现不压井作业。

为增加现场施工的安全系数,施工中可以先关闭井下开关,然后向井筒内注入一定量的压井液。因井下开关已关闭,压井液无法进入气层,起到对气层的保护,可平衡开关油套压差;另外,压井液的注入给施工创造了更加安全可靠的环境,消除了危险。施工完井后,采用气举可将压井液返排出井筒,然后利用工具将井下开关打开。

3. 提捞排水

对于有井底积液的气井,可随作业下入井下开关,排液可采取提捞方式。先关闭井下开关,然后用提捞车进行井筒内积液的提捞。井下开关保证了提捞过程中的安全性。提捞后,可用工具打开井下开关,然后实现正常生产。

五、现场试验及效果

2010年7月初,在A井再次进行了现场试验。

1. A井简况

该井于2001年12月22日投产,原始地层压力18.7MPa,目前地层压力7.48MPa。初期用3mm油嘴生产,油压3.84MPa,套压6.48MPa,日产气$0.9683 \times 10^4 m^3$,日产水$0.865 m^3$。施工前关井,油压1.97MPa,套压7.35MPa。

本次作业起出原井管柱后,先下电缆桥塞,将1944.2m以下有出水层的层位封堵;然后补孔作业,在原射孔层位上部补四层。

2.下分层工艺管柱

2010年7月2日下入分层工艺管柱,管柱如图7所示。

图7 A井分层管柱图

下井前将上级开关设为关闭状态。为了使压井液进入循环通道,下级开关设为打开状态。

3.关闭下级开关

为了不堵塞辅助工具和不妨碍封隔器坐封,用清水洗出井内脏物。

在井口试验$\phi3.1mm$销钉,剪断力6kN。

下入辅助工具串(绳帽+加重杆+辅助工具),下入开关深度下部10m后上提,拉断销钉,拉断力仪表显示14.0kN,减去电缆自重,实际拉断力约为6.9kN。

4.封隔器座封及验封

坐封封隔器,最高压力35MPa。从环空打压验封,压力10MPa,验封合格。

5.打开两级井下开关

下入辅助工具串,下到上级井下开关深度下部10m后上提,拉断销钉,拉断力仪表显示13.6kN,减去电缆自重,实际拉断力约为6.6kN,提出工具串。泵车油管打压,一挡,30s压力上升至5MPa,油套环空不出液,证明上级井下开关打开。

下入辅助工具串,下到下级井下开关深度下部10m后上提,拉断销钉,拉断力仪表显示15.4kN,减去电缆自重,实际拉断力约为7.3kN,提出工具串。泵车油管打压,一挡,30s,压力达2MPa,油套环空不出液,证明下级井下开关打开。

6.丢手

改进后丢手方式以液压丢手为主,旋转丢手为辅。

1)液压丢手

丢手上部油管长度约1800m,经计算油管悬重为17t左右。封隔器为分级解封,上提解封力8～10t。

现场上提力达23t时仍未丢手。液压丢手方式未成功。分析原因:在井内打压时,丢手接头的连接套与短接处于受拉状态,连接套的螺纹连接处铣开6个槽,在受拉状态时增加了与活塞的摩擦阻力,加上销钉的剪切力大于活塞产生的载荷,没有按预定设计丢手。

2)正转丢手

采用正转方式丢手,油管正转20圈左右也未丢开,该方式仍未成功。分析原因有两点:一是由于井筒并不是理想的垂直管柱,而有角度,旋转管柱时可能作用在了管柱与井壁的接触处,未传到井下丢手位置;二是未有上提力下旋转管柱,油管的重量都作用在丢手部位,旋转时等于在丢手造扣,反而实现不了丢手。

3)投球丢手

丢手接头中心管通径为50mm,上部为圆锥面,从井口投入 ϕ55mm 的钢球,20min 后打压,压力起到15MPa后套管出液,上提管柱悬重为17t,丢手成功。投球打压丢手成功是因为活塞的受压面积增加,产生的剪切力增大。起出丢手上部管柱,取出投入的钢球,检查丢手部分工具,进一步验证了丢手成功。

7. A 井施工完井后效果

2010 年 7 月 18 日,完井后返排,井口油压、套压都有大幅度提高,分别由施工前的 1.97MPa和7.35MPa 上升至目前的 12.8MPa 和 13.0MPa,使该井具备了开井复产条件,可见该井补孔措施效果明显,分层工艺管柱通道流畅。

六、结论

(1)多功能分层开采管柱工艺结构的设计可以满足控制各气层的生产和关闭的要求。

(2)封隔器可承压50MPa,耐温达到了150℃,满足了深层气井对工具的耐高压和耐高温的要求。

(3)从现场井下开关的几次开与关的试验,表明井下开关换向可靠。

(4)辅助工具的销钉控制着井下开关的换向和取出辅助工具两项功能,因此销钉剪断力的选择尤为重要。改进后虽然力由 11.9kN 减小到 6.6kN ,但仍需要进一步减小以适应钢丝方式作业。

(5)虽实现了管柱的丢手,但该丢手方式完井时要多起下一趟管柱。为简化作业流程,需进一步改进丢手的结构。

A 井压裂完井管柱的设计与应用

管龙凤

摘　要: 本文在对庆深气田水平井压裂和完井所取得认识的基础上,对 A 井的压裂管柱重新进行了设计,下入棘齿密封工作筒,在保证完成压裂施工的同时,可以下入堵塞器,实现该井的不压气层更换压裂管柱、下入完井管柱的施工,从而达到保护气层的目的。根据气井的实际情况提出了完井管柱组合,能够满足汪 A 井的生产需要。

关键词: 棘齿密封工作筒　不压井　完井管柱　井下工具

一、引言

采气分公司已在水平气井压裂完井方面取得了一定的认识及成果。目前,为进一步提高单井产量,高效合理开发现有气田,水平段采用裸眼封隔器分段压裂的方法,压裂后再进行短期试气,之后用压井作业的方式起出压裂管柱,更换完井管柱。采用这种方式完井,一方面不利于压裂液的返排,另一方面有可能造成施工周期的延长。经过短期试气后,如果采用不压井作业更换完井管柱,能够较好地解决上述问题,从而达到保护气层的目的。

二、水平井压裂完井管柱的设计

A 井是庆深气田部署的第七口水平井。前面几口井在压裂施工方面进行了尝试,有水力喷砂压裂、裸眼分段压裂等等。在压裂进行短期的试气后,进行压井作业,起出压裂管柱,更换为完井管柱。这样就存在缺点:重复压井导致气层的二次污染,影响压裂效果;浪费了大量的压井液和天然气,造成资源的浪费,同时对环境也造成一定的影响。由于裸眼分段压裂效果较好,该井同样井裸眼封隔器将水平段分隔为四段,连续逐层进行压裂改造。为了方便在试气后利用不压井作业将压裂管柱更换为完井管柱,在悬挂器下部连接一个棘齿密封工作筒(图1)。压裂试气后,在工作筒中投入堵塞器,利用不压气层作业的方式更换压裂管柱。这样既保护了压裂效果,同时避免了资源的浪费。

由于本次设计的完井工艺管柱是第一次在大庆油田深层水平气井进行应用,如果采用压裂后直接更换管柱的方式,一方面不利于压裂液的返排,另一方面有可能造成施工周期的延长。在短期试气后,投入堵塞器进行不压气层作业更换管柱,能够较好地解决上述问题,堵塞器的耐温、耐压指标能够满足 A 井的地层条件,且密封脱节器、锁芯密封工具在塔里木油田多次应用,效果良好。同时,在下入完井管柱时,管柱下端连接棘齿锁定密封插头,插入到棘齿锁定密封工作筒内,实现油套环空的密封,与以前的工艺相比节省了完井封隔器,从而降低了完井资金投入。

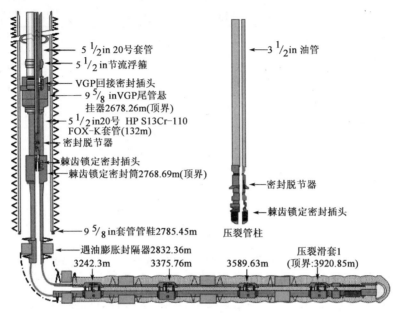

图 1 A 井压裂管柱图

三、生产完井管柱的设计

1. 完井管柱管径的选择

水平井产气量较高,气体流速过高会对油管及井下工具产生冲蚀作用,因此对不同尺寸油管需进行冲蚀流量的计算(表 1)。

表 1 冲蚀流量计算结果

井口流压,MPa	气体相对密度	不同内径油管气体冲蚀临界流量,$10^4 m^3/d$			
		$2\frac{3}{8}$in	$2\frac{7}{8}$in	$3\frac{1}{2}$in	4in
10	0.5764	25.46	38.08	57.22	77.77
15	0.5764	31.63	47.30	71.07	96.58
20	0.5764	36.37	54.39	81.72	111.07
25	0.5764	39.96	59.76	89.79	122.03
30	0.5764	42.70	63.85	95.94	130.39
35	0.5764	44.83	67.04	100.73	136.90

结合由冲蚀流量计算结果来看,初步采用 $2\frac{7}{8}$in 的油管。

由于该井没有给出预测产能,无法进行节点分析和冲蚀分析,选择与产能匹配的油管。

2. 油管材质选择

设计水平井位于汪深 1 区块,统计该井 3 口邻井的地层温度、压力和 CO_2 含量的数据(表 2)。CO_2 分压在 0.309~0.624MPa 之间,CO_2 分压大于 0.21MPa,处于严重腐蚀区域。根据气井生产经验,生产到一定阶段后,多数气井出水,产出气中 CO_2 含量增加,可能产生更严重的腐蚀。加之水平井投资巨大,因此油管材质的选择应按严重腐蚀环境设计。

表2　A 井邻井 CO_2 含量统计表

井　号	射孔井段 m	气层温度 ℃	气层压力 MPa	二氧化碳 %	CO_2 分压 MPa
汪深 101	3114.0 - 3094.065	125.3	33.17	0.933	0.309
达深 401	3197.0 - 3177.5	126	33.4	1.869	0.624
汪深 1	2998.0 - 2989.042	122.2	31.98	1.731	0.554
平均		124.5	32.85	1.511	0.496

　　HP13Cr(S13Cr)材质的油管能够满足 160℃ 以下严重腐蚀环境的防腐要求,环境腐蚀速率低于 0.127mm/a,因此生产油管材质应选择 HP13Cr。

　　同时,为避免不同金属材质相接产生电偶腐蚀,要求油管挂与油管采用同样材质。

　　3. 油管强度及扣型

　　A 井三口邻井气藏射孔深度最深为 3197m,A 井垂深为 3080.25m,气层压力 31.98 ~ 33.4MPa,若采用 N80 钢级油管,根据表3 数据可知,油管的抗挤强度和抗内压强度较大,能够满足要求,主要考虑抗拉强度。安全系数取 2.0 时最大下入深度 3431m(表3),因此,采用 N80 以上钢级油管均能满足水平井油管强度要求。

表3　ϕ73.0mm(壁厚 5.51mm)油管强度较核表

钢　级	油管外径 mm	壁厚 mm	公称质量 kg/m	抗挤强度			允许下入深度,m		
				抗外挤 MPa	抗内压 MPa	抗拉 t	选用安全系数		
							1.6	1.8	2.0
N80	73.0	5.51	9.58	64.9	72.8	65.74	4289	3812	3431

　　为保证在高压、腐蚀环境中管柱具有良好密封性,建议油管采用密封性较好的 FOX 扣。

　　油管尺寸/壁厚/扣型连接/扣型磅级:2 7/8 in/5.51mm/FOX - K。

　　4. 完井工具

　　1)井下安全阀

　　如果该井压裂试气后产层压力大于等于 70MPa 或产层压力系数等于 1.8MPa/100m,同时不注缓蚀剂,不采用化学或机械方式排水采气,井下应设置安全阀;如果该井试气后 CO_2 分压大于 0.21MPa,同时 CO_2 含量大于 10%,定产气量大于 $20 \times 10^4 m^3/d$,不注缓蚀剂和不采用化学或机械方式排水采气,井下应设置安全阀。

　　如果试气产量达不到以上要求,井下可以不设置安全阀。

　　2)生产封隔器

　　根据要求,对于低压低产含酸性气体的井,在确保安全并采取有效防腐措施的前提下,可不采用封隔器完井方式。

　　3)滑套

　　滑套可以作为替喷、排液、酸化、压井等作业的循环通道(可选)。

　　4)密封脱节器

　　实现不压井更换生产管柱,通过钢丝作业投堵、捞堵,产层防污染。

5) 棘齿锁定密封插头

由于在该井套管完井过程中已经下入了棘齿锁定密封工作筒,压裂施工时插入棘齿锁定密封插头后起到了隔离油套环空的作用。考虑到该井在压裂后要进行短期试气求产,为了在更换完井管柱过程中不重复压井,保护产层,该井在完井时选用棘齿锁定密封装置作为油套环空的隔离工具。

表 4 A 井主要完井工具参数表

序 号	工 具 名 称	最 大 外 径 mm	最 小 内 径 mm	材质	承压 MPa	耐温 ℃
1	井下安全阀	117.09	58.75	S13Cr - 110	50	170
2	流量短节	83.82	62	S13Cr	50	170
3	滑套	108.96	58.75	S13Cr	50	150
4	锁芯	—	—	13Cr	50 单向压差	150
5	密封脱节器	111.76	58.75	13Cr - 110	70	163
6	棘齿锁定插入密封	117.22	75.48	13Cr - 110	70	170
7	安全阀液控管线	6.35	3.86	316L SS		

5. 完井管柱

根据试气产量及 CO_2 含量,设计两种完井方式。

方案一:棘齿锁定密封插头 + 变扣 + 密封脱节器 + 油管 + 滑套 + 油管(图 2)。如果试气产量达不到关于井下安全阀的要求,则采用此结构。

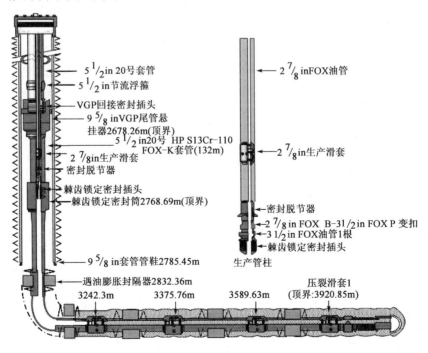

图 2　A 井方案一井下管柱结构示意图

方案二:棘齿锁定密封插头＋变扣＋密封脱节器＋油管＋滑套＋油管＋流动短节＋井下安全阀＋流动短节＋油管(图3)。如果试气产量达到关于井下安全阀的要求,则采用此结构。

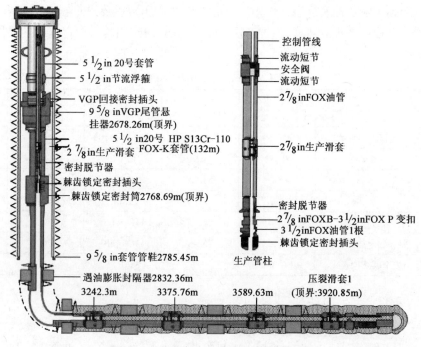

图3　A井方案二井下管柱结构示意图

四、结论

(1)在压裂管柱尾管悬挂器下端下入棘齿锁定密封工作筒,通过棘齿锁定密封插头插入到棘齿锁定密封工作筒中形成密封,从而完成该井的压裂改造施工。在进行压裂试气后,利用钢丝作业在棘齿密封工作筒中投入堵塞器,进行不压井作业更换为完井管柱后利用钢丝作业取出堵塞器,从而保护了气层,同时也节省了天然气资源。

(2)堵塞器的耐温、耐压指标能够满足A井的地层条件,在以后进行气井作业时,可以下入堵塞器封堵管柱后进行不压气层作业。

(3)根据气井的实际情况,完井管柱选用:管径 $2\frac{7}{8}$ in、壁厚5.51mm、扣型FOX－K的13Cr防腐油管,井下安全阀可以根据压裂后气量及 CO_2 含量选用。

(4)通过A井的方案设计,可以在以后其他的气井完井或者作业的工程中下入棘齿密封工作筒或者坐落短节,方便进行不压井作业。

气井井下组合防腐管柱技术研究

侯艳艳

摘 要:针对高含CO_2气田存在严重的腐蚀风险,分析了徐深气田目前的腐蚀严重性、气田目前井下的管柱情况,研究了气井井下腐蚀规律,根据腐蚀规律的特点研究了井下组合油管防腐管柱结构。通过组合油管的使用,一方面起到了防腐的目的,另一方面节约了投资,为高含CO_2气田的防腐探索了一条防腐新思路,具有很好的经济效益。

关键词:腐蚀特点 组合油管 防腐新思路

一、引言

高含CO_2气田开发过程中,含有二氧化碳、气田水等腐蚀性的介质使得井下管柱以及地面管道设备均会发生腐蚀。徐深气田经过几年的开发,出现了管柱脱落、管道穿孔泄漏等问题,给气田生产带来了安全隐患,给气田开发带来了严峻挑战。

徐深气田深层气井高含CO_2,在已投产的深层气井中,二氧化碳分压在严重腐蚀界限以上的气井占总井数的60%以上,其中部分气井腐蚀尤为严重。在较短的时间内,已经造成了2口气井报废和2口气井油管断裂(表1和图1),严重制约了气田的有效开发,防腐措施研究刻不容缓。徐深气田主要采用13Cr油管、套管防腐和加注缓蚀剂两种防腐措施。全井采用13Cr材质防腐成本高,采用缓蚀剂防腐增加后续管理难度,同时存在外来液体造成气井减产的风险,因此需要研究一种新型的防腐措施。

表1 徐深气田井下腐蚀事件

时 间	井 号	事 件	应用时间	生产时间
2005 年	A	报废	9 年 8 个月	4 年 2 个月
2008 年	B	油管断裂	1 年 1 个月	9 个月
2009 年	C	报废	6 年 2 个月	2 年
2009 年	D	油管断裂	2 年	1 年 5 个月

(a)　　　　　　　　　　　(b)

图1 井下管柱腐蚀情况

(a)A井油管腐蚀情况;(b)D井油管腐蚀情况

二、组合工艺管柱技术研究

通过近几年的气井腐蚀规律研究,基本了解了庆深气田气井井下的腐蚀规律。气井井下腐蚀主要集中在井口至井温100℃范围内,超过100℃基本不腐蚀。根据这个腐蚀规律,提出了气井井下组合油管的研究思路。气井井下组合油管的设计主要需要解决三方面问题:一是井下油管组合点的确定,二是组合材质的选择,三是两种材质连接短节的设计(主要是解决两种材质的电偶腐蚀问题)。

1. 组合油管连接点的确定

组合油管连接点主要是根据气井井下的腐蚀规律来确定,主要通过挂片腐蚀监测以及井下油管实际检测对 CO_2 腐蚀规律进行了研究。

通过对 3 口生产参数相似的气井井下不同温度下的腐蚀监测发现,当温度相差 10 ~ 20℃,腐蚀速率能够相差 2 ~ 3 倍,详见表2。为了加深对不同温度下气井腐蚀程度的研究,对井下更换的油管进行了实际的解剖,见图2。通过对腐蚀程度的测算,能够绘制出实际的腐蚀速率与温度和深度的关系曲线,见图3、图4。

表2 井下腐蚀监测数据

井　号	温度,℃	监测腐蚀速率,mm/a
D	60	0.73
	80	3.77
	90	0.08
E	60	1.12
	80	0.84
	110	0.09
F	50	0.1
	70	0.19
	110	0.14

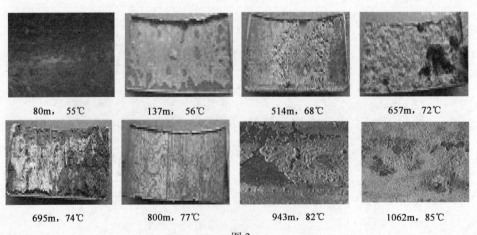

80m,55℃　137m,56℃　514m,68℃　657m,72℃

695m,74℃　800m,77℃　943m,82℃　1062m,85℃

图2

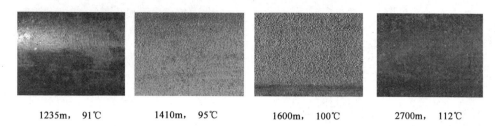

1235m，91℃　　　1410m，95℃　　　1600m，100℃　　　2700m，112℃

图2　D井不同温度、深度油管实际腐蚀片段

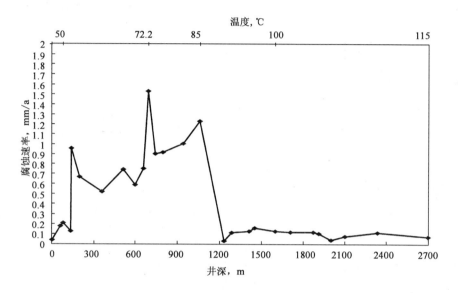

图3　D井油管实际腐蚀速率与深度及温度的关系曲线

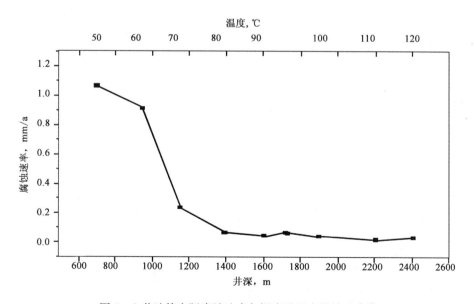

图4　G井油管实际腐蚀速率与深度及温度的关系曲线

70℃   120℃

图5　不同温度下的油管腐蚀产物膜

从曲线中可以得知,在 50 ~ 88℃范围内的油管腐蚀速率都在 0.2mm/a 以上,属于严重腐蚀。这主要是因为温度在 70℃左右时,金属的腐蚀产物膜比较疏松,腐蚀介质能够充分接触金属造成腐蚀;温度在 110℃左右时,金属的腐蚀产物膜致密而均匀,反而起到了保护金属的作用,如图 5 所示。

通过挂片腐蚀监测以及井下油管实际检测分析,气井井下腐蚀主要集中在井口至井温 100℃范围内。井温超过 100℃后,气井腐蚀速率急剧降低,基本不腐蚀。因此,可以确定井温 100℃作为组合油管的连接点。

2. 组合油管连接短节的设计

组合油管防腐管柱的关键技术在于两种材质连接处电偶腐蚀的解决,为此开展了 13Cr 材质和 N80 材质室内以及现场电偶腐蚀试验。

在室内电偶腐蚀试验中,分别在 40℃、60℃、80℃、100℃和 110℃五种温度下对 13Cr 和 N80 两种材质进行了电偶腐蚀试验。如表 3 所示,实验表明,随温度增加,耦合效应减小;超过 100℃,无论耦合还是未耦合,腐蚀速率急剧下降,基本不腐蚀,由此确定了 100℃作为两种材质的连接点。

表3　不同温度下的电偶腐蚀效应

温度 ℃	N80(耦合后) 腐蚀速率 mm/a	N80(未耦合) 腐蚀速率 mm/a	电偶腐蚀速率 mm/a	13Cr(耦合后) 腐蚀速率 mm/a	13Cr(未耦合) 腐蚀速率 mm/a
40	1.3807	1.2901	0.0906	8.7×10^{-5}	8.7×10^{-5}
60	1.4922	1.4027	0.0895	8.7×10^{-5}	8.7×10^{-5}
80	1.8684	1.8432	0.0252	8.7×10^{-5}	8.7×10^{-5}
100	0.012	0.008	0.004	8.7×10^{-5}	8.7×10^{-5}
110	0.009	0.007	0.002	8.7×10^{-5}	8.7×10^{-5}

通过室内以及现场两种材质的电偶腐蚀试验发现,两种材质的电偶腐蚀效应随着温度的增加而减少;超过 100℃,无论耦合还是未耦合,腐蚀速率急剧下降,基本不腐蚀。因此,将 100℃作为两种材质的连接点可以不考虑电偶腐蚀的作用,直接采用两种油管的变扣短节进行连接。

3. 组合工艺管柱设计

以 H 井为例,该井井温梯度数据详见表4,根据井温度确定组合油管的连接点,研究了两种组合防腐管柱:套管为普通材质,气井采用组合油管 + 封隔器完井管柱;套管为 13Cr 防腐材质,气井直接采用组合油管管柱,如图6、图7所示。

表4 H井井温梯度数据表

序 号	深度,m	压力,MPa	温度,℃
1	200	22.879	40
2	500	23.438	50
3	700	23.801	60
4	900	24.160	70
5	1150	24.679	80
6	1400	25.014	90
7	1600	25.388	100
8	2000	26.009	110
9	2945	27.589	120

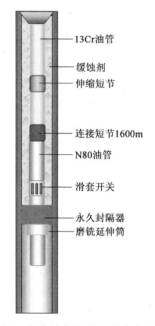

图6 组合油管加封隔器完井管柱　　　图7 光油管组合油管管柱

4. 经济效益

下面以 H 井为例进行计算:

N80 油管:1000m,9.58t,0.8 万元/t;

13Cr 油管:1000m,9530kg,4.8 万元/t;

H 井完井深度 2958m;

13Cr 油管:4.8 ×2.958 ×9.53 =135.31 万元;

13Cr + N80 组合:(N80:1358m,13Cr:1600m) =83.60 万元;

采用13Cr + N80 组合油管防腐会使成本降低 51.71 万元。

该技术的应用一方面起到了防腐的目的,另一方面降低了投资,具有很好的经济效益。

三、结论及建议

(1)通过腐蚀监测及检测分析,气井井下腐蚀区域主要集中在 40~100℃,100℃以上基本不腐蚀,为组合油管设计提供了环境支持,在腐蚀程度高的区域(40~100℃范围),采用耐蚀程度高的管材;

(2)高含 CO_2 气井的腐蚀规律还需要进一步深入认识,应重视检测试验研究方法,尤其是井下管柱腐蚀程度检测技术,只有在明确了井下管柱的腐蚀状况后,才能有针对性地采取措施,确保气井安全生产。

(3)组合油管技术属于新型防腐技术,还有待于现场试验分析进行完善。

参 考 文 献

[1] 中国腐蚀与防腐学会.石油工业中的腐蚀与防护[M].北京:化学工业出版社,2001.
[2] 张忠铧,郭金宝.CO_2 对油气管材的腐蚀规律及国内外研究进展[J].宝钢技术,2000,(4):54-58.
[3] 翁永基.腐蚀管道最小壁厚测量和安全评价方法[J].油气储运,2003,(4):40-43.

徐深气田固井质量影响因素分析及对策研究

李　冰

摘　要：徐深气田开发营城组砾岩、火山岩储层，经过几年的勘探开发，其中的一些井暴露出工程问题，出现了井口漏气、带压等问题。专家分析认为，漏气带压的可能原因有固井质量差、套管螺纹漏、套管头漏等。为此，本文结合漏气带压井的实际钻完井情况，具体分析了影响固井质量的关键因素，认为井身质量、固井前钻井液性能的调整和控制、钻井液多周循环、前置液应用、现场施工管理等是影响固井质量的关键因素，并结合影响因素提出了相应的解决对策。

关键词：固井　影响因素　管理

一、问题的提出

经过几年的开发，徐深气田的一些井暴露出工程问题，出现了井口漏气、带压等问题。专家分析认为，漏气带压的可能原因有固井质量差、套管螺纹漏、套管头漏。徐深气田已完钻的开发井中技术套管固井质量合格率为90.1%，油层套管固井质量合格率为93.9%，截至目前技术套管和油层套管固井质量评价结果没有优质井，与西南油气田66.71%的优质率相比存在一定的差距。

针对固井质量问题，本文选择了技套带压井中风险级别相对高的一些井进行固井质量影响因素分析。

二、影响因素分析

影响固井质量的因素很多，主要涉及地层特征、井身结构设计、井眼轨迹控制、井身质量优劣、环空间隙大小、套管居中程度、钻井液性能及固井前的调整和控制、井壁泥饼质量、井眼净化程度、水泥浆流变性能设计、水泥浆温度条件设计、综合工程特性要求等因素，必须对各因素进行综合判断和分析，用合理、科学的方法和手段提高固井质量。通过对建井过程的详细分析认为，影响徐深气田固井质量的关键因素为地层特征、井身质量、固井前的钻井液性能调整及多周循环、前置液体系应用、现场施工管理等。

1. 地层特征

地层特性是影响水泥环第二界面胶结质量的一个重要因素，特别是比较活跃的水层、油气层井段，水泥凝固过程中地层流体对其进行污染，从而影响水泥与地层的胶结强度。另外，在高渗透层段，水泥浆在稠化过程中容易失去自由水，造成水泥浆粉化、体积减小并形成微间隙，从而影响固井质量。

徐深气田自上至下钻遇明水组、嫩江组、姚家组、青山口组、泉头组、登楼库组、营城组，技术套管一般下深到泉头组附近地层。测井显示,在嫩江组 1378.0m 以上地层解释的均为水层,孔隙度在 10% 以上,渗透率最大到达 3000mD 以上,活跃的、高渗透的水层影响了技术套管上部固井胶结质量。

2. 井身质量

井身质量是影响固井质量的重要因素之一。分析了 7 口井的井身质量数据,井身特点主要为大肚子井段、糖葫芦井段、井径扩大率大等,详细数据见表1。

表 1　井径数据表

井　号	最大井径扩大率,%	平均扩大率,%
徐深 A 井	28.15	8.15
徐深 B 井	21.1	—
升深 A 井	23.47	2
升深 B 井	27.88	11.6
徐深 C 井	29.76	3.13
徐深 D 井	19.86	10
升深 C 井	63.14	—

井眼不规则处常常窝存钻井液或在下套管和测井作业时残存更多的稠化钻井液,俗称"死泥浆"。在常规固井注水泥作业时,"死泥浆"是很难被驱替的,这样就导致了不规则井段顶替效果差,"死泥浆"残留在水泥环与井壁之间,为环空油气水窜埋下了隐患。同时,不规则井段的下套管作业难度大,套管居中困难,导致环空窄间隙的钻井液顶替效率低,影响固井质量。

3. 固井前的钻井液性能调整及多周循环

钻井液性能对固井质量的影响主要体现在两个方面,一个是影响注水泥顶替效率,另一个是影响界面胶结质量。统计分析了 7 口井固井前钻井液性能,详细数据见表2。

表 2　固井前钻井液性能统计表

井　号	密度,g/cm³	黏度,s	初切,Pa	终切,Pa	$\phi_{3/6}$	ϕ_{300}	ϕ_{600}
徐深 A 井	1.28	60	—	—	/6	54	82
徐深 B 井	1.28	60	2	5	—	28	46
升深 A 井	1.28	62	—	—	6/10	52	76
升深 B 井	1.23	65	—	—	7/16	46	67
徐深 C 井	1.28	90	3	4.5	/6	65	95
徐深 D 井	1.28	54	—	—	6/16	37	55
升深 C 井	1.28	70	3	5	6/10	46	70

从表2的数据可以看出,在钻井液密度为 1.28 g/cm³ 的条件下,以上 7 口井的固井前钻井液属于高黏度、高切力、高触变性等特性。

钻井液的高黏度、高切力和高触变性给水泥浆高效顶替带来很大困难,使水泥浆不能够紊流顶替钻井液,特别是对于井眼不规则、套管居中度低的井段,水泥浆的顶替程度将降低。

在钻井过程中,由于钻井液性能不佳造成虚泥饼的形成,以及钻井液在测井、下套管和处理井下复杂事故等作业时长期在井下高温静止,钻井液干枯脱水,胶凝强度增加;特别是井身质量差,井眼不规则,常常造成大量的胶凝钻井液窝存滞留,在固井过程中难于驱替。滞留在界面上的胶凝钻井液在水泥浆固化后收缩脱水、干枯,与水泥环形成微裂缝,埋下环空油气水窜的隐患。实验数据证实,界面存在胶凝钻井液的情况下,界面胶结质量大大降低,有的界面胶结甚至为零,严重影响层间密封效果。因此,在固井前应处理钻井液,进行多周循环洗井,彻底净化井眼,保证固井质量。

所以,对于固井前钻井液流变性能及多周循环对固井质量的影响要引起重视,固井前要对钻井液进行稀释降黏处理,提高钻井液被水泥浆置换的程度,特别是井眼不规则环空的钻井液的置换程度,提高顶替效率和界面胶结质量。

4. 前置液体系应用

在固井施工中应用的前置液为清水或清水中加入少量 SAPP 处理剂,且应用的体积量相差很多,未进行用量设计。如今前置液体系对固井质量的提高已得到固井专家的认同和现场实验的检验,在西南油气田广泛应用前置液技术来提高固井质量。高效的前置液体系包括冲洗液和隔离液,具有以下作用。

1)冲洗液有效改善钻井液流变性能,提高固井顶替效率

冲洗液是密度接近于水的牛顿流体,黏度低,在井内紊流流动,在与钻井液接触时掺混,大大降低了钻井液的黏度和切力,改善了钻井液流动性能,提高了钻井液紊流流动能力。前面已经提及固井前钻井液的性能影响顶替效率,利用冲洗液大大提高水泥浆顶替钻井液的效率,尤其是冲洗液对于静止在井下的黏稠钻井液有一定的润湿渗透和稀释分散作用,使其易于被顶替,减少其在界面的滞留,提高顶替效率和界面胶结质量。

2)有效的隔离作用

前置液最基本的作用就是实现钻井液与水泥浆的有效隔离。应合理设计前置液的体系材料,使前置液与钻井液、水泥浆具有良好的相容性。

3)前置液表面物理化学作用改善和提高界面胶结质量

应用优质前置液体系,能大大降低井壁和泥饼的表面张力,使固井表面产生润湿反转,降低固井表面与水泥浆的界面张力,并且能够渗透到胶凝钻井液和虚泥饼的内部,使其结构疏松易于在水力作用下脱落,提高界面与水泥环的紧密结合程度,提高油气井的层间封隔能力。

4)前置液有效清除界面滞留物的作用

应用优质前置液体系改善钻井液流动性能,降低胶凝钻井液的黏切和触变性。前置液化学组分在固井顶替时快速吸附在井壁和滤饼表面,达到润湿目的,并渗透到胶凝物质的内部作用,化学拆散胶凝钻井液内部结构,使其结构变得疏松,并在力学作用下易于脱落清除,从而有效降低界面虚泥饼和胶凝钻井液的黏附程度,提高界面胶结质量。清除界面滞留物是前置液最重要的作用,但是要实现有效改善界面和清除界面滞留物,必须加大隔离液的用量,采用环空"体积置换"设计思想进行前置液有效用量的设计。

所以,固井设计中,要使用和设计性能优质的前置液体系。

三、对策分析

1. 技术对策

(1)钻井过程中加强钻井液体系性能管理和监督;

①降低钻井液滤失量(滤失小于 8mL),提高泥饼质量,封堵活跃水层,阻止外来流体侵入,提高地层整体强度,达到稳定井壁的目的;

②提高井身质量,降低井径不规则程度。

(2)固井前优化调整钻井液性能,下套管前降低钻井液黏度、切力、触变性,减少钻井液滤失量、泥饼厚度和含砂量(完钻后参与循环的钻井液至少过 1 遍振动筛),黏滞系数小于 0.1,使其达到固井设计对钻井液性能的要求,做到不漏、不涌。

(3)采用钻井液多周循环技术,完钻后至少循环两个循环周,下完套管后再循环两个循环周。

(4)重视高效前置液体系的使用,在资金允许的情况下,改变以往使用清水的模式,使用高效前置液体系,且冲洗液 + 隔离液 + 后置液 $20m^3$ 左右。

(5)固井施工过程中,全过程监控水泥浆密度波动范围,现场入井水泥浆最大密度与最小密度差在 $0.05 \sim 0.1 g/cm^3$ 之间。

2. 管理对策

(1)参与完井固井方案的整体设计;

(2)对干水泥混配过程进行监督,包括外加剂的品种选择是否正确、数量是否加足、混配是否均匀;

(3)干水泥混配样化验,检测内容包括水泥浆稠化时间、水泥浆失水量、水泥石抗压强度、水泥浆流变性、水泥浆与前置液的相容性检测等;

(4)现场施工监督,监控固井施工过程和水泥浆密度情况,主要控制点包括按设计配制前置液且性能稳定、数量充足,替浆过程中压力控制、排量控制,碰压后检测水泥浆倒返情况;

(5)水泥浆应返至地面,且有一定的数量。

四、结论与建议

(1)徐深气田目前技术套管和油层套管固井质量评价结果没有优质井,与西南油气田 66.71% 的优质率相比存在一定的差距,固井质量有提高的空间;

(2)钻井过程加强钻井液性能监控,确保井眼质量;

(3)固井施工过程中,加强质量管理;

(4)建议在后续固井施工中应用高效前置液体系。

有助于提高固井质量的井眼准备技术探讨

邱升才

摘　要:松辽盆地深层气开发营城组砾岩、火山岩储层,经过几年的勘探开发,其中的一些井出现了井口漏气、带压等安全隐患问题。在对井口漏气、带压井的实际建井过程进行分析后,得出固井前界面胶结环境恶劣导致固井界面胶结质量差是井口漏气、带压的原因之一。本文结合松辽盆地深层气井固井难点,即特殊地层、井身质量难控制、界面质量差导致胶结密封不良等难点,2010 年以来研究并实践在钻井过程中加强钻井液性能管理,提高井眼质量,在固井前进行良好的井眼准备和使用优质的前置液技术,有效保证了固井界面胶结质量,一定程度上提高了固井质量。通过室内实验和现场试验评价,形成了固井前钻井液优化调整和多周循环、固井中使用冲洗液技术和隔离液技术等提高固井质量的配套技术。

关键词:固井　前置液　顶替效率

一、徐深气田固井质量现状

徐深气田共完钻开发井 67 口,其中水平井 8 口,定向井 2 口。技表套带压井 21 口,占总井数的 31.34%。技术套管固井质量合格率为 90.9%,油层套管固井质量合格率为 93.44%。深层气开发井固井质量优质率相对较低,与国内其他气田相比存在一定的差距。由于气井的特殊性,固井质量评价合格井有时满足不了后期压裂增产改造等工艺措施的要求,在大型的增产改造施工后,层间出现微间隙,井下气体沿微间隙缓慢上窜,导致气井井口出现带压、漏气现象。井口漏气、带压隐患已成为制约气田发展突出问题。为此,开展了深层气井固井前井眼准备和使用优质冲洗液和隔离液等提高固井质量配套技术研究,取得了明显的效果。

二、提高徐深气田固井质量方法探讨

1. 徐深气田固井难点

深层气井地层特征是自上至下明水组、嫩江组、姚家组、青山口组、泉头组、登娄库组、营城组。测井显示,在嫩江组 1378.0m 以上地层解释的均为水层,孔隙度在 10% 以上,渗透率最大到达 3000mD 以上。营城组为主要目的层段,储层孔隙、度渗透率较大,且存在微裂缝。这种比较活跃的水层、油气层井段,水泥凝固过程中地层流体对其进行污染,从而影响水泥与地层的胶结强度。另外,在高渗透层段,水泥浆在稠化过程中容易失去自由水,造成水泥浆粉化,体积减小并形成微间隙,界面胶结质量很难保证。而钻遇的嫩江组,青山口组,地层水敏性强,极易吸水膨胀,存在严重的地层缩径,井壁坍塌、剥落现象严重。嫩一段存在的不整合接触断层,易出现井斜超标。登娄库组、营城组砾岩、凝灰岩研磨性极强,硬度达 5000MPa,倾角大,断层多,井斜控制较难。由实钻数据统计,该地区气井平均井径扩大率 15% 以上,部分严重达到

63.14%,井眼不规则,是典型的"糖葫芦"井。

深层气井钻遇的地层岩石硬度高,机械钻速低,建井周期长,地层地温梯度较高,约4.1℃/100m,井底温度最高可达180℃,钻井液长期处在井下高温环境下循环或者静止,导致井壁泥饼质量差,并且在高温环境下钻井液容易失水絮凝在界面上。

因此,在这种特殊的地层状况、井眼质量差和胶结环境不良情况下,固井施工时简单的循环顶替很难驱替走界面上的絮凝钻井液,尤其是在井径扩大率井段井壁以及扩大率处窝存的絮凝钻井液,严重影响第二界面与水泥环胶结质量。

2.有助于提高固井质量的井眼准备技术

1)钻井过程中优化钻井液性能,提高井壁的完整性

2010年以来加强了钻井过程中钻井液体系性能的管理,严格按照钻井工程设计要求评价钻井液体系各项性能指标,特别加强了钻井液滤失量,形成泥饼质量的控制,与以往相比取得了一定的效果,见表1。

表1　钻井液性能调整前后井径扩大率对比表

分　类	井　号	井眼尺寸,mm	平均井径扩大率,%
调整前	ss2-25	215.9	15.0
	ss2-12	215.9	15.7
	ss1-3	215.9	16.2
调整后	w7-x19	215.9	3.5
	w14-11	215.9	5.3
	w3-13	215.9	5.3
	w28-15	215.9	5.6
	xs9-p3	311.2	7.64
	xs23-p1	311.2	0.5

2)固井前钻井液性能优化调整和多周循环技术

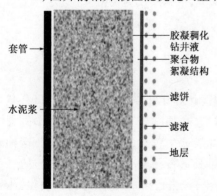

图1　固井界面封固系统示意图

在固井界面封固系统中,如图1所示,固井质量关键在第二界面。地层长期钻井过程中有一层钻井液滤饼,滤饼对于钻井过程是保护井壁稳定作用,而在固井时滤饼是影响界面胶结质量的不利因素;如果建井周期长或者井身质量差,会使滤饼表面滞留更多的胶凝钻井液,导致界面封固不良,结果会使油气井存在很大的环空油气水窜隐患。

图2(a)、(b)是国内模拟井下工况时的渗透性井壁处所形成的聚合物虚滤饼等滞留物和界面胶结状态图,在渗透性井壁处所形成的滤饼厚而疏松。图2(c)是国外哈里伯顿公司实验图,在界面存在滞留物时水泥环与界面的胶结状态。由图2可以直观地看出,界面胶结环境差必然导致密封质量差,导致水泥环存在很多的微裂缝和微间隙。

 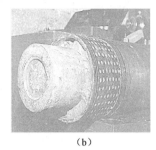 

　(a)　　　　　　　　　　(b)　　　　　　　　　　(c)

图2　界面滞留物存在下的界面胶结

(a)聚合物虚滤饼状态;(b)模拟钻井液、水泥浆与套管胶结状态;(c)哈里伯顿公司实验图

　　根据深层气井井身质量、固井界面特点,仔细分析了固井界面封固系统情况。深层气井井径扩大率大,建井周期长,导致固井前钻井液性能差,并在井壁存留过多的絮凝钻井液。要想得到优良的固井界面密封质量,改善地层表面性能是关键之一。

　　从2010年开始,采用固井前钻井液调整和循环技术。固井前在保证钻井液性能要求的前提下,对钻井液进行了稀释降黏处理,降低钻井液的黏度、切力、触变性。如图3所示,边循环边调整钻井液观察到,循环1周后时钻井液不够均匀,钻井液内钻屑较多,流态不佳;而经4周循环后的钻井液,钻屑携带较干净,流动性能良好,见表2。

表2　固井前钻井液性能调整对比

分　类	井　号	密度,g/cm³	黏度,s	初切,Pa	终切,Pa
调整前	xs1－201	1.28	60	2	5
	xs2－12	1.23	65	3	5
	xs6－3	1.28	90	3	4.5
	ss2－25	1.28	70	3	5
调整后	w3－13	1.15	45	1.5	3
	w7－x19	1.20	48	2	3
	w14－11	1.20	50	1.6	3
	w28－15	1.20	50	2.3	3.5
	xs9－p3	1.20	55	2	3.5
	xs23－p1	1.30	60	2.2	3.5

　　(a)　　　　　　　　　　　　(b)

图3　不同循环周返排的钻井液状态

(a)循环1周后返排的钻井液;(b)循环4周后返排的钻井液

固井前钻井液性能调整和多周循环有效地提高了界面胶凝钻井液和絮凝钻井液驱替程度,尤其是提高了不规则井眼滞留的胶凝钻井液的清除,同时提高了钻井液的紊流能力,辅助提高了顶替效率。

3)采用优质固井前置液液技术

深层气井建井周期长,钻井液长期在井下高温环境下循环或者静止,会造成絮凝钻井液物理化学结构强,单纯依靠钻井液调整和钻井液多周循环一般难以除去,需要采用优质的前置液技术。通过广泛调研及室内实验,采用优质冲洗液和隔离液技术可以有效改善界面胶结和顶替效率,从而提高固井界面封固质量。

(1)冲洗液技术。

实验室进行了冲洗液对界面改善作用的研究,见表3。实验结果表明:

表3 界面胶结强度实验 MPa

界面处理情况	第一界面胶结强度	第二界面胶结强度
钻井液循环失水形成滤饼后	3.860	0.441
用水作为冲洗液处理10min	4.328	0.538
用冲洗液处理5min	5.828	0.668
用冲洗液处理10min	7.165	0.928

第一,冲洗液稀释钻井液。采用冲洗液可以有效地稀释环空前面的钻井液,使其可以达到紊流顶替,提高了流体对界面滞留物的扰动冲刷,尤其是提高了对环空井眼不规则井段胶凝钻井液的清除携带能力,有效提高了界面胶结质量。

第二,冲洗液润湿改善界面。目前深层气井钻井采用的是有机硅钻井液和油包水钻井液,在第二界面不可避免地存在油污,导致界面疏水。冲洗液中含有大量的化学活性组分,可以有效地作用在井壁和套管壁的表面,改善界面的胶结性能,提高界面亲水性。

第三,冲洗液化学清洗作用。实验测定用冲洗液冲洗岩心和实心铁棒后,测定胶结强度,界面胶结强度增加。

实验条件:钻井液,含油5%;样品在常压水温80℃条件下养护48h;空白岩心和实心铁棒与水泥浆的胶结强度分别为3.7MPa和8.5MPa。

实验结果充分证明了冲洗液具有良好的清洗和清除界面滞留物的能力,提高了界面与水泥环之间的密封性和层间封隔能力,有效消除了因界面滞留物质在水泥固化后干枯脱水收缩造成的环空油气水窜的可能性,并且冲洗液冲洗时间延长,效果更佳。

(2)隔离液技术。

钻井液与水泥浆的污染是相互的,钻井液体系具有高分子聚合物的吸附作用和黏土水化双电层结构,水泥浆水泥矿物具有复杂的水化过程。钻井液与水泥浆接触后,钻井液组分破坏了水泥矿物的水化过程,而水泥浆破坏了钻井液的双电层结构,改变了聚合物的吸附方式,如图4所示。

通过合理抗污染设计隔离液,与钻进液、水泥浆具有良好的相容性,有效隔开物理化学性能不同的钻井液和水泥浆,降低顶替过程中单位摩阻,有效降低泵压,避免顶替过程中的"假碰压"现象。

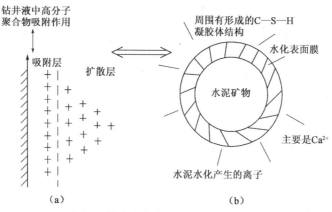

图4　钻井液与水泥浆接触污染系统

（a）钻井液体系中聚合物和黏土水化双电层结构示意图；（b）水泥浆体系中水泥矿物水化过程示意图

此外，隔离液还能有效清除界面滞留物。冲洗液化学组分在固井顶替时快速吸附在井壁和滤饼表面，达到润湿目的，并渗透到胶凝物质的内部作用，化学拆散胶凝钻井液内部结构，使其结构变得疏松，从而有效降低界面虚泥饼和胶凝钻井液的黏附程度，使其在后续隔离液力学作用下易于脱落清除，达到彻底净化井眼、改善界面性能目的，提高注水泥顶替效率，提高界面胶结质量。

图5为四川固井现场采集隔离液应用照片，现场配制的隔离液颜色是淡白色，而从井内返出的隔离液颜色变深，趋近于钻井液的颜色，说明隔离液在井内携带环空滞留钻井液。

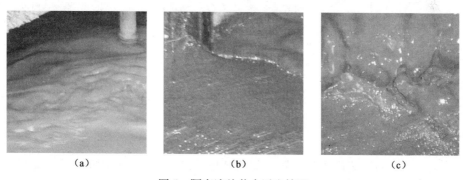

图5　隔离液从井内返出情况

（a）现场配制的隔离液；（b）出井的钻井液；（c）出井的隔离液

三、现场应用效果

1.前置液技术现场应用

2011年7月31日xs8－gp1井技术套管固井应用了前置液体系，使用冲洗液2m^3，隔离液12m^3。固井施工过程中由于地层发生漏失，前置液未从井内返出，导致前置液体系提高顶替效率作用无法实际评价。但是，从固井质量评价结果看，应用前置液技术起到了提高固井质量的目的。第一界面全井段固井质量合格率为72.95%，均好于xs9－p3井和xs23－p1井。第二界面固井质量相对上述两口井有所提高。具体效果见图6。

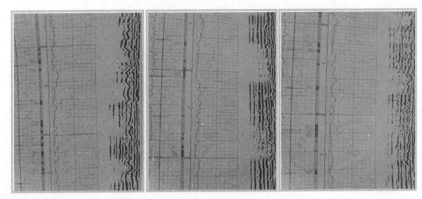

图6　xs8‑gp1 井固井质量评价结果图

2. 整体现场应用效果

2010 年以来,在徐深气田深层气井综合应用了钻井液调整优化技术、前置液技术,取得了良好的效果。

2010 年全年的固井质量合格率 100%,优质 83.33%,固井质量优质井段占全井的28.1%~76.27%。

截至目前,2011 年共计固井施工 3 井次,均为技术套管固井施工,具体固井质量评价结果见表4。

表4　固井质量结果统计表

井　号	固井深度 m	合格井段长度 m	合格井段占全井段 %
xs9‑p3	3125	1869	59.81
xs23‑p1	3298	1245	37.75
xs8‑gp1	3050	2225	72.95

四、结论与建议

(1)采用固井前钻井液优化调整和多周循环技术,能够有效减少第二界面胶凝钻井液和虚滤饼,在一定程度上提高了固井界面密封质量;

(2)通过室内实验和现场实践,采用优质前置液技术可以有效清除界面滞留物,提高顶替效率,提高固井界面封固质量;

(3)建议在技术套管固井时采用前置液体系;

(4)建议开展特殊固井质量评价方法,进一步认识环空胶结情况。

参 考 文 献

[1] 顾军,高德利,等.论固井二界面封固系统及其重要性[J].钻井液与完井液,2005,22(2):7‑10.

[2] 李早元,郭小阳,杨远光.固井前钻井液性能调整及前置液紊流低返速顶替固井技术[J].钻井液与完井液,2004,21(4):31‑33.

中浅层气井压裂改造技术优化研究与应用浅析

贾国超

摘　要:徐深气田部分中浅层气井开采程度低,生产效益差,需要进行挖潜增效措施改造。2011 年在往年研究成果技术的基础上,开展了中浅层气井压裂改造技术优化研究与实践应用,以期达到安全施工、精细压裂、高效返排、最短施工的措施改造目的。本文从措施增产优化技术研究方面入手,分别阐述了压裂工具工艺技术、压裂工艺手段、压裂完井技术相对于以往工艺的改进点、创新处,并以 A 井的压裂施工为例,说明了措施改造技术的实际应用情况以及措施改造效果。随后对比往年措施改造施工数据,对 2011 年中浅层气井措施增产改造技术进行综合评价,对潜在问题予以分析,最终给出了不动管柱多级 CO_2 压裂、完井一体化工艺技术的适用范围。

关键词:不动管柱多段压裂　CO_2 压裂　中浅层气井

一、引言

1. 存在问题

随着气田开发年限的延长,每年都有一部分采出程度低的中浅层气井出现无法正常开井或生产效益极差的问题,对气田整体开发效益影响巨大。分析原因,一是开采储层能量衰竭,缺少接替层;二是老层(未经过压裂改造)开采时间长裂缝闭合,裂缝有效期大大降低;三是因储层污染或射孔工艺质量差造成的低产、低效井。针对上述问题,采气分公司开展了低产、低压井挖潜增效研究,整体上见到了较好的效果,但由于受压裂工艺技术水平限制、措施改造规模影响、压井工艺模式等客观条件制约,部分措施井的改造效果大打折扣。因此,需要对气田低效、低效井进行整体措施优化与调整,进一步优化工艺挖潜技术,对气井剩余潜力储层最大程度开发,实现精细改造,提高气井生产能力,整体提升气田开发效益。

2. 措施增产改造技术目标

2011 年,在以往研究与实践基础上,开展气井压裂优化技术研究,主要从压裂工具、压裂工艺手段、完井工艺方式方面进行深入创新、大胆实践,追求安全施工、高效压裂、快速返排、最短施工的目标,探索适合徐深气田气井措施改造的新工艺模式,同时实现稳定并提高单井气井产能,高效开发气田的目的。

二、压裂改造技术优化研究

1. 压裂工具工艺技术

压裂工具的技术水平一直是困扰气井措施改造规模与程度的一项瓶颈技术,以往的直井压裂最多能够实现一趟工艺管柱 2 段压裂,对于储层厚度大、小层数量多的气井,难以实现精细分层、最大程度动用储能的开发目的。

为解决该难题,2011年初与研究院相结合,反复进行室内试验并考察油井应用试验后,引入不动管柱多级分段压裂工艺管柱,如图1所示。

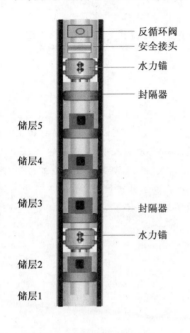

图1 多段压裂工艺管柱

（1）该工艺针对以往压差式封隔器压裂后不易解封的缺点,优化设计了扩张式封隔器,实现了低排量（0.6m³/cm³）油管打压坐封、油管泄压后封隔器胶筒自动收缩的功能,保证了压裂后油套的连通性。

（2）考虑到以往压裂改造规模偏小的问题,对井下工具耐磨蚀性能开展选材实验、尺寸结构优化等研究。通过室内试验,可实现单趟工艺管柱加砂200m³、单层加砂量不大于70m³大规模压裂施工要求,保障了气井压裂改造程度的彻底性。

（3）考虑到中浅层气井压裂施工中各类附加摩阻值的大小,压裂工具必须满足高压差、耐高温的指标,这就对封隔器胶皮筒、管柱内部密封件的材质性能提出高要求。通过对不同橡胶材质的性能分析与试验,最终选取强化型橡胶件。通过室内油浸试验、打压试验,达到耐温100℃、承压差60MPa的性能指标,为大排量压裂施工提供了保障。

（4）为了最大程度改造储层,实现精细压裂,对封隔器管柱整体结构参数进行优化。通过对喷砂器球座尺寸优化、剪切销钉剪切力模拟与试验,设计出不动管柱座压6段的管柱结构。通过投入不同尺寸的钢球,剪断坐封球座销钉,压裂设定目的层（每层销钉剪切力在10.0～12.0MPa）。

2. 压裂工艺手段

通过多年压裂实践经验与技术积累,形成了中浅层气井一系列等挖潜增产配套工艺手段,有效提高了老井的储层动用率,但在措施改造过程中也暴露出一些技术难题,如返排效率低、返排周期长、部分井压裂后生产效果差等。针对此类问题,考虑到中浅层气井储层地质特征,决定采用CO_2泡沫压裂工艺技术。CO_2泡沫压裂液具有高携砂性、低滤失性、地层配伍良好性的特点,有利于降低入井液对储层裂缝的伤害、防止水锁,适合于低渗透储层的措施改造。在方案设计中,充分考虑到CO_2浓度对压裂效果影响,对CO_2泡沫压裂液配比参数进行了优化,要求工作液中CO_2液浓度达到60%。通过与水基压裂液的混合配比,提高携砂能力,增强压后入井液的返排势能,最终提高压裂措施效果。

CO_2泡沫压裂较常规压裂表现出更高的施工压力,这主要在于CO_2泡沫液的非牛顿流体特性,因此顺利开展施工必须对CO_2泡沫压裂液摩阻进行预测分析。根据非牛顿流体力学原理,气井井筒内CO_2摩擦压降可表示为：

$$\Delta p = \frac{1.25 C_1 L \tau}{d} = \frac{5L(\tau_0 + K'\gamma^n)}{d} \tag{1}$$

其中

$$\gamma = \frac{32Q}{60\pi d^3}$$

式中　Δp——摩阻压降,Pa;

　　　L——油管长度,m;

　　　Q——排量,m^3/min;

　　　C_1——修正系数;

　　　τ_0——屈服应力,Pa;

　　　γ——剪切速率,s^{-1};

　　　τ——剪切应力,Pa;

　　　K'——稠度系数,$Pa \cdot s^n$。

该公式对 CO_2 压裂液的摩阻有了定性的判断,但仅限于理论计算。地质研究部门曾开展过 CO_2 泡沫摩阻测试,通过控制水基液和 CO_2 的排量,使注入泡沫液的泡沫浓度在 30% ~ 70% 之间变化,通过地面施工压力和井底压力计记录压力的比较,分析不同泡沫浓度压裂液的摩阻压力,摩阻分析曲线见图2。

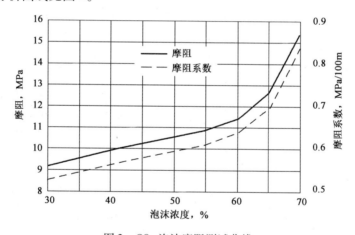

图2　CO_2 泡沫摩阻测试曲线

从图中可以看出,泡沫浓度增加,摩阻增大;泡沫浓度达到60%以上时,出现拐点,摩阻上升速度加快。该曲线为合理设计压裂施工中 CO_2 泡沫浓度提供了参考借鉴。

3. 压裂完井工艺技术

以往压裂施工中都以 $3\frac{1}{2}$in P110 油管为压裂管柱,压裂后再行压井施工,更换为 $2\frac{7}{8}$in 生产管柱完井,这就对压裂效果产生一定影响。因为压裂施工中已泵入井内大量压裂液,再次压井不仅不利于储层内液体及时返排出,而且再次配置的压井液密度常以原始地层压力为参照,高于初次压井液密度,加剧了地层漏失,不同程度污染了近井储层。此外,再次压井也延误了气举诱喷的最佳时间,增加了气举返排的难度(可能伴有水敏、盐敏),最终影响气井产量。

为了降低储层污染、缩短作业时间,2011 年初,根据徐深气田以往压裂经验,对中浅层气井应用 $2\frac{7}{8}$in N80 钢级油管开展 CO_2 压裂施工进行计算分析,重点预算地面施工压力大小,判断能否超出承压要求,计算公式如下:

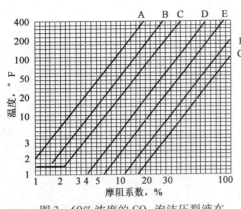

图 3　60%浓度的 CO_2 泡沫压裂液在不同油管尺寸内的摩阻系数曲线

$$p_m = p_d + p_f - p_H \qquad (2)$$

式中　p_m——地面泵压，Pa；

　　　p_d——井底压力，Pa；

　　　p_f——摩阻压降，Pa；

　　　p_H——液柱压力，Pa。

其中 p_d 取值 30.0MPa，p_H 取值 20.0MPa，摩阻压降值 p_f 可从试验曲线中读取，如图 3 所示，在施工排量为 $3m^3/min$、CO_2 泡沫浓度为 60% 时，计算出油管的摩阻损失为 39.0MPa。地面泵压 p_m 为 49.0MPa，小于安全压裂施工限制 60.0MPa。由此可见，中浅层气井应用 $2\frac{7}{8}$in N80 管柱开展压裂、完井一体化工艺具有可行性。

三、A 井措施改造技术试验应用情况分析

2011 年在 6 口中浅层气井开展了措施增产改造技术实践，其中 4 段以上压裂井有 3 口。本文以 A 井(4 段压裂)为例，简要说明措施增产改造技术实际应用情况，并对措施前后气井生产情况予以分析。

1. 措施前生产情况

A 井是汪家屯气田 2010 年一口新钻气井，储层为砂岩岩性。2010 年射孔、完井施工中共开采 3 个小层。由于储层条件差，加之钻井时储层有一定污染，2010 年底试投产过程中，压力下降快，无法正常进站生产，未投产。

2. 措施改造施工情况

为进一步提高气井产能，挖潜增效，决定对 A 井进行补孔、CO_2 泡沫压裂措施改造，补孔层位 Y1、Y2、Y3，压裂层位 B1、B2、B3、B4，应用坐压 5 封 4 喷 1 锚压裂完井一体化工艺管柱，施工参数如表 1 所示。

表 1　压裂施工统计表

施工层段	压裂用液 m^3	CO_2 液量 m^3	设计加砂量 m^3	实际加砂量 m^3	平均砂比 %	预算施工压力，MPa	最高施工压力，MPa	投球打开显示
B4	50	40	8.0	8.0	20.9	46.3	55.7	—
B3	90	100	25.0	25.0	21.6	49.1	56.5	有
B2	100	110	27.0	27.0	21.2	48.6	57.8	有
B1	50	50	10.0	10.0	21.5	48.2	51.0	有
合计	290	300	—	80	—	—	—	—

为验证该套工艺管柱封隔器工作性能，压后反循环试注清水，油管返出液，证明油管与套管连通，压裂封隔器能够及时解封，达到完井设计要求。

返排阶段,依靠 CO_2 势能,气井自身返排液体 $95m^3$,进行气举返排 5 次(反举),每次均可举通,返排率 46%。

3. 措施后气井生产数据

A 井投产后,目前日产气 $0.41 \times 10^4 m^3$,产水 $2.4m^3$,井口油压 3.60MPa,套压 5.5MPa。相对于压裂改造前,措施增产效果明显,详见图 4。

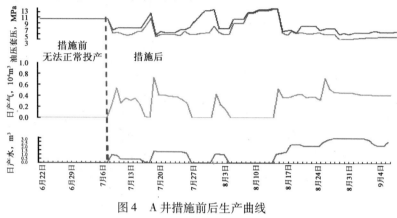

图 4　A 井措施前后生产曲线

四、压裂改造技术工艺评价与潜在问题分析

1. 工艺技术评价

2011 年上半年,通过在 4 口中浅层气井开展措施增产改造技术应用试验,大幅提升了徐深气田直井压裂工艺改造技术水平,达到了精细、高效压裂的措施改造要求,特别是在多段压裂工具工艺、高效返排技术、压裂完井优化技术方面,突破了以往技术局限,为最大程度动用、开发储层能量提供了工艺技术可行性。下面将从三方面对中浅层气井措施增产改造技术进行评价分析,相对往年施工参数对比如表 2 所示。

表 2　中浅层气井措施增产改造技术参数对比表

时　间	不动管柱压裂井段数 段/口	不动管柱最多改造小层数 层/口	加砂量 m^3/口	入井液返排率 %	施工压力 MPa	压裂施工周期 天/口	压井液用量 m^3/口
往年	2	5	30~60	20	25~35	26	160
2011	5	15	45~80	48	40~57	20	130

1)不动管柱多层分段压裂技术

以往气井直井压裂中,由于压裂工具工艺限制,只能一次实现 1~2 段不动管柱压裂,其他层位不能得到一次性改造,需再次压井、起下压裂管柱进行二次压裂,压裂效果受到很大影响。2011 年开展了不动管柱多层分段压裂工艺实践,最多实现了 1 趟管柱 4 级投球 5 段压裂,共在 4 口中浅层气井开展应用,压裂改造小层 33 层,压裂层段 14 段,平均每段加砂量 $17m^3$,投球滑套打开显示率 81%。从工艺技术应用角度分析,不动管柱多层分段压裂技术能够满足承压 60.0MPa、耐温 100℃、5 级精细压裂,较好地适应低渗透中浅层气井措施改造要求。

2)入井液返排技术

入井液返排率低一直是影响措施井改造效果的一道难题。对于产气量低、储层物性差的中浅层气井,高效的返排率是措施效果的一项重要屏障。以往不论是大修井还是措施改造井,气井返排率平均 20% ~ 30%,大量入井液不能被及时携带出井筒,污染储层,影响措施效果。针对该问题,2011 年在中浅层气井采取 CO_2 泡沫压裂技术。返排阶段,汽化的 CO_2 泡沫体积迅速膨胀,降低了液体的界面张力,增加了压裂液的返排能力;与此同时,依靠 CO_2 增能作用,减缓了地层压力的降落,有利于低渗透储层的改造。通过 4 口井实践应用 CO_2 压裂技术,返排率最高达到 53.4%,平均返排率 48.9%,实现了中浅层措施井高效返排的目的。

3)施工周期缩短

作业施工周期是评价施工效率的一项重要指标。施工周期长短对减少储层伤害、尽早恢复气井生产、节约作业成本有着重要作用。2011 年措施改造过程中,大胆实践应用 2⅞in 压裂完井一体化工艺管柱,相比以往措施作业,减少了一道压井工序,缩减了一趟起下管柱工序,为气井及时连续返排提供了时间保证。2011 年上半年 4 口措施井平均每口井施工作业时间 20 天,相比于往年作业施工,单井平均减少 3 ~ 7 天施工时间,为完成全年措施工作量提供了有力保。

2. 潜在问题分析

施工压力高。由于采用 2⅞in 压裂完井一体化管柱,不可避免地增加压裂摩阻;CO_2 泡沫压裂液的黏性使得压裂施工中管壁产生附加摩阻;此外,中浅层气井开采多年,存在近井污染问题,从而增加了施工压力。这些因素最终表现为地面高泵压,施工难度增大。2011 年中浅层气井选用的地面、井下压裂设备承压极限为 70.0MPa,考虑到施工安全性,均以地面 60.0MPa 为施工压力上限。在 4 口气井施工过程中,最高施工压力达到了 57.0MPa。因此,在今后中浅层气井压裂施工中,可先对压裂目的层进行酸化处理,解除近井储层污染;另外,施工人员可根据现场实际施工压力灵活调整 CO_2 注入排量,降低施工风险。

五、结论与建议

1. 阶段性结论

2011 年通过在中浅层气井开展措施增产改造技术实践,证明不动管柱多级 CO_2 压裂完井一体化工艺在中浅层气井应用是成功的,工艺成功率达到 100%,能够实现 5 段精细压裂、压后高效返排的工艺要求,整体提升了徐深气田压裂措施工艺技术水平,为今后气井增产挖效提供了技术储备与支持。

2. 建议

不动管柱多级 CO_2 压裂完井一体化工艺能够适应低渗透中浅层气井措施改造。在今后施工中,建议应先进行储层段酸处理(包括新钻完井),降低摩阻,再进行压裂施工。

参 考 文 献

[1] 杨胜来,邱吉平,何建军,等. CO_2 泡沫压裂液的流变性及井筒摩阻计算方法研究[J].内蒙古石油化工,2007,17(5):3-6.

二氧化碳气井低压生产可行性探讨

张 巍

摘 要：本文以大庆1井和吉林1井为例，通过分析二氧化碳水合物形成机理、过程，结合井筒流动相态及气井实际生产数据，探讨二氧化碳气井井筒降压生产的可行性，指导大庆油田二氧化碳气井开采。

关键词：二氧化碳 相平衡 节流 相态

一、引言

井筒冻堵降压是二氧化碳气井开采过程中经常遇到的问题，现在广泛采用的解堵方式一是井口加热传导分解水合物，二是加水合物抑制剂（如甲醇）分解水合物，再辅助放空的方式疏通井筒，恢复气井原来压力。这两种方法都各有局限性，在配产量不高的情况下，一味使二氧化碳气井保持在较高的压力下生产，势必要频繁地采取上述方法之一，增加了时间成本或经济投入。

二、影响二氧化碳水合物生成因素

1. 水合物结构

二氧化碳水合物是在一定的压力和温度条件下，二氧化碳、水及烃类气体构成的结晶状复合物。从外表看，水合物类似致密的雪或松散的蜂窝状的冰。

二氧化碳水合物有两种结构类型：第一种结构，42个水分子组成2个内径为0.52nm的小孔穴和6个内径为0.59nm的大孔穴；第二种结构，136个水分子形成8个内径为0.69nm的大孔穴和16个内径为0.48nm的小孔穴。大多数水合物都是第二种晶格结构，二氧化碳、甲烷分子都能在大小孔穴中填充，但因为二氧化碳分子比甲烷分子小，所以更易填充，从而导致二氧化碳气井水合物冻堵更易发生。

2. 水合物生成实验

水合物的生成需要一定的热力条件，即需要达到一定的温度和压力。生成水合物的温度称为水合物的生成温度。节流降压容易生成水合物，因为气体如遇剧烈的减压节流，体积会迅速膨胀，自身的温度会急剧下降，当温度低于水合物生成温度时，水合物晶核就会形成、成长，逐渐形成致密的二氧化碳水合物。

混合气体在组分不同时，水合物生成压力、温度也会有所差别。通过 CO_2 与 CH_4 混合气体水合物相平衡研究实验来分析水合物形成过程，实验一测量水合物生成平衡压力、平衡温度。

实验采用3种不同比例的气体样本，采用恒温压力搜索法进行，一定温度下当水合物形成后并能维持 3 ~4h 不溶解,然后降低压力到水合物刚刚溶解时的压力,即是这一温度下水合物的相平衡压力。实验表明,甲烷的含量越高,相平衡压力越高,即甲烷越多,越不容易生成水合物;当二氧化碳含量接近84%时,相平衡线与纯二氧化水合物平衡线很接近(表1、图1、图2)。

表1　二氧化碳实验气样组成　　　　　　　　　　　　　　　　%

体　系	CO$_2$	CH$_4$
1	93.9	6.1
2	90.0	10.0
3	84.2	15.8

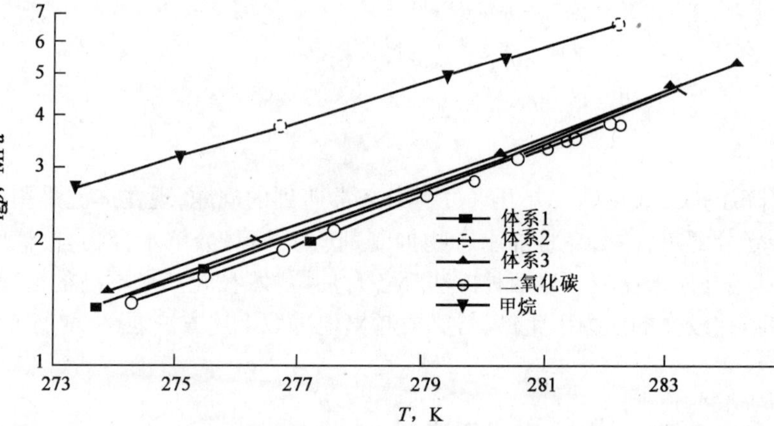

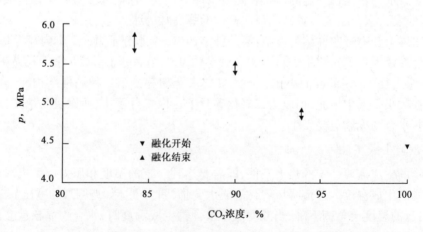

图1　二氧化碳混合气体水合物平衡条件

实验二测量水合物分解过程中二氧化碳相态变化及水合物分解开始和分解结束时的压力、温度变化。

图2　二氧化碳混合气体水合物分解开始、分解结束时的压力、温度

实验表明,水合物溶解过程中二氧化碳先液化再汽化,且随着甲烷含量增加,溶解开始与溶解结束时的压差、温差也在增大,压力变化量大于温度变化量。这说明在混合气体水合物的生成过程中,液态二氧化碳更易形成水合物,压力的影响力大于温度的影响力。

三、气体节流特征

1. 气井节流特征

气体通过流通截面突然缩小的孔道时,由于局部阻力较大,会出现压力降低、比容增大、温度降低的现象。

当 $0 \leq \dfrac{p_2}{p_1} \leq 1$ 时,为亚速流动,称为亚临界状态,出口流速和流量随 $\dfrac{p_2}{p_1}$ 的增大而减小。

当 $\dfrac{p_r}{p_1} \leq \dfrac{p_2}{p_1} \leq 1$ 时,为声速流动,称为临界状态,出口流速达到声速,流量达到最大值,出口压力 p_2 等于临界压力 p_r。

对实际气体节流后温度的变化有三种情况:(1)节流后温度降低;(2)节流后温度不变;(3)节流后温度升高。实验表明,当压力低于 40MPa 时,节流后温度降低;当压力高于 60MPa时,节流后温度升高;节流前压力越大,节流相同压差后温度下降幅度越小。

2. 地面节流和井筒降压的区别

二氧化碳气井开采地面工艺往往不需要很高的压力,所以对井口来气还要通过一次节流、二次节流来降压以达到地面工艺要求,地面节流一般采用节流阀。这种节流方式往往不能一次降压太多,如果下游压力太低,气体会因膨胀降温过低,在上游为液相情况下,这种剧烈的降温会促使二氧化碳水合物快速生成。

井筒降压,即通过井筒中已经生成的部分水合物,长距离、缓慢地降低气体出井压力,同时还能实现气体相态的改变,温度下降幅度也较小。通过上面的分析已知,二氧化碳井筒节流降压有其特殊性,在适当的节流压力下,一是可以改变气体的相态,使其变成不易生成水合物的相态;二是在高压下缓慢节流,温度下降量小,控制凝析水含量,且一定压力范围内气井产量不会有影响,还能提高井筒内气体的流速,提高气流的携液量。

四、实例分析

1. 相态分析

根据最近的一次流压测试数据(表2、表3)分析井筒中流体相态。

表 2　大庆 1 井流压、流温测试表

序　号	深度,m	压力,MPa	温度,℃	序　号	深度,m	压力,MPa	温度,℃
1	2.5	12.399	6.560	8	1500	22.560	75.980
2	100	13.173	17.140	9	1800	24.324	90.130
3	200	13.908	19.960	10	2100	26.025	100.990
4	300	14.646	23.060	11	2400	27.699	110.860
5	400	15.365	26.460	12	2700	29.264	120.090
6	700	17.437	37.480	13	3000	30.823	128.840
7	1000	19.459	52.340	14	3544	33.668	140.980

表3　吉林1井流压、流温测试表

序　号	深度，m	压力，MPa	温度，℃	序　号	深度，m	压力，MPa	温度，℃
1	2	4.745	21.521	8	1700	16.760	83.750
2	100	5.876	29.764	9	1900	17.124	94.536
3	200	6.032	32.347	10	2000	18.867	111.465
4	300	6.367	35.862	11	2400	19.367	123.825
5	500	6.921	38.741	12	2900	20.374	128.457
6	800	11.326	43.347	13	3800	21.153	132.345
7	1400	14.643	64.551	14	4200	22.231	147.445

将测试数据点标绘到二氧化碳相态图上就能直观看到两井中流体相态（图3）。

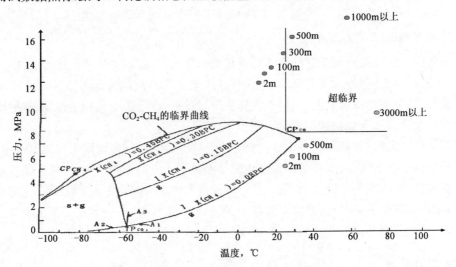

图3　大庆1井、吉林1井井筒内流体相态变化

BPC 表示混合样品，CP 表示临界压力，TP 表示临界温度，S 表示固态，l 表示液态，g 表示气态，X 为组分百分比

大庆1井从井底到井口500 m段混合气流在临界温度、临界压力以上，属于超临界状态；500 m到井口段在液相区，呈液体状态。

吉林1井从井底到井口500 m段混合气流在临界温度、临界压力以上，属于超临界状态；500 m到井口段在气相区，呈气体状态。

2.油压变化对比

通过比较大庆1井与吉林1井井筒相态和压力变化（图4），可以看出大庆1井在较高生产压力情况下，压力波动范围明显较大，平稳生产3～4天压力波动在1～6MPa之间；而吉林1井在5MPa左右生产压力下，压力波动很小，一般在0.1～0.3MPa之间，这种压力下维持生产时间很长。

从两口井的基础数据（表4）来看，吉林1井在低压力下生产，井口温度较高，日采气量也较大。通过以上分析比较，降压生产具有一定的可行性。

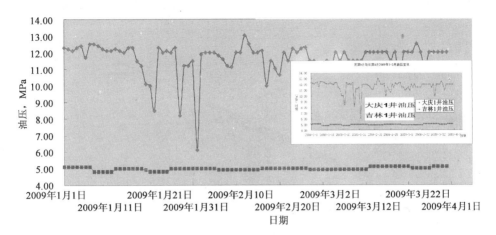

图4 大庆1井、吉林1井2009年1~3月油压变化

表4 大庆1井、吉林1井基础数据

井 号	气层中深 m	油管直径 mm	二氧化碳含量 %	井口温度 ℃	甲烷含量 %	平均日产量 $10^4 m^3$
大庆1井	3617	88.9	95	12	2.5	0.7
吉林1井	4200	73	94	21	2.8	2.5

3. 井筒降压大小控制

不同气井压力梯度、温度梯度变化不同。如果降压段压力、温度正好处在水合物生成相平衡点上,这段水合物的生成和分解就处于动态平衡中,这无疑就是最好的自然降压段。这样井口压力最稳定,稳定生产时间也就最长。

例如大庆1井,对生成水合物的具体位置无法获知,但是知道水合物易生成井段是0~500m,同时大庆1井地层不处于产水期,含凝析水较少(图5、图6)。

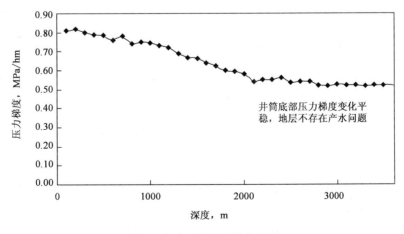

图5 大庆1井压力梯度曲线

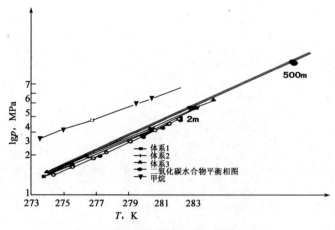

图6　大庆1井0~500m段平衡压力

分析大庆1井易生成水合物井段平衡压力：

通过比较二氧化碳水合物平衡相图,井口位置水合物平衡压力4.5MPa,井筒500m处水合物平衡压力8.5MPa,所以对大庆1井可以控制井口压力在平均压力6.5MPa附近,寻找平稳压力值。

下面计算降压后流速变化：大庆1井日产气$1 \times 10^4 m^3$,井口温度12℃,油管内径76mm,降压段面积减少四分之一。

降压前：

$$v = 4 \times 10^{-5} \frac{ZTq_{sc}}{Ap} = 4 \times 10^{-5} \times \frac{0.7 \times 285 \times 1}{3.14 \times 0.038^2 \times 12} = 0.15 (\text{m/s})$$

降压后：

$$v = 4 \times 10^{-5} \frac{ZTq_{sc}}{Ap} = 4 \times 10^{-5} \times \frac{0.7 \times 285 \times 1}{3.14 \times 0.038^2 \times 0.75 \times 6.5} = 0.36 (\text{m/s})$$

式中　v——气井实际流速,m/s；

　　　q_{sc}——气井日产气量,$10^4 m^3/d$；

　　　A——油管截面积,m^2；

　　　p——流压,MPa；

　　　T——气流温度,K；

　　　Z——流压及温度下的气体压缩系数。

降压后流速是降压前流速的2.4倍。

五、结论

(1)在含水量一定的情况下,二氧化碳水合物生成和分解与温度、压力有关,且随着甲烷含量增加,水合物生成所需平衡压力增大,即混合气中甲烷含量越高,越不容易生成水合物。

(2)二氧化碳水合物生成过程中二氧化碳先液化,再与甲烷、水作用生成水合物,且甲烷含量越高,水合物分解开始和分解结束时压力差越大,所以液态二氧化碳比气态二氧化碳更易形成水合物。

（3）节流后的气体在接近临界压力附近流速最快,节流前压力越高,节流相同压差温度降幅越小。

（4）井筒降压可以通过井下节流装置或生成的部分水合物实现井筒内压力降落。井筒内降压一是降压后温度降幅较小;二是可以使二氧化碳气相增多,水合物生成难度增加;三是可以提高气体流速,弥补节流造成的部分能量损失,提高气体携液能力。

（5）能低压生产二氧化碳的气井特点:一是含游离水和饱和水要较少;二是易冻堵井段要较浅,如果易冻堵位置太深,降压后可能会使凝析水增多,冻堵概率增大。降压后井口压力控制,可以在易冻堵井段水合物平衡压力附近摸索。

参 考 文 献

[1] 高智慧,杨红伟.二氧化碳水合物形成原因分析[J].低温与特气,2006,24(6):36-37.

[2] 韩宏伟,张金功,张建锋.济阳坳陷二氧化碳气藏地下相态特征研究[J].西北大学学报:自然科学版,2010,40(3):493-496.

[3] 江承明,阳涛,郭开华.CO_2 – CH_4 混合气体水合物相平衡实验研究[J].石油与天然气化工,2010,39(5):371-373.

某井关井压力异常原因分析

何云俊

摘 要:某井自2007年压裂后产能增大,生产更加稳定,井底和井口压力都明显提高,在生产期间短时间关井出现压力恢复不明显现象。另外,该井自2010年5月底以来由于站内改造,一直处于关井状态,压力恢复曲线也出现过几次异常变化。针对该井关井后的各种异常压力变化,从地层渗流条件的变化、温度变化等方面深入分析,使异常压力变化现象得到合理解释。

关键词:关井 压力 异常

一、某井概况

1.地质概况

某井为二氧化碳气井,二氧化碳含量达到90%。构造位置位于某盆地北部深层构造单元某断陷西北斜坡带上,地质基础数据见表1。

表1 某井地质基础数据表

开 钻 日 期	1996年2月26日	完 钻 日 期	1996年7月11日
完井日期	1996年7月26日	完钻井深,m	3901
人工井底,m	3874	气层中部深度,m	3617
开采层位	K_1yc135	原始地层压力,MPa	38.84
目前地层压力,MPa	35.38	总压差,MPa	−3.46

2.生产概况

2002年10月19日投产,2007年8～10月份进行了压裂,压后生产较平稳。截止到2011年12月底,采出井控储量的3.8%。

二、异常现象及问题的提出

1.关井井口最高压力和井底静压比压裂前有大幅度提升现象

从某井历年月选值压力和产量曲线上看出,2007年压裂前最高油压12.9MPa,近期关井的最高油压15.4MPa,前后压差约2.5MPa。经对比压裂前后测试静压值,发现测试井底静压压裂后数值也比压裂前将近高出3MPa(表2)。

疑问1:压裂本身不能为地产增加能量,为何压裂后能提升井底压力,而且井底压力随着生产还有增大的趋势?

表2　某井历年静压测试数据表

监测类型	测试日期	气层中部深度,m	折算气层中部压力,MPa	备注
静压	2002年10月17日	3669.8	33.91	
静压	2004年8月14日	3669.8	32.48	
静压	2004年8月16日	3669.8	32.48	
静压	2004年11月24日	3669.8	32.38	压裂前最后一次静压
静压	2008年7月19日	3617	34.9	压裂后第一次静压
静压	2010年8月16日	3617	34.37	报告解释3540m以下有液面
静压	2011年7月18日	3617	35.38	按密度推算3380m以下有液面

2. 某井关井后压力恢复出现滞后,短时间关井无明显压力回升现象

从某井2010年的生产曲线上看出,2、3月份生产时有几次关井,关井时间短,关井后压力没有明显回升;4月份关井11天,最后几天可见压力有所回升;6月份以后长期关井,从第8天后压力开始大幅上升,如图2所示。

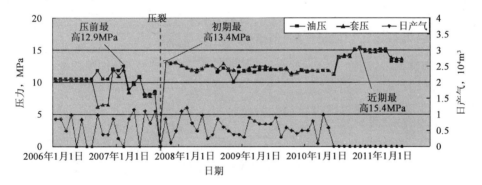

图2　某井2006—2011年月生产数据曲线

疑问2:为何二氧化碳气井关井压力恢复会出现延迟?

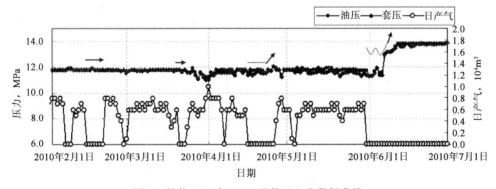

图2　某井2010年2—7月份日生产数据曲线

三、压力异常原因分析

1. 某井压裂后地层压力上升原因分析

1)压裂前后存在较大压力差异的原因分析

渗流启动压差理论目前逐渐被重视和广泛深入研究,本文对压裂前后压力上升原因的分

析和解释也基于该理论。下面简单介绍下启动压差理论。

2)渗流启动压差定义

渗流启动压差指在油气藏中启动多相流体开始渗流所需要的最小生产压差,通常又称为启动压力。根据渗流启动压差原理,油气藏的地下渗流都存在启动压差,且低渗透油气藏尤其明显,某井就属于低渗透气藏。

3)启动压力组成与影响因素

从力学角度分析,启动压力是克服润湿相流体与岩石间黏滞力和岩石孔隙毛管压力,产生渗流所需的最小作用力,因此有:启动压力=黏滞力+孔隙毛管力。

黏滞力又叫黏性剪切力,对于牛顿流体,在未流动时,黏滞力为0,但是对于非牛顿塑性流体,在受到外力作用时并不立即开始流动,只有外力达到一定程度才开始流动。流体所需的最小切应力被称为屈服值。因此对于地层中流体是非牛顿流体情况,启动压力就必须考虑这种特殊黏滞力,即屈服剪切力。它的大小与流体黏度性质和润湿比表面积有关。

孔隙毛管压力公式为:

$$p_c = \frac{2\sigma\cos\theta}{r} \tag{1}$$

式中 p_c——毛管压力;

σ——界面张力;

θ——界面倾角;

r——毛管半径。

根据公式得知,毛管压力大小与界面张力、界面倾角的余弦成正比,与毛管半径(岩石喉道半径)成反比。因此,气水两相流的启动压力大小由储层岩石结构、岩石物性、气水物理性质、含水饱和度等因素决定,在开发过程中启动压力也会发生变化。

4)应用启动压力理论解释压力上升原理

由于地层流体渗流过程也是压力传导过程,当地层压力与井底压力的差值即生产压差小于启动压差时,地层两相流不会流动,意味着地层不再向井底传导压力。由此得出了井底压力与地层压力之间的关系公式:

$$地层压力=地层启动压力+井底静压 \tag{2}$$

实际储层具有一定的非均质性,通常将具有相近渗流特征的储集单元称为流动单元。一般地层是由多个具有不同流动特征的流动单元组成的,不同流动单元具有不同的启动压差:

$$各流动单元区域压力=各流动单元启动压力+井底静压 \tag{3}$$

由上面公式得知,井底静压并不能代表地层压力,而且地层压力也不是均衡相等的。通常裂缝—孔隙型储层理想情况可以简化成为裂缝流动单元、高渗孔隙流动单元和低渗孔隙单元的有序组合,如图3所示,而实际上较为复杂,各个单元之间存在交叉重叠,无明显边界。渗流条件越好的流动单元启动压差越小。在开采之前,各单元区域地层压力是均衡相等的,开采过程中,渗流好的流动单元储量被优先动用,因此会逐渐出现区域性的压力差异,渗流最差的单元保留着最原始的地层压力。

某井经过一段时间生产,由内到外已经形成了由低到高的压力差异分布。该井压裂后裂缝流动单元的区域向外扩张,如图4所示,高渗孔隙甚至低渗孔隙单元的部分区域被吞并,由此裂缝单元得到能量补充,压力上升。井底压力与裂缝单元压力紧密相关,因此井底压力出现大幅上升,并且随着不断开采,井底压裂液污染逐渐消除,裂缝单元的启动压差会进一步减小,井底压力还有上升的趋势。

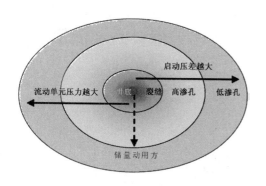 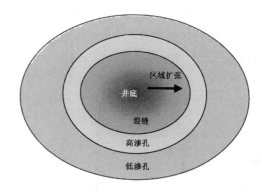

图3　裂缝孔隙型储层流动单元划分示意图　　　图4　某井压裂后流动单元变化示意图

2.二氧化碳气井关井压力恢复滞后的原因分析

某井在生产过程中未见产水,因此不存在井筒气液分离回落井底使井口压力下降的因素。那么排除产水因素的影响,导致关井压力恢复滞后的原因很可能是受温度变化影响。

由于二氧化碳的物理特性是温度越低密度越高,密度变化差异大。二氧化碳气井在关井初期,一方面井筒流体温度会快速下降,甚至出现相态的变化,部分超临界转变成液态二氧化碳,流体密度增大,井口压力有下降的趋势;另一方面,气井关井后,在井底续流作用下,井底压力逐渐恢复,井口压力也有上升的趋势。以上两种因素的作用效果相反,所以关井初期的前几天成为压力恢复的不稳定期,此阶段井口压力总体持平,有起伏波动。不稳定期会持续一段时间,所以短时间关井压力没有明显变化,长期关井才可见井口有明显压力恢复。

四、结论

(1)根据渗流启动压差理论推导出:地层压力 = 地层启动压力 + 井底静压。

(2)具有一定生产史的气井压裂后,地层低渗高压区与高渗低压区部分连通,启动压差降低,高渗区得到了低渗高压区的能量补充,井底和井口压力有一定程度的上升。

(3)二氧化碳气井关井初期受井筒温度降低影响,井口处于压力恢复不稳定期,短时间关井没有明显的压力回升,长时间关井表现出压力恢复滞后。

参 考 文 献

何更生. 油层物理[M]. 北京:石油工业出版社,1994:192 - 193.

某区块 CO_2 驱油试验区气窜问题分析与调整措施

班铁兵

摘 要:某 CO_2 驱油试验区随着采油井投产时间的增加,部分油井出现见气现象。油井见气后,如果不采取有效的调整措施,会使情况进一步恶化,最终导致油井气窜。油井气窜后,气油比、套压大幅度上升(最高达 14.5MPa),存碳率大幅度下降。而且油井一旦气窜,如果不放空,会造成气锁、堵环、密封憋刺等,影响油井正常生产和外输且作业安全风险大;如果放空,喷出二氧化碳汽带有原油和轻质油,造成井场附近农田污染及资源浪费。本文主要针对大庆油田某区块在注 CO_2 驱油过程中面临的 CO_2 过早突破发生气窜的原因、影响等问题进行分析,结合试验区情况提出相应的解决措施,对今后的生产和调整具有一定的参考意义。

关键词:CO_2 驱油 气窜 调剖

一、某区块注 CO_2 驱油试验区概况

2003 年初,某区块开展了一注四采拟五点法 CO_2 驱油先导性试验,并于 2007 年开展了扩大试验。某区块处于宋芳屯、模范屯两个鼻状构造间的鞍部,是一个北、东和西三面断层封闭、中间断层不发育的地垒断块,开发油层为扶余油层,其主力油层组为扶一组。试验区总含油面积 $4.02km^2$,地质储量 125.35×10^4t,见图1。目前试验区所辖注气站一个,采油井 30口,井距与排距分别采用 $400m \times 250m$、$300m \times 150m$、$300m \times 100m$,五点法注采方式,总井数 45 口。其中注气井 14 口,1 口水气交替注入井,试验区内注气井采取提前投注的方式。目前试验区已经形成了一套稳定的 CO_2 注入系统,截止到 2010 年 7 月初已累积注入 $CO_2 13.24 \times 10^4t$,日产油量 9. 8t,累积产油 1.68×10^4t。

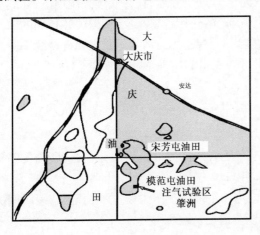

图1 某试验区地理位置图

二、气窜现象及影响

1.气窜现象

(1)气窜前,油井正常生产时的套压小于 0.5MPa,套管中不含 CO_2 气体组分;气窜后,最高套压达到 14.5 MPa,且经测定井 7、井 15 套管中 CO_2 气体组分分别为 99.8% 和 98.9%,见表1。

表1　列举部分气窜井气窜前后对比情况

井　号	气窜前		气窜后	
	套压,MPa	套管气 CO₂ 组分 %	套压,MPa	套管气 CO₂ 组分 %
井 7	0.5	0	14.5	99.8
井 15	0.45	0	6.0	98.9

（2）气窜前,气油比低,存碳率高;气窜后,气油比上升和存碳率下降较快,见图2、图3。

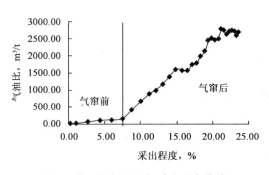

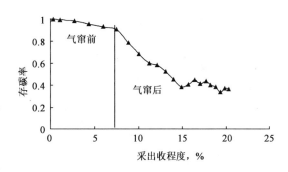

图2　某区块气油比与采出程度曲线　　　　图3　某区块存碳率与采出程度曲线

（3）气窜后,出气量小的油井采用套管放气生产,单井日产量大幅度下降,芳48井下降幅度最高达0.8t;出气量大的油井无法开井生产,需要作业,见表2和图4。

表2　气窜井情况表

序号	井号	气窜日期	气窜前产量 t/d	气窜后产量 t/d	目前套压 MPa	开关井情况	备　注
1	井 1	2005 年 1 月 23 日	0.8	0.4	0	开	2010 年 3 月 15 日套管放气生产
2	井 2	2005 年 8 月 22 日	0.9	0.4	0	开	2010 年 3 月 22 日套管放气生产
3	井 3	2005 年 9 月 8 日	1.3	0.5	0	开	2010 年 4 月 6 日套管放气生产
4	井 4	2009 年 8 月 23 日	0.4	0.3	0	开	2010 年 5 月 2 日套管放气生产
5	井 5	2009 年 7 月 5 日	0.20	0.19	0	开	2010 年 5 月 13 日套管放气生产
6	井 6	2009 年 8 月 5 日	2.4	1.6	0	开	2010 年 6 月 3 日套管放气生产
7	井 7	2009 年 3 月 19 日	0	0	14.5	关	未下泵
8	井 8	2005 年 3 月 15 日	1.1	0.4	3.1	关	间抽
9	井 9	2009 年 7 月 11 日	0	0	0.7	关	2009 年 12 月 20 待作业
10	井 10	2009 年 7 月 14 日	0.34	0.27	2.8	关	2009 年 8 月 22 待作业
11	井 11	2009 年 7 月 11 日	0	0	2.5	关	2009 年 10 月 22 待作业
12	井 12	2009 年 7 月 8 日	0.17	0.1	3.5	关	2009 年 9 月 25 待作业
13	井 13	2009 年 10 月 10 日	0.3	0	3.5	关	2009 年 10 月 22 待作业
14	井 14	2009 年 4 月 23 日	1.4	0.93	3.2	关	2009 年 12 月 1 日气窜无法开井
15	井 15	2009 年 8 月 14 日	0	0	6.0	关	2009 年 10 月 27 日气窜无法开井
16	井 16	2005 年 3 月 2 日	1.8	0.5	6.5	关	2010 年 3 月 6 日气窜无法开井
	合计		11.2	5.59			

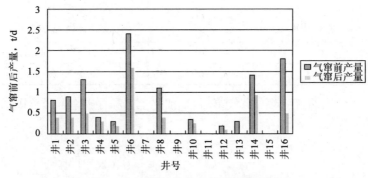

图4　气窜前后单井产量柱状对比图

2.气窜影响

随着采油井投产时间的增加,部分油井出现见气现象。油井见气后,如果不采取有效的调整措施会使情况进一步恶化,最终导致油井气窜。油井气窜后会产生以下严重影响。

1)油藏开发

气窜后,平面上油井受效不平衡,使注入气沿高渗透部位不均匀推进,在纵向上形成单层突进,在横向上形成舌进,从而使低渗透部位不能发挥作用,导致气驱波及系数低,降低了原油的采收率。

2)地面工艺

一是抽油泵里进气,出现气锁现象,抽油泵无法正常工作。

二是生产过程中需要从套管放气,喷出二氧化碳气体带有原油和轻质油,造成井场附近农田污染。

三是油井压力升高,如果不放空,二氧化碳带油将会从盘根等低压部位喷出,存在安全隐患。

四是回油管线大量进气,造成环内压力升高,将原油压缩,原油黏度增大,流动性减小,而且CO_2气体吸收热量,致使环内温度降低,气窜后容易造成堵环事故。2009年12月、2010年1月及5月发生堵环事故。为了防止堵环事故的再次发生,2010年6月1日在每口油井井口安装加热带装置。

五是二氧化碳随着回油管线进入站内系统,造成站内系统压力升高,油井不能正常回油;三合一大量进气,不能正常有效分离气体,造成外输泵汽化,不能正常外输。如2009年8月9日5环井15出气,造成5环压力达2.2MPa(站内掺水压力1.8MPa,到达井口后约为0.3~0.4MPa),高于掺水压力,使其他环不能正常回油;三合一大量进气,气压达到0.35MPa,外输泵停止工作,对三合一进行泄压放空处理(放空阀门全部打开),外输泵进行排气处理,处理时间2.5h,恢复正常外输,若是在冬季,极易出现外输管线冻堵现象。

六是目前没有采取任何有效措施处理气窜的气体,只能从套管放入大气中,造成气源浪费。根据某区块目前情况分析,气窜井16口,需要定期从套管放气,油井才能正常生产。如图5、图6、表3所示,2009年6月20日井15套管压力为6MPa,油井不能正常生产,需要从套管泄压。油井正常生产时的压力小于0.5MPa,因此说明这是一口气窜严重井。

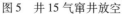
双管放空

图 5 井 15 气窜井放空

图 6 井 15 泄压前的压力

表 3 参考罐车单位时间放空量测算气窜后二氧化碳损失量

	井 15	CO₂ 罐车
泄压范围, MPa	6 ~ 3	1.8 ~ 1.5
泄压时间, h	1440	0.05
泄压管内径, mm	约 62	约 35
泄压环境	大气	大气
泄压介质状态	气态	气态
泄压介质密度	偏大	偏小
泄压介质供应情况	整个气窜层	罐车卸载液后的气相
泄压量, t	2880	0.1

以最保守的流量估算放出的气体量,即 2 个月 × 30 天 × 24 小时 × 2t = 2880t,如果在气窜严重井口接上管线,直接将放出的气体回收到储罐,进行分离提纯、液化、再注入,形成一套生产—注入—采出捕集—分离提纯—液化—再注入系统,一方面可以减少 CO₂ 温室气体排放,避免放气中携带油污污染农田,另一方面可以增加创收,解决缺少液源问题。

三、气窜原因分析及措施

1. 气窜原因

1)储层非均质性较强

某实验区油层的层内、层间非均质性较强,断裂发育。某试验区扶一组非均质性统计结果见表 4,层内渗透率变异系数 0.56 ~ 0.84,级差 8.56 ~ 28.9,突进系数 2.4 ~ 3.55,层内非均质性较强;扶 I 组渗透率级差 52.82,渗透率突进系数 4.69,层间非均质性较强。

表 4 某试验区扶 I 组油层层内非均质性统计表

层 号	变异系数	级 差	突进系数
FI4 - 1	0.81	25.08	3.17
FI6 - 1	0.56	8.56	2.40
FI7 - 1	0.59	23.24	3.55
FI7 - 2	0.84	28.90	3.47
FI 组	0.81	52.82	4.69

2)驱替介质黏度低、流度高

CO_2 与原油相比,黏度低,流度高,导致体积波及系数低,且存在重力分异作用。在 CO_2 驱替过程中,黏性指进现象、舌进现象较严重,CO_2 趋向流入物性好的高渗透地层或水驱后油藏中油气饱和度低的地层,加上密度差引起的重力分异,致使 CO_2 过早突破含油带,影响驱扫效率。

取井深1800m,CO_2 在井筒中平均相对密度为0.9,井口注入压力为15.8MPa,不考虑惯性力和摩阻损失,得 $p = 1800\text{m} \times 10\text{N/kg} \times 0.9 \times 1000\text{kg/m}^3 + 15.8\text{MPa} = 32\text{MPa}$,$CO_2$ 在油层中的温度取75℃,经计算 $\mu_g = 0.07453\text{mPa} \cdot \text{s}$,又根据图7知某实验区原油初始黏度为 $6.56\text{mPa} \cdot \text{s}$。随着 CO_2 注入量的增加,原油黏度不断下降,而地层压力为20.4MPa,因此当饱和压力到达地层压力附近时候为地下原油黏度的最小值为 $\mu_{omin} = 3.285\text{mPa} \cdot \text{s}$,经计算 $\mu_{omin}/\mu_g \approx 44$,所以原油黏度为 CO_2 气体的44倍,说明黏度比高。又根据流度比公式:

$$M = \lambda_g / \lambda_o = \frac{K_g / \mu_g}{K_o / \mu_o}$$

式中　M——流度比;

　　　λ_g——二氧化碳的流度,D/(Pa·s);

　　　λ_o——原油的流度,D/(Pa·s);

　　　K_g——二氧化碳渗透率,mD;

　　　K_o——原油渗透率,mD;

　　　μ_g——二氧化碳黏度,MPa·s;

　　　μ_o——原油黏度,MPa·s。

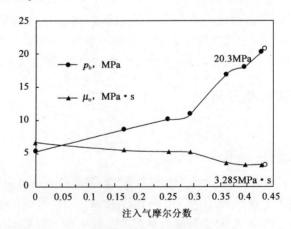

图7　注入气与饱和压力、原油黏度曲线

其中:$K_g >> \mu_g$(气体在多孔介质中存在滑脱效应),因此从流度比公式中可以看出,CO_2 气体的流度至少为原油的44倍以上。

3)驱替方式为非混相驱

通过表5试验数据分析,最小混相压力在27.0~47.0MPa之间,而目前地层压力为20.4MPa,因此,结合目前地面及地下实际情况,某区块无法达到混相条件,只能作为非混相驱试验研究。

表5 四次细管实验结果对比

单 位	时 间	地层压力 MPa	饱和压力 MPa	地层温度 ℃	MMP MPa	黏度 MPa·s	备 注
西南石油学院	2002 年	22.64	5.30	85.1	47.0	3.3	折算纯 CO₂ 为 35MPa
大庆石油学院	2003 年	20.40	5.50	83.4	29.0	6.65	
	2008 年	20.40	5.26	85.9	27.0	6.69	
中石油勘探开发研究院	2009 年	22.17	3.63	83.9	41.3	12.0	

4)干砂岩吸气

井 7 主要发育 FI61、FI62 层,有效厚度 5.1m,与井 17 干砂岩 FI61(4.6m)连通;同时,井 17FI5 层为干砂岩,与井 18FI4-5 层干砂岩(6.2m)连通。判断可能是因为 FI5 和 FI61 干砂岩吸气导致气窜。

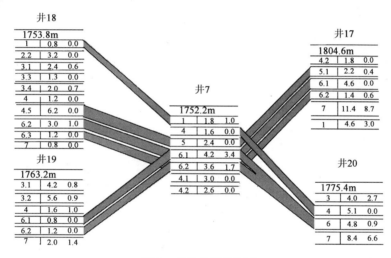

图 8 井 7 井组连通图

2.气窜井调整措施

根据储层精细地质描述和测井资料等找出气窜层位,选择适合于在油井或气井处的封堵方案,采取有效的调剖堵气技术。

1)延缓生产井见气

一是分层注气:将物性相近的油层组合在一起,用一套注气方案,减少因层间差异而导致过早气窜,但需要精细描述地质情况。

二是脉冲周期注气:通过周期性地增压、降压使注入压力扰动,使高低渗透带产生与压力扰动周期同步的含油饱和度变化。这种方法可以提高注入气在高、低渗透层中的波及效率,但操作繁琐。

2)稳定见气井生产

一是调节配注量:通过减小气窜井与之连通的注气井的注气量,可以减小气窜油井出气量,但不能从实质上解决问题,低渗透油层中原油仍无法有效驱替。

二是气水交替注入:在水平混相驱中,交替注入水段塞和溶剂,通过减小注入溶剂的流度比和提高波及效率来克服黏滞力的影响,如果溶剂和水段塞在油藏中混合,水可抑制溶剂的垂向运动,而且这种交替注入还会帮助克服重力的影响。如果注入的 CO_2 不能在地下有效汽化,与注入的水段塞混合后,会冻堵地层,对地层形成冷伤害。

三是安装泵外沉降防气装置:将油层中的气液隔离在泵外,通过重力的作用将气液分离,气体从套管中放出,液体不断地堆积直到沉降装置入口进入套筒内。这种方法适用于见气井,使用时根据实际情况调节套管出气量大小。

四是机械调剖堵气:使用井下封隔器极其配套的井下工具来卡堵采油井高产气层段或注气井高吸气段,可以减少层间干扰达到改善产液剖面和吸气剖面。传统的封隔器有一定的局限性,坐封处采用橡胶制品,经过长时间气体剥蚀,会导致橡胶老化,最终失去封隔效果。

3)控制气窜井产气

化学调剖堵气:用化学药剂的化学作用进行气井调剖和油井堵气,可以相应地提高低吸气油层的吸气量,控制高吸气油层的产出量,提高波及效率。它的特点是种类多、适应广、易操作,但突破层中的剩余油无法开采。

3. 方案优选

通过以上调整措施分析,出气量大的井优选化学调剖堵气措施,出气量小的井根据实际情况选择以上其他方法延迟气窜时间。

四、结论及认识

(1)需要建立一套完整的采油液里分离 CO_2 和套管气的回收系统,形成一套生产—注入—采出捕集—分离提纯—液化—再注入系统。

(2)在油井正常生产、见气、气窜三个阶段,采取相应的应对措施来延缓气窜时间,最大限度地提高原油采收率。

(3)油井气窜后套压高,作业安全风险大,放套管气存在安全环保问题。如果不作业,影响抽油泵泵效、回油和外输,并且容易造成堵环事故。

参 考 文 献

叶仲斌 等. 提高采收率原理[M]. 2版. 北京:石油工业出版社,2007.

××井井下封隔器密封效果浅析

宋坤鹏　樊明利　杨丽波

摘　要：井下封隔器可以在油管与套管之间形成独立的空间，有效地防止天然气上窜，保护油套环形空间。本文从气井生产特征、压力变化、水样分析、保护液高度的计算等方面论证封隔器失效，提出以后在封隔器使用过程中的注意事项，为封隔器的应用提出建议。

关键词：封隔器　保护液　密封效果

一、基本概况

××井位于××省××市升平镇××村西南 0.3km，是××盆地北部××断陷××鼻状构造上的一口开发井。该井于 2007 年 11 月 1 日投产（表1），截止到 2010 年 5 月采出井控储量的 5.99%。

表1　××井基础数据表

完钻日期	2005 年 8 月 12 日	投产时间	2007 年 11 月 1 日
完钻井深，m	3245.00	人工井底，m	3201.97
油层套管下深，m	3242.9	油层套管水泥返高，m	810.5
油管下深，m	2880	封隔器下深，m	2888
技术套管下深，m	2189.07	水泥返高	地面
表层套管下深，m	100.71	水泥返高	地面
气层中部深度，m	2913	开采层位	K_1yc
气层厚度，m	83.6	储层埋深，m	2901.4～2985.0
火山岩厚度，m	83.6	孔隙度，%	6.8
甲烷含量，%	92.91	渗透率，mD	0.2
相对密度	0.5958～0.6169		

二、封隔器密封效果浅析

2010 年 9 月 29 日至 11 月 5 日对该井作业，在井下 2890m 处下 SABL－3 型完井封隔器一个，油套环形空间加注保护液 35m³、防冻液 750kg。用封隔器坐封在油套环形空间，形成密封的独立空间，防止天然气上窜。在环形空间加注保护液及防冻液，平衡油管内外压力，有效地保护井下管柱。

1. 生产特征分析

1)生产过程中压力变化分析

该井作业后,初期日产气 6.5300×10⁴m³ 左右,产量及压力比较稳定。为尽快返排进井液,从 2011 年 1 月开始,日产气上调到 7.53×10⁴m³。2 月 3 日井筒截流放空处理,该井的套压由 18.50MPa 开始逐渐下降,19 日下降到 14.20MPa,分析井口压力表冻堵或压力表损坏。井口压力表泄压后归零,关掉放空旋塞阀后压力恢复为 14.20MPa,更换压力表后数据仍为 14.20MPa,排除压力表损坏或冻堵的疑点。之后随着产量的调整,油压、套压也随着相应地进行升降变化。5 月 4 日关井,油压、套压开始加快回升(图1)。结合本次作业井下封隔器工具,判断为封隔器密封性失效,保护液渗漏。

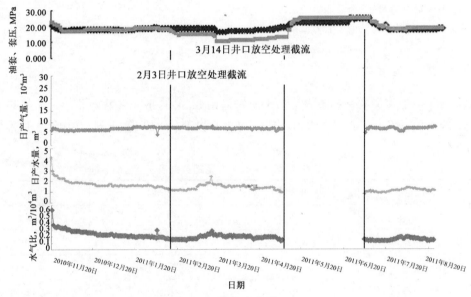

图1 ××井生产曲线

该井的压力变化可以归结为三点:

(1)套压与油压持平。该井作业后油压与套压持平,这是因为加注保护液与防冻液后,油套环形空间充满保护液,保护液在地层温度的作用下膨胀而产生膨胀压力。

(2)套压下降阶段。封隔器密封效果失效,保护液渗漏,气体未上窜到油套环形空间之前,保护液体积在有限的环形空间伸缩,压力下降。

(3)套压上升阶段。封隔器上面保护液继续渗漏,天然气上窜至油套环形空间,补充封隔器上面的压力差值,造成压力回升。

2)井口套管放空试验

为了验证封隔器密封效果,2011 年 7 月 8 日 10:35 对 ×× 井井口套管进行放空试验。放空前油压 19.90MPa,套压 20.00MPa;放空 10min 后油压 19.50MPa,套压 15.20MPa;11:00 油压恢复至 21.00MPa,套压 15.80MPa;11:10 油压为 21.20MPa,套压 16.00MPa,11:25 油压 21.40MPa,套压 16.30MPa,详见表2。

从井口套管放空和恢复的数据看,判断封隔器的密封已经失效。

表2　××井井口套管放空试验数据表

序　号	时　间	油压, MPa	套压, MPa	备　注
1	10:35	19.90	20.00	开始套管放空
2	10:45	19.50	15.20	放空10min
3	11:00	21.00	15.80	恢复时间15min
4	11:10	21.20	16.00	恢复时间25min
5	11:25	21.20	16.30	恢复时间40min

2. 气井取水样分析

如果封隔器密封失效,保护液渗漏,在气井水样里可以化验出保护液的成分,更加直观地判断封隔器的密封效果。因此,采取了水样滴定实验(图2)。

图2　水样滴定实验

试验原理:保护液的主要成分是十二烷基二甲基苄基氯化铵为季铵盐类阳离子表面活性剂,能与二氯荧光黄生成螯合物。当用四苯硼钠溶液滴定时,从螯合物里面置换出二氯荧光黄,生成嫣红色螯合物。达到终点时,过量的四苯硼钠与指示剂反应,溶液的复合物由嫣红色变成黄色。

取出水样的颜色为无色透明的液体,二氯荧光黄为淡黄色溶液,四苯硼钠溶液为无色溶液,当滴定时发现水样出现微嫣红色,用四苯硼钠溶液为无色溶液滴定时溶液变为黄色,证明水样里含有保护液成分,封隔器密封失效。

3. 保护液剩余量的理论计算

××井作业后,油套环形空间加注了35m³保护液以及750kg防冻液。加入保护液后,保护液(密度为1.0g/cm³)足以填充满封隔器上面的油套环形空间,故封隔器上方的液柱压力为:

$$p = \rho gh = 1.1 \times 9.8 \times 2880 = 28.224(\text{MPa})$$

套压数值为:$p_1 = 18.5\text{MPa}$。

封隔器上面压力为46.724MPa大于井底流压26.96MPa,故在上面压力的作用下,液柱有渗漏现象,保护液渗漏到井底。保护液与封隔器之间的缝隙在液体毛细效应的影响之下,天然气上窜受到毛细阻力的影响,天然气不足以填充保护液渗漏所增加的空间,造成套管压力值下降。保护液液面下降到一定高度后,与井底流压形成动态平衡,液面保持不变,渗漏减慢。目前油压变化轻微,与井底形成动态平衡,简单计算当前保护液的高度 h 如下:

2011年4月7号所测流压为21.05MPa,当天套压为11.00MPa。

$$p_{套} + N(2880 - h) + \rho_{液} gh = 井底流压$$

式中　N——气体的静压力梯度。

代入数值：

$$11.00MPa + 0.206 \times (2880 - h)/100 + h/100 = 21.05(MPa)$$
$$h = 644.48(m)$$

由上述计算可得，封隔器密封失效，保护液的剩余量估计为644.48m。

2011年4月29号测的流压为23.24MPa，当天套压为12.80MPa。代入数值：

$$12.80MPa + 0.206 \times (2880 - h)/100 + h/100 = 21.05(MPa)$$
$$h = 291.84(m)$$

由两次计算可得，第二次保护液的液柱高度还在下降，保护液继续漏失，因此封隔器密封不严。

4.造成封隔器密封不严保护液渗漏原因

1) 井口放空

井口放空可以造成井底流压的迅速下降，快速打破井底形成的平衡，快速流动的气流在井底加速保护液漏失。

2011年2月3日处理井筒截流，井口放空，随后，套压下降幅度增加，由于原来的18.30MPa下降至16.8MPa；

2011年3月14上午10:10日对该井调产，下午14:20井口截流，放空处理，放空气量$1.1000 \times 10^4 m^3$，放空水量$0.800 m^3$，放空后第二天井口套压由原来的13.4MPa下降至10.2MPa，印证了上述的结论。

2) 生产制度过大

××井作业之前，日产气量在$6.6 \times 10^4 m^3$左右，日产水$0.91 m^3$，井口温度25℃；作业后日产气量为$7.6 \times 10^4 m^3$，日产水$1.56 m^3$，井口温度为30℃（图3）。过大的生产制度造成井底流压下降，封隔器上下压力差增大，增大保护液渗漏的可能性。再者，生产制度偏大，井底天然气流速加快，天然气对井底封隔器底部的扰动加强，容易降低封隔器微小缝隙的毛细效应，打破封隔器上下的动态平衡，引起保护液漏失。

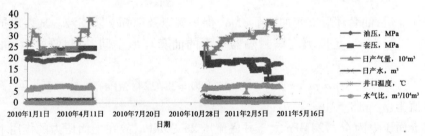

图3

三、认识及结论

(1)减少井口放空。井口放空使井底管柱产生振动，同时井底压力波动大，影响封隔器的密封效果，容易造成保护液漏失。

(2)井下有封隔器工具的井要严格控制气井的生产制度。生产制度不宜过分大。生产制度过大，井底流压下降快，封隔器上下压差增大，影响封隔器的密封性。

参 考 文 献

［1］黄炳光,等.气藏工程分析方法［M］.北京:石油工业出版社,2004.
［2］郭宏岩,王清玉.大庆油田庆深气田优秀科技论文集［M］.北京:石油工业出版社,2010.

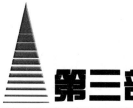

第三部分

地面工程

徐深气田地面防冻技术

李春阳　王　磊

摘　要:2006 年以来,徐深气田加快了试采开发步伐,针对大庆地区高寒的气候特点,推广了高压电伴热集气、甲醇加注防冻等工艺技术,经过五年来的生产运行和不断优化,适应了地区高寒环境,满足了试采开发需要。本文通过分析电伴热等工艺的适应性,探索下一步优化思路,为开展标准化设计提供借鉴。

关键词:高寒地区　防冻工艺　标准化设计

一、徐深气田特点

1.气候特点

徐深气田地处高纬度地区,属大陆性季风气候,冬季在极地大陆性气团控制下,气候寒冷而干燥,且冬季较长,严寒酷冷。根据近年该地区气象统计,极端最低气温为 −36.2℃,日平均温度低于或等于5℃,天数为 203d/a,平均积雪天数为 177d,土壤最大冻结深度为 2.2m,年采暖天数为 180d。

2.气田特点

采气分公司投入区块跨度较大,气井分布相对分散,具有压力、温度、产量变化不均衡,产水量大等特点。

3.地面工艺特点

针对徐深气田特点,在借鉴国内其他气田地面工艺技术的基础上,形成了一套适合徐深气田的地面工艺技术:多井高压集气、集中换热、多井合并分离、单井轮换计量、集气站脱水工艺。针对大庆高寒气候特点,发展和应用了电伴热、注醇防冻工艺技术,满足了高寒气田天然气集输需要。

二、徐深气田地面防冻工艺适应性分析

1.伴热工艺成本分析

目前徐深气田站外采气管道均采用伴热集气方式,其中采用电热带伴热的管道占88%,热水伴热的管道占12%。

1)采气管道伴热工艺建设成本分析

热水伴热工艺建设内容分为伴热基础设施和伴热管道两部分,伴热管道建设投资为9.22万元/km;电热带伴热工艺建设主要为电热带及附属设施,建设投资为 22.68 万元/km。以采气管道为 l 为例,两种伴热方式主要建设投资见表1。

表1 伴热工艺建设投资对照表

伴热方式	建设内容		建设投资,万元	总投资,万元
热水伴热	基础设施	加热炉	46.55	89.44 + 18.44*l*
		机泵	7.92	
		泵房及设备基础	20.85	
		水伴热工艺	8.76	
		缓冲罐及平台	5.63	
	伴热管道		9.22 × 2*l*	
电热带伴热	电热带及附属设施		22.68*l*	22.68*l*

假设两种伴热方式建设投资相等,得到下式:

$$89.44 + 18.44 \times l = 22.68 \times l \tag{1}$$

则管道长度 *l* 为21km。

由此可知,当集气站采气管道总长度小于21km时,电热带伴热工艺建设投资较低。

目前徐深气田除集气站1外,其他26座集气站采气管道长度均小于14.9km,采用电伴热工艺建设投资较低。

2)采气管道伴热工艺运行成本分析

以升深A井为例,该井采气管道长度为1.08km,水合物形成温度约为23℃,管道自然温降为6℃,对伴热运行成本进行分析,见表2。

表2 升深A井冬季生产参数

井口压力 MPa	井口温度 ℃	日产气量 10^4 m³	进站温度 ℃	天然气密度 kg/m³	天然气比热容 kJ/(kg·K)
21.2	24	7.9	25	0.7758	2.227

天然气进站温度补偿为7℃,该井日产天然气需要热能为:

$$W = c_p \times \rho V \times \Delta t = 955.42 \times 10^6 (\text{J})$$

式中　W——伴热能量,J;

　　　c_p——天然气比热容,kJ/(kg·K);

　　　ρ——天然气密度,0.7758;

　　　V——天然气体积,m³;

　　　Δt——天然气补偿温度,℃。

采用电热带伴热,通过计算需要耗电265.40kW·h,折合电费155.26元/d。

采用热水伴热,设加热炉及水泵效率为80%,热水管道规格为φ38mm×4.5mm,天然气热值为 $q = 39565$ kJ/m³,计算得出日耗气量为:

$$V_{\text{气}} = W/q/0.8 = 30.19 (\text{m}^3)$$

式中　$V_{\text{气}}$——日耗气量,m³;

　　　W——伴热能量,J;

　　　q——天然气热值,kJ/m³。

日耗气量 30.19m³,折合人民币 45.29 元。

通过能量计算,热水伴热水泵功率为 6.6kW,水泵日耗电能为:

$$W_泵 = P_泵 \times t/0.8 = 198(kW \cdot h)$$

式中　$W_泵$——日耗电能,kW·h;

　　　$P_泵$——功率,kW;

　　　t——泵运时间,h。

水泵日耗电能 198kW·h,折合电费 115.83 元/d,水伴热运行成本为 45.29 + 115.83 = 161.12 元/d。

通过理论计算,采用电热带伴热工艺运行成本较低。

2. 伴热工艺适应性分析

1)热水伴热工艺

热水伴热工艺伴热效果良好,但在生产过程中存在以下问题:

一是热水伴热无法根据单井参数及生产情况控制伴热温度,存在过度伴热现象,且效率受加热炉和机泵效率影响较大,能耗较高。

二是热水伴热工艺设备管道清洗、软化水拉运、管道吹扫等日常维护耗费人力物力,不便于生产管理。

三是伴热水质矿化度较高,易对伴热管道造成腐蚀,导致生产过程中伴热管道穿孔,水伴热系统罐体、机泵结垢情况严重,不利于平稳运行且存在安全隐患。

2)电热带伴热工艺

电热带伴热工艺是徐深气田主要的伴热工艺,电热带伴热工艺具有以下特点:

一是伴热效果良好,运行稳定,故障率低。电伴热带的伴热最高维持温度为 135℃ ±5℃。与热水伴热的传统三管伴热方式相比,电热带可根据伴热需要选择平行敷设、Z 形敷设和 S 形敷设,与管道接触充分、热场稳定。绝大部分电伴热带外部有保温层或铠装保护,在不受到外力破坏的情况下电热带本身故障率极低。

二是控制简易,适合自动化管理。电伴热带的启停通过断路器开关或系统控制;而热水伴热需要通过开关热水管道的阀门进行控制。且无法实现分段控制,通过对比,电伴热工艺的自动化程度更高,适合高效率、高精细度的现场管理。

三是施工灵活,适应性强。电伴热带可随管道及设备外形灵活弯折,适合复杂的管线和设备仪表的伴热,施工的局限性小,适应性强。

3)注醇防冻工艺

目前气田注醇防冻工艺主要应用于天然气外输管道、井站自用气管道。低温环境下天然气管道中存在的游离水及天然气水合物易冻结在管道内壁,缩小输气管道内径甚至冻堵管道,影响输气管道的平稳运行。采用甲醇连续注入的解冻方式,可以有效防止管道内游离水及天然气水合物的凝结。针对部分设备仪表及管网压降节点处易产生冻堵的情况,采用间断注醇的方式,能够有效地解堵化冻。

通过近年来的生产运行,目前以电伴热工艺为主、注醇工艺为辅的防冻技术适合徐深气田开发需要。

三、防冻工艺存在问题及优化思路

1.电热带控制技术

电热带伴热工艺控制技术不完善,造成电能的浪费。

一是站内电热带控制点存在一点控制多个回路的情况,无法根据单井的生产情况控制对应的电热带启停,存在电热带空载运行的情况。

二是多数采气管道电热带运行功率不可控,无法根据来气温度控制伴热温度,不利于生产管理和节能降耗,详见表3。

表3 集气站2电热带运行温度表　　　　　　　℃

井 号	井口温度	进站温度	探头监测温度	电热带启停温度
徐深A井	25	33	43	60
徐深B井	15	16	30	60
徐深C井	14	17	27	60
徐深D井	26	31	30	60

针对电热带伴热能耗高的问题,采用了电伴热工艺逐井控制和功率调节技术。

应用电伴热工艺逐井控制的方式,即一个或多个电源点为站内单井伴热工艺供电。根据站内操作温度不同,划分为进站阀组至加热炉、加热炉至三级节流、三级节流至三甘醇脱水装置3个区域,分别采用不同回路控制,并通过温控器的应用达到电热带根据实际工况自动启停的目的,有效提高了站场管理水平并减少了伴热能耗。

对于单井来气无法实现电伴热功率调节的问题,采用电热带功率调节技术,为单井电热带配置可控硅功率调节器。根据单井天然气温度与控制系统设定温度的比较,由控制系统控制功率调节器的运行参数,从而控制电热带的运行功率,达到节能降耗的目的。

以集气站1为例,该站冬季运行参数见表4。

表4 集气1站生产参数表

井 号	井口压力 MPa	井口温度 ℃	日产气量 $10^4 m^3$	日产水量 m^3	水合物生成温度 ℃
升深E井	22	72	23.9	2.3	23
升深B井	12.2	20	5.45	2.3	20
升深D井	21.7	27	6.56	2.2	23
升深C井	12.3	14	3.42	37.3	20
升深A井	21.1	25	7.9	1.4	23

其中,升深B井井口天然气温度最接近水合物生产温度,因此对其进行分析。

电热带所需产生的热能实际是对天然气和水进行了两部分的温度补偿:

一是天然气提升由井口温度(20℃)提升至设计进站温度(25℃)的补偿,二是对自然温降(7℃)的补偿。

$$W = c_p \rho V(\Delta t_1 + \Delta t_2)$$

经过理论计算，为防止水合物形成，该井需补偿热能 $2384.64 \times 10^6 J/d$，消耗电能 $662.4 kW \cdot h$，采气管道长度为 1.38km，因此电热带功率为 20W/m 即可满足伴热需要。

经计算分析，升深 C 井由于井口温度低、产水量大，采气管道电热带需满负荷运行，其余 3 口气井采气管道电热带的功率都存在优化空间。优化后采气管道电热带功率由 123.76kW 降至 90.44kW，耗电由 2970.24 kW·h/d 降至 2170.56kW·h/d，降幅达到 26%，详见表 5。

表 5　集气站 1 电热带运行计算表

井　号	采气管道长度 km	天然气自然温降 ℃	热能消耗 $10^6 J/d$	电能消耗 kW·h/d	电热带实际功率 W/m	优化后功率 W/m
升深 E 井	0.97	4	—	—	26	—
升深 B 井	1.38	7	2384.64	662.4	26	20
升深 D 井	1.1	5	1520.64	422.4	26	16
升深 C 井	1.2	5	2695.68	748.8	26	26
升深 A 井	1.08	4	1213.2	337.0	26	13
合计	5.73	—	—	—	123.76	90.44

如果在徐深气田推广应用，按照平均节电 15% 计算，年可节电 $254.56 \times 10^4 kW \cdot h$，节约用电成本 155.28 万元，经济效益显著。

2. 集气站伴热位置

徐深气田深层井站建设中，考虑到加热后天然气温度较高和仪表风气源经脱水处理，站内加热炉后集气管道及仪表风管道未设计电伴热工艺。但从现场应用情况来看，当单井来气参数变化较大或三甘醇脱水装置运行不正常时，加热炉后三级节流处和仪表风系统均存在冻堵情况。因此，井站内伴热工艺仍需不断完善，以满足集输系统在特殊工况下平稳运行的要求。

3. 电热带安装标准

目前电热带伴热工艺暂无成熟的行业规范可遵循，仪表、阀门等设备电热带缠绕方式不明确，现场安装和调试均在厂家指导下进行，易出现管道、设备伴热不到位或过度伴热的情况。

针对电热带安装无成熟标准的问题，需进一步规范电热带施工要求。对于采气树、仪表、阀门等设备的敷设方式、缠绕系数、伴热位置及电热带用量，还需要进一步研究，并形成标准进入设计文件，使电热带的安装工程常规化、标准化。

4. 集气半径

目前气田常用的电热带功率为 18W/m、26W/m 和 30W/m。随着集气半径的增大，电热带运行的电压会逐渐降低。当集气半径大于 3km 时，电热带运行电压降低较为严重，电热带运行效率低且伴热效果差。所以，在选择站址时，集气半径不宜大于 3km。针对集气半径大于 3km 的气井，需进一步分析电热带双电源及多电源点供电的合理范围。

5. 注醇工艺

从现场应用情况来看，注醇工艺是电伴热防冻工艺的重要保驾手段，但工艺上仍存在一些问题。

（1）甲醇和缓蚀剂的注入共用一条管道，当另一种药剂加注时，需替换整条管道内原有药剂,造成药剂浪费。

(2)注醇口设置在外输管道和自用气管道上,当其他设备区发生冻堵后,只能通过移动泵在个别的甲醇加注口或者仪表接头注醇化冻,操作复杂,效率较低,且移动泵压力较高。针对不同压力等级的区域,难以控制注醇后的管道压力,存在安全隐患。

(3)自用气注醇位置在设置汇管上,当支线发生冻堵时,注入的甲醇同时进入其他支线,造成甲醇的浪费且对其他支线的气质造成影响。

针对甲醇和缓蚀剂共用一套设备的问题,应进一步研究气井生产周期内新建缓蚀剂管道与药剂损耗的经济对比,确定合理的地面工艺。

对于移动泵注醇化冻存在安全隐患及自用气汇管注醇对支线的影响,可考虑在易发生冻堵的节点增加注醇工艺,并选择在各支线单独控制注醇,达到优化流程及操作、保障井站安全平稳运行的目的。

四、结论及认识

(1)通过几年来的生产运行,以电伴热为主、注醇工艺为保驾措施的防冻工艺适应徐深气田的开发要求。

(2)应开展电热带设计、施工标准研究,并逐步形成标准化设计。

(3)集气站建设时,应充分考虑电伴热工艺技术特点,集气半径宜控制在 3km 以内,并应用功率调节、逐井控制技术,提高电伴热工艺适应性。

(4)注醇工艺和缓蚀剂加注工艺建设应在设计前期计算分析,确定合理的建设方式,并进一步优化站内注醇工艺布局。

徐深气田分离器排液系统的优化设计

李 达

摘 要：目前多井集气站普遍应用单井轮换计量工艺。通过撬装自动排液装置排放生产污水,污水计量采用金属管浮子流量计,在近几年的运行过程中,发现存在以下问题:一是金属浮子流量计不适应污水的大流量排放,污水携天然气冲击导致流量计损坏;二是撬装自动排液装置设备费偏高,2011年分离器改造工程初步设计审查时,油田公司要求将撬装设计调整为散装设计。本文针对上述问题,分析分离器排液系统优化设计思路,通过调整污水流量计,完善自动排液系统设计,达到降低建设投资、提高系统适应性的目的。

关键词：自动排液系统 优化设计

一、气田排液系统现状

徐深气田自2004年开发建设以来,在计量、生产分离器推广应用了自动排液装置,目前已应用35套。该装置具有如下特点:

(1)避免了因人为操作不当造成的分离器故障或窜气,防止天然气能源的大量损失和环境污染及人为安全事故。

(2)提高了天然气井站的自动化水平,有效降低了现场员工的日常工作量,特别是高产水气井的频繁排液工作。

(3)通过对排放污水的计量,有利于准确掌握气井产液基本资料,为气井动态监测和科学分析提供可靠依据。

装置主要由以下三部分组成:

(1)磁翻板液位计:内有磁浮球,可以随着分离器内液位的上升而上升。磁浮球在上升的过程中吸合磁转柱壁,使磁转柱翻红,显示分离器中污水液位的高度。液位计内有检测杆,能将液位数据实时传送至PLC系统,在值班室显示。

(2)控制箱:内有电磁阀,在磁浮球上升到设定的液位上限后,电磁阀启动,仪表风进入到切断阀;在磁浮球下降到设定的液位下限后,电磁阀关闭,仪表风就地放空。调压阀的作用是将气源管线的压力调低至0.4MPa,为气动切断阀提供动力。

(3)阀组撬装系统:气动切断阀,由仪表风驱动,开启时排出污水,切断时排液停止;手动排污阀使用了DN50mm的双套筒多功能截止阀,在自动排液不能进行时,可开启手动排污阀门进行排液。

工作流程如图1所示。

自动排液装置的仪表风管线、液位计、控制箱、阀门撬装均使用了电热带进行伴热,并在其下游采用金属管浮子流量计用以计量排放污水液量。

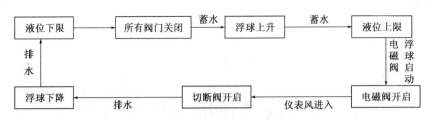

图1　节电型自动排液装置工作流程图

二、自动排液系统存在的主要问题及优化思路

在自动排液装置投产运行过程中,暴露出了一些问题,总结归纳为以下三方面。

1. 污水含杂质较多,影响磁翻板液位计计量

1) 存在的问题

在生产中,液位系统存在问题较多,是排液装置不能正常工作的主要原因。液位系统存在的问题主要体现在以下两方面:

(1) 在低温工作环境下,液位计发生冻堵现象;

(2) 由于污水内杂质较多,堆积后造成腔体内径变小,使浮子无法通过,导致液位计读数不准确。

2) 优化思路

(1) 紧贴液位计柱壁竖直缠绕4根电热带,电热带不能与液位计检测杆和磁转柱接触,防止温度过高损坏电子器件;

(2) 定期对液位计进行清洗,加装雷达液位计,使用PLC系统对排液装置进行控制。

2. 金属管浮子流量计不能适应污水大流量排放

1) 存在的问题

目前污水计量使用的是金属管浮子流量计。金属管浮子流量计是一种变面积流量测量仪表,适用于低流速小流量的介质流量测量。其设计量程为$5m^3/h$,考虑为连续排水,每秒排水约1.4kg。而实际应用中,自动排液撬属于间歇性排水,通过实测,每秒排水达到5kg,远超设计量程。污水大流量排放,其内部携天然气及较多杂质(焊渣、铁屑、铁丝等)对金属浮子进行冲击,造成仪表故障、损坏,导致无法对污水排放量进行精确计量。

2) 优化思路

使用涡街流量计用于污水的计量。涡街流量计主要原理如图2所示。

在流体中安放一个非流线型旋涡发生体,使流体在发生体两侧交替地分离,释放出两串规则地交错排列的旋涡,且在一定范围内旋涡分离频率与流量成正比。

涡街流量计主要具有压力损失小,量程范围大,精度高,在测量工况体积流量时几乎不受流体

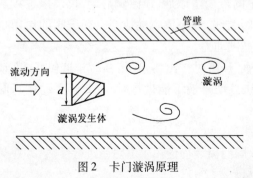

图2　卡门漩涡原理

密度、压力、温度、黏度等参数的影响的特点。涡街流量计内部无可动机械零件，因此可靠性高，维护量小，受污水内部杂质的冲击影响较小，对于流速波动较大的排放工况适应性更强。经过对排液量的实测，每秒最大排水量达到5kg。

$$v = M/\rho t$$

式中　v——介质流速，$\mathrm{m^3/s}$；

　　　M——介质质量，kg；

　　　ρ——介质密度，$\mathrm{kg/m^3}$；

　　　t——介质流动时间，s。

通过上式计算得出，最大排水量为$18\mathrm{m^3/h}$。按照实际最大值应为仪表量程最大值的2/3，确定涡街流量计的量程范围应为$0 \sim 24\mathrm{m^3/h}$。

3. 撬装设备存在一定不适应性且投资偏高

1）存在的问题

目前在用的自动排液装置为撬装式设计，虽然满足生产要求、管理方便，但在生产中陆续暴露出一些问题。

撬装式设计在技术上存在一定的不适应性，主要表现在以下三个方面：

（1）自动排液装置的仪表风为脱水后的天然气，受脱水效果影响，仪表风管线在较低温度下易结冰冻堵；

（2）仪表风中的杂质易堵塞调压阀或者电磁阀，导致自动排液系统无法正常运行；

（3）目前大多数自动排液装置的仪表风接自站内自用气系统，排液后就地放空，存在一定的安全隐患。

此外，撬装式自动排液系统单套价格为20.7万元，投资费用偏高。

2）优化思路

将自动排液装置由撬装式改为散装式，流程见图3。

分离器液面上部的压力最大可达7MPa，当设备正常工作时，节流截止阀、气动阀和闸阀均处于开启状态。当分离器液位达到排液高点时，电动阀开启，开始排液。液体经节流截止阀限流降压，经气动阀和电动阀后排至常压污水罐。当液位达到排液低点时，电动阀关闭。当电动阀出现故障时，比如排液过程中突

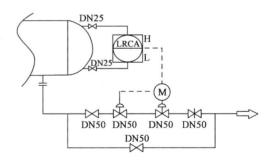

图3　自动排液散装设备流程图

然断电，气动阀动作，并切断排液管路，防止高压气体排出。另外，设置旁通阀，可以实现手动排污。

散装排液系统主要包括：

（1）电动切断球阀 + 气动单作用气缸球阀组成的控制执行单元：

①电动切断阀作为主要切断和开关阀门，采用380VAC电源，电开型执行机构能实现间歇操作，根据PLC系统设定的高低液位联锁点打开或关闭电动阀。

②气动单作用气缸球阀作为辅助阀门,平时在全开状态,只在电动阀故障状态下由 PLC 系统控制动作,根据设定的高低液位联锁点打开或关闭气动控制阀。因气动阀很少动作,所需用气量很小。气源来自氮气气瓶,气瓶采用一用一备。

③采用电动切断球阀 + 气动单作用气缸球阀级联这种方式,能尽量减小故障的发生,达到高可靠性的要求。

(2)雷达液位计 + 磁翻板液位计组成的检测单元:

①选用雷达液位计实现液位远传,进入值班室控制系统显示、报警、联锁。控制系统对液位精度要求较高,雷达液位计能够达到要求;而磁浮子液位计精度不能达到系统要求,适合现场就地显示。

②为避免自动排液系统故障影响集气站生产,气田已建站场均设置了手动排液系统作为备用,当雷达液位计出现故障时,可根据磁浮子液位计的现场液位指示进行手动排污。

散装排液系统主要有以下特点:

(1)在故障状态下,可快速切断排液管路,安全性更高。

(2)采用电动球阀作为主要切断和开关阀门,受污水内杂质冲击影响较小。

(3)气动单作用气缸球阀作为紧急切断阀,气源来自氮气气瓶,取消了接自站内自用气系统的气源管线,且开启时氮气就地放空无安全隐患。

经核算,自动排液装置由撬装改为散装后,每套设备可节省投资 6 万元。

三、结论

(1)自动排液装置在气田应用以来,能够适应气田生产的需要。

(2)针对生产中暴露的不适应性,分别在污水计量装置与撬装式设计上做出优化,技术可行,降投资效果明显,可作为今后气田建设常规设计推广。

徐深气田气井井场监控通信技术浅析

杨丽梦

摘　要:针对天然气井场工作环境的特殊性、人工巡线抄录数据的滞后性和犯罪分子盗窃破坏日益猖獗等问题,对井场监控的通信技术进行论证。本文主要对 McWill®、Mesh ODMA 两种通信技术与气井现状结合并分析、选取经济合理、技术可靠的方式,合理有效解决生产数据及视频监控的问题,减轻工人的工作强度,减少人员投入,缩短气井故障、突发事件的发现和排除时间,切实提高了生产效率和管理水平。

关键词:无线通信　井场监控　McWill®　Mesh ODMA

一、引言

气井是生产和管理过程中重要的安全监控点,目前国内其他部分油气田例如塔里木、西南等油气田在井口区域监控措施为摄像头监控 + 高音喇叭及数据自动采集系统,实现了监控和数据的实时传输,采用的传输方式主要分为有线传输和无线传输。

由于无人值守气井地处偏远,应用有线传输施工困难、周期长且灵活性差。无线通信方式由于建立物理链路简单易行,成本低,且可根据现场需求及时调整建设方案,灵活性好,因此适合偏远气井对通信链路的要求。

二、气田现状分析

采气分公司所辖气井所跨区域范围广,站外气井均为无人值守,主要分布在草原、农田和人畜密集区等区域,距离集气站较远,监控和防护难度大。气井距所属站场最远 6.79km,对气井生产参数和井场情况不能实时监控,生产气井参数完全靠人工巡检录取,耗费大量的人力和物力且难以达到有效监控的目的,对高危区域的破坏也无法及时发现及维护。因此,需要采用一种远程数据采集控制及视频监控系统,有效解决上述问题。建议在高产井和偏远井建设无线远程监控系统,实现全程监控。

站场生产监控及视频监控采用的是 SCADA(Supervisory Control And Data Acquisition)系统,其技术应用已趋向成熟;如何进行远程数据采集控制及视频监控,则需要与通信技术结合考虑。鉴于气田现状,依据经济合理、技术有效的原则,本文主要论证无线通信传输方式的可靠性。目前国内外远程监控采用的无线传输技术主要有 McWill®(Multi - Carrier Wireless Information Local Loop,多载波无线信息本地环路)、Mesh ODMA(Mesh Opportunity Driven Multiple Access,无线网格机会驱动多址接入)等无线通信系统。

三、气田生产参数传输要求

根据生产实际运行情况,需要掌握的气井井场数据主要为生产参数数据业务和视频监控图像业务。

1. 井场及集气站数据业务

井场数据包括油压、套压、技套压力、表套压力、出井场压力、井口温度等生产数据。数据采集点设置按照井场每口井设 1 个 RTU,每个数据采集点传输数据量为 64KB/s,即每个井场的数据采集传输需要 64KB/s 的传输带宽。

2. 视频监控图像业务

按照每个监控摄像头覆盖半径 80～100m 范围,视频监控若采用 CIF(352×288)或 D1 (704×576)格式,每路视频传输带宽为 384KB/s～1MB/s。

3. 通信业务传输流向

井场的数据及监控图像传输首先采用无线通信方式传输至各工艺站场,然后在各站场接入光传输通信系统至气田调控中心。井场至各集气站距离均不超过 8km。气田网络未覆盖的集气站有 D4、XD2 集气站,两站距离已敷设光缆的 S81 集气站约 15～17km。

四、不同通信技术原理及应用预评价

1. McWill® 系统

McWill® 系统(图 1)是 SCDMA 的衍生产品,集窄带话音和宽带数据为一体,由 SCDMA 宽带基站、塔放、系统网管及无线宽带终端构成,与油田通信现有 SCDMA V3 网络兼容,采用可跳频的多载波技术,单基站最大容量为 15MB/s,传输最远距离为 13km,具有高容量,覆盖范围大,高带宽,支持移动、切换和漫游并且安全等特点。该系统的技术覆盖范围可满足井站与集气站之间传输距离,其优势一是与油田通信现有 SCDMA V3 网络兼容,考虑到未来油气田物联网系统建设的统一标准、统一规划、统一建设原则,应用该系统可方便气田无线通信网点的扩充升级及统一整改维护,为油气田通信统一管理提供便利;二是可支持用户数量多,覆盖范围内中心建设一座基站即可满足该范围内气井数据通信需要。其缺点是传输容量小,若采用该技术进行信号传输,则需要使用轮询方式对气井生产状态进行监控。另外,该技术的实施需建设基站塔,一次投入成本较高,并且由于基站需接入光缆和引电,所以要依托集气站建设,但后期扩容及维护较为便利。

2. Mesh ODMA 系统

Mesh ODMA 系统是一个拥有专利权的移动无线网状宽带系统,是 3GPP 协议中的接入技术,包含极稳定的客户端设备,可提高基础网络的建设效能(图 2)。ODMA 技术可支持用户高速传输的需求,且具有容易部署、低功率消耗、高移动性及高健壮性。ODMA 产品可以传递移动数据、视频、音频服务,还可以特定应用在自我组成的智能动态网络上。

Mesh ODMA 系统有如下组网特性:

(1)自动选择传输路径,邻近 ODMA 终端皆可成为跳转中继站,动态调变路径以使网络使用效率优化;(2)自动联网优化,无线网络联机运行时,信号质量随环境改变,ODMA 终端可自动优选最佳时段传输数据,提高信息传输速率、质量;(3)自动调变电耗,优选路由后以最小电量传输信息,同时发射功率低,无辐射忧虑;(4)自动调变最佳邻近节点终端的可用频道,用户

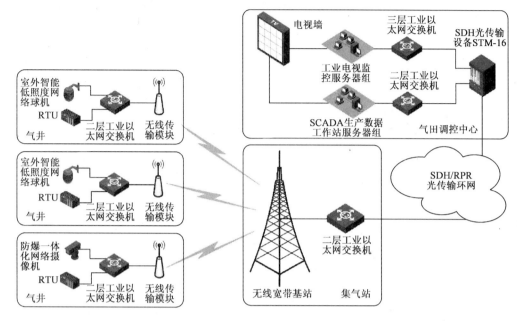

图 1 McWill® 系统接入网示意图

不需自行设定频道。

根据生产实际,可采用传输距离与组网直径相当的 ODMA 设备安装在气井井场,将 RTU 及视频信息进行无线传输,信道容量充足。Mesh ODMA 系统作为一种新型的宽带无线网络结构,是一种高容量、高速率的分布式网络,它与传统的无线网络有较大的差别,影响其广泛部署的不足是互操作性。目前,Mesh ODMA 系统仍没有一个统一的技术标准,用户将面临着如何连接各种不同类型的嵌入式无线设备接口的问题;另外,由于其传输数据依靠临近节点进行多跳转发,每一跳将带来一次延迟,对于延迟要求较高的情况将无法满足需求,其节点技术仍有待提高。

两种无线通信技术对比见表 1。

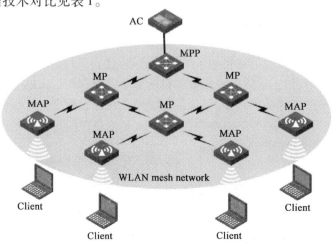

图 2 Mesh ODMA 系统网络基本架构图

表 1   无线通信技术对比表

系 统 名 称	McWill®	Mesh ODMA
覆盖范围	8～13km	100km
最大数据速率	15MB/s	150MB/s
工作频段	1.8GHz、3.3GHz 私有频段	2.4GHz、5.8GHz 非授权频段
特点	高容量,覆盖范围大,多频段,高带宽,支持移动、切换和漫游,安全	高速传输、易部署、低功率消耗、高移动性、高健壮性
优点	(1)可满足井站与集气站之间传输距离; (2)兼容现有网络,便于通信网点扩充升级及维护; (3)可支持用户数量多; (4)专有频段,不受其他频率干扰	(1)快速部署和易于安装; (2)自动选择传输路径、自动联网优化、自动调变电耗、自动调变最佳邻近节点终端的可用频道; (3)较低的操作运营成本
缺点	(1)传输容量小; (2)为授权频段,一次投入成本高,且依托集气站建设	(1)互操作性,无统一技术标准,无法确定如何连接各种不同类型的嵌入式无线设备接口; (2)公共频段,无法预知与控制干扰; (3)多跳节点带来延迟

根据徐深气田气井井场的分布特点和气田的传输需求,优先考虑完善生产井。徐深、升平气田的气井分布相对集中,采用具有广泛覆盖能力的 McWill® 技术。根据集气站和气井分布,规划在气井分布中心位置建设 2 套 McWill 基站。对于 D4、XD2 等零散井站,由于基站塔覆盖不到,采用传输距离长且传输数据量大的 Mesh ODMA 系统。

五、结论

为了保证气田生产网络建设的规范性、数据采集与信息传输的高效性,使系统维护更加便捷,因多井集气站周边的井距井场较近,多井集气站所辖气井监控通信技术宜采用 McWill® 系统技术;对较偏远的 D4、XD2 单井站,可采用 Mesh ODMA 系统技术,从而实现了前台监控软件从数据库中自动汇总生成相关数据、报表、图表,避免人工手动录入可能出现的错误,降低劳动强度,提高生产效率。

数字化气田是油气田企业信息化建设的发展趋势,已得到广泛关注和普遍重视。与国内外其他气田相比,徐深气田在远程监控和数据自动采集方面存在很大的差距。随着通信技术、网络技术和各种软硬件技术的迅猛发展,徐深气田应加快建设数字化气田的步伐,将多种技术融合在数据采集、远程监控中,并加以推广,为徐深气田安全平稳运行提供保障。

参 考 文 献

[1] 卢美莲,程时端. 网络融合的趋势分析和展望 [J]. 中兴通讯技术,2007,13(1):10-13.

[2] 杨国光,吴东. 无线网络在油井监控系统中的运用[J]. 石油工业计算机应用,2007,15(3):31-33.

[3] 张建军,王蓉. 油田油井远程自动化监控技术方案的研究[J]. 自动化应用,2010,50(9):23-25.

[4] 王华忠. 监控与数据采集(SCADA)系统及应用[M]. 北京:电子工业出版社,2010.

软测量在提高计量精度方面的应用

张海龙

摘　要: 目前,随着生产年限的增加,由于设备老化损坏等原因,给徐深气田多井集气站气水准确计量造成了很大影响。本文从现场实际情况出发,运用相关的理论知识进行计算,通过计算机软件编程实现软测量,提高了分离器产水量和站外输天然气的计量精度。

关键词: 软测量技术　站控系统　相对密度

一、引言

软测量的基本思想是把自动控制理论与生产过程知识有机地结合起来,应用计算机技术,对难以测量或者暂时不能测量的重要变量选择另外一些容易测量的变量,通过构成某种数学关系来推断或者估计,以软件替代硬件来实现计量的功能。在气田生产过程中,会有一些工况复杂、条件恶劣的场所对计量元件的精度影响较大。因此,出于保护设备和提高计量精度等方面考虑,有必要引入软测量技术。

二、应用软测量技术提高污水计量精度

目前,采气分公司部分分离器排污出口安装有污水流量计,但受量程过小、污水内杂质较多和工作压力高的影响,损坏率非常高,使得单井产水量无法得到准确计量。面对这一困难,及时调整工作思路,通过软测量技术解决了这一影响气井产水计量的问题。

1. 利用液位计算排污体积

由于分离器积液筒近似为圆柱体,因此在已知液位的条件下,可以利用圆面积分公式来计算被污水浸没部分的表面积,再用该部分面积乘以分离器积液筒的长度,就可以计算出罐内污水的体积。原理如图1所示。

由图可得 $x^2 + y^2 = R^2$,因此有:

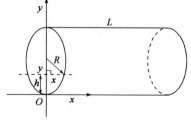

图1　积液筒污水体积计算原理图

$$x = \sqrt{R^2 - (R - h)^2} \tag{1}$$

式中　x——所建坐标系中横坐标;

y——所建坐标系中纵坐标;

R——积液筒侧面圆的半径;

h——积液筒中所存污水液位高度。

由圆面积分公式可知:当 $0 < h < R$ 时,底面积 $S = 2\int_0^h \sqrt{R^2 - y^2}\,\mathrm{d}y = 2\Big[\big|\frac{y}{2}\sqrt{R^2 - y^2} + \frac{R^2}{2}$

$\arcsin\frac{y}{R}\big|_0^h\Big] = h\sqrt{R^2 - h^2} + R^2\arcsin\frac{h}{R}$;而当 $R < h < 2R$ 时, $S = 2\pi R - 2\int_0^{2R-h}\sqrt{R^2 - y^2}\,\mathrm{d}y$;体

积 $V = SL$。

2. 站控系统软件编程

各集气站站控系统由两大部分组成,分别为下位机数据采集控制部分和上位机组态显示部分。下位机部分由现场远传仪表和控制柜中的 PLC 控制模块组成,用 Step7 软件编程;上位机部分为工控机(图2),用 WinCC 组态软件编程实现功能。

1) 下位机编程

下位机控制可编程控制器(PLC)所用软件 Step7 V5.3 具有强大的可编程、可扩展功能。利用这一功能在站控系统主程序的基础上开发出污水计量子程序(图3)。

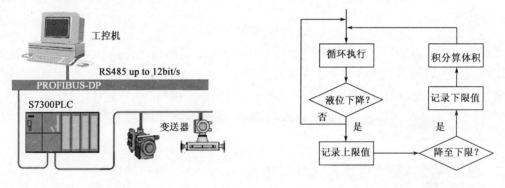

图 2　站控系统结构图　　　　图 3　污水计量子程序流程图

当系统运行以后,程序开始执行。执行过程中首先判断液位变化情况,一旦发生下降将会产生液位高限报警,报警的同时记录此时的液位值。当液位降至排液下限,将产生下限报警,并记录下限值。然后利用积分计算体公式,根据所采集的液位高低限,计算出此次的排液量,并进行底数累加。

2) 上位机组态

多井集气站站控系统中,上位机(工控机)应用 WinCC 6.0 进行组态编程,在该软件的站内工艺界面中添加数据输出域,显示各分离器的累积排水量。工作人员只需要用当天早8:00的底数减去前一天早8:00的底数,就可计算出当日的产水量。

3) 现场应用情况

该污水计量软件已经在集气站1的生产分离器进行安装应用,在应用以后于2011年8月1日做了现场计量实验。现场排液以后,通过液位计差值,参照分离器排液换算表,计算出的排液量为1697.6kg,通过软件计算出的排液量为1694.3kg,能够满足现场计量精度的要求。

4) 污水计量软件的优点

在实现分离器产水软测量以后,通过理论计算和现场应用情况分析,具有以下优点:

(1)计量精度高:在计量过程中采集分离器积液筒高低液位进行体积计算,积液筒内的污水是静态的,影响因素非常少;而污水流量计是进行动态测量,受污水流速和流态是否稳定等

因素影响,因此软测量精度更高。

(2)故障率低:由于计量功能主要是由软件实现的,因此该计量方法受现场工况和设备的影响较小,系统运行更加稳定,故障率也会较低。

三、应用软测量技术提高外输孔板计量精度

目前,多井集气站的外输天然气为站内所开各井的混合气体,由于站内开井数的不同,会有几百种甚至上万种混合方式。所以,外输混合气体的组分和相对密度很难通过取样化验来及时进行修正。

1. 天然气相对密度对孔板计量的影响

根据用标准孔板流量计测量天然气流量的标准,天然气标准体积流量计算公式为:

$$Q_n = A_h \alpha d^2 F_G \varepsilon F_Z F_T \sqrt{p_1 h_w} \tag{2}$$

式中　Q_n——标准状态下的体积流量,m^3/h;

　　　A_h——常数,依表示状态而定;

　　　α——流量系数;

　　　d——工作温度下孔板的开孔直径,mm;

　　　F_G——相对密度系数;

　　　ε——流束膨胀系数;

　　　F_Z——超压缩因子;

　　　F_T——流动温度系数;

　　　p_1——孔板上游侧取压口绝对静压,kPa;

　　　h_w——孔板前后的压力差,Pa。

分析上述影响流量计量的系数,A_h 为常数,确定以后对计量误差影响不大;流量系数 $\alpha = \alpha' F_\gamma \gamma_{RE} b_k$,主要受流态、流体性质和孔板自身状况影响,对计量结果的影响很难确定;开孔直径 d 对计量结果影响较大,但在日常管理中通过及时计算得以解决;超压缩因子 $F_Z = \sqrt{\dfrac{1}{Z}} \approx 1$,因庆深气田天然气的压缩因子 $Z \approx 1$,所以 F_Z 对孔板计量结果的影响非常小;流动温度系数 $F_T = \sqrt{\dfrac{293.15}{T_1}} \approx 1$,以外输温度约为20℃计算,$F_T \approx 1$,该参数对孔板计量结果影响也比较小。

相对密度系数 $F_G = \sqrt{\dfrac{1}{\gamma_g}} \approx 1.3$,某气田所产天然气的相对密度都在0.6左右,所以 $F_G \approx 1.3 > 1$,可以看出,相对密度对孔板计量的影响较大。

2011年8月29日,选取集气站2做了外输孔板瞬时与相对密度的关系实验(表1)。通过实验可以看出,相对密度每增大0.01左右,板瞬时会增加约150m^3/h。

2. 多井混合天然气相对密度计算公式的推导

在对外输混合天然气进行相对密度计算时,主要是借鉴多组分单气井天然气相对密度计算的方法。天然气相对密度定义为:在相同温度、压力下,天然气的密度与空气密度之比。天

然气的相对密度常用符号 γ 表示,即:

$$\gamma = \frac{\rho_g}{\rho_{air}} \tag{3}$$

式中　　ρ_g——天然气密度;

　　　　ρ_{air}——空气密度。

表1　某集气站 2011 年 8 月 29 日外输孔板瞬时与相对密度的关系表

相对密度	差　值	孔板瞬时,m³/h	差值,m³/h	产气量,m³/d	差值,m³/d
0.5609		19627		470328	
0.5700	0.0091	19484	−143	467616	−2712
0.5799	0.0099	19347	−137	464328	−3288
0.5902	0.0103	19204	−143	460896	−3432
0.6000	0.0098	19060	−144	457920	−2976

因温度、压力条件相同,所以相对密度计算公式为

$$\gamma = \frac{M}{M_{air}} \tag{4}$$

$$M = \sum_{i=1}^{n}(X_i M_i) \tag{5}$$

式中　　M——天然气的相对分子质量;

　　　　M_{air}——空气的相对分子质量,M_{air} 通常取 28.96;

　　　　X_i——天然气 i 的摩尔组成;

　　　　M_i——组分 i 的相对分子质量。

将上述公式做进一步推导。首先,用混合物摩尔分数的计算方法,将外输混合气体各组分的摩尔分数计算出来,公式为

$$X_i' = \frac{X_{i1}Q_1 + X_{i2}Q_2 + \cdots + X_{in}Q_n}{Q} \tag{6}$$

式中　　X_i'——外输混合天然气中组分 i 的摩尔组成;

　　　　X_{in}——站内井号为 n 的单井天然气中组分 i 的摩尔分数;

　　　　Q_n——站内井号为 n 的单井日产气量;

　　　　Q——集气站总日产气量。

然后,计算站外输混合气体的平均相对分子质量 $M' = \sum_{i=1}^{n}(X_i' M_i)$。最后,利用公式 $\gamma' = \frac{M'}{M_{air}}$ 计算外输混合天然气的相对密度。

3. 现场试验情况

2011 年 8 月 3 日,我们在某集气站进行实验。当日该集气站开井 6 口,表 2 是这 6 口井近期的单井组分数据表。

表2　某集气站所开各井组分情况表　　　　　　　　　　　　%

组分 井号	甲烷	乙烷	丙烷	丁烷	戊烷	己烷	氮气	氢气	氦气	二氧化碳
井1	95.27	2.49	0.33	0.14	0.06	0.02	1.11	0	0	0.58
井2	96.36	1.98	0.20	0.07	0.01	0.01	1.04	0	0	0.33
井3	95.04	2.23	0.27	0.12	0.03	0.03	1.69	0	0	0.59
井4	96.40	1.87	0.19	0.09	0.02	0.01	0.81	0	0	0.61
井5	96.26	2.34	0.43	0.12	0.02	0.03	0.73	0	0	0.07
井6	96.47	1.93	0.19	0.08	0.02	0.01	0.91	0	0	0.39

根据表2所列各井气体的组分,采用本文给出的多井混合气体各组分摩尔含量的计算方法,计算站外输混合天然气的各组分含量,结果如表3所示。通过表3可以看出,现场在用的气体组分与根据当时单井的实际组分计算出的混合气体组分存在一定差别。

表3　某集气站外输气体参数计算结果和现场数值对比表　　　　　　　%

组分含量	甲烷	乙烷	丙烷	丁烷	戊烷	己烷	氮气	氢气	氦气	二氧化碳
现场数值	94.81	2.3	0.32	0.12	0	0.27	1.09	0.04	0.04	0.34
计算结果	96.14	2.09	0.25	0.09	0.02	0.02	1	0	0	0.39
差值	1.33	−0.21	−0.07	−0.03	0.02	−0.25	−0.09	−0.04	−0.04	−0.05

再利用本文给出的计算多井混合气体相对密度的公式进行计算,并对现场参数进行修改,具体情况如表4所示:

表4　某集气站外输相对密度对比表

对比项目	相对密度	孔板差压,kPa	孔板瞬时,m^3/h
现场数值	0.5916	45.21	16395
计算数值	0.5737	47.02	16670
差值	−0.0179	1.81	275

通过表4可以看出,在线修改之后天然气的相对密度减少了0.0179,孔板瞬时增加了275m^3/h,按此计算,每天站外输气量相差6600m^3。

4.软件编程

结合推导出的多井混合天然气相对密度计算公式,用LabVIEW软件进行编程。在运算界面(图4)中输入所开井号对应的产量,点击运行就可直接计算出外输混合气体的相对密度,可及时对外输孔板参数进行修正,提高了站外输孔板流量计的计量精度。

四、结论及认识

在应用软测量技术实现分离器产水量自动计量、提高外输孔板计量精度的过程中,本文主要取得了以下几点认识:

(1)软测量技术主要是依靠计算机软件来实现在线计量和对计量仪表进行修正的,因此

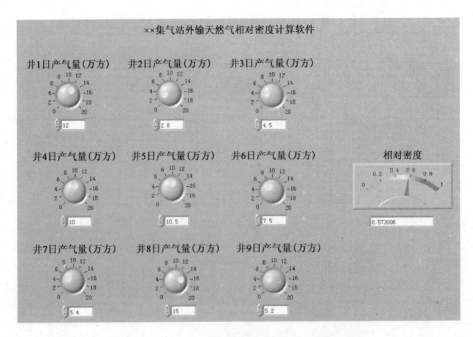

图4 混合天然气相对密度计算软件运行界面图

其受现场工况和设备的影响较小,具有适应性强、计量精度高的特点,值得进行推广应用。

(2)各集气站在用的站控系统具有强大的可开发潜能,在今后的工作中,要继续利用其软件的可编程、可扩展功能来解决井站上的一些实际问题。

(3)气水计量精度不高的问题,影响到了气田开发、管理水平的提高,因此建议在今后的计量工作中要采取"软硬兼施"的方法来提高气水计量精度。

参 考 文 献

[1] 李士伦. 天然气工程[M]. 北京:石油工业出版社,2000.
[2] 王东,郭淑梅,白岩,等. 差压式孔板流量计的误差来源与控制对策[J]. 天然气工业,2004,24(10):132－135.
[3] 冉莉,苏荣跃. 使用孔板流量计应当注意的一个问题[J]. 计量技术,2002,(4):52－54.

PLC 在二氧化碳集输系统中的应用探讨

任俊佶

摘　要：随着 PLC（Programmable Logic Controller）系统的迅速发展，在各领域发挥着越来越大的作用。尤其在化工领域，PLC 系统发挥着不可替代的作用。本文从 PLC 的简单功能介绍出发，着重介绍 PLC 在二氧化碳集输系统中的应用情况。

关键词：PLC　二氧化碳　集输

一、引言

二氧化碳集输系统中有很多繁琐的工作需要人工完成，为了能更好地将 PLC 系统引用到二氧化碳集输工作中来，将现状及存在问题进行分析，希望能从中找出更高效的工作方法。

二、集输系统中 PLC 的应用情况

1. 现状

某油田二氧化碳集输系统"数字化"主要表现在某 1 号站和某 2 号站的 PLC（Programmable Logic Controller）系统以及自动监控报警系统。

PLC 系统通过压力、温度、液位、流量等数据远传，远程控制各个气动阀门及电动阀门的开关，以及设备的连锁反应，通过计算机显示、控制及监控完成各项生产任务。

在某 1 号站通过 PLC 系统连接 19 个压变、17 个温变、9 个流量计及数十个阀门的开关控制，还有个别罐体的液位显示来完成生产操作。

从井口来气到将产品气输送至某 2 号站整个过程都显现在计算机上，如图 1 所示。

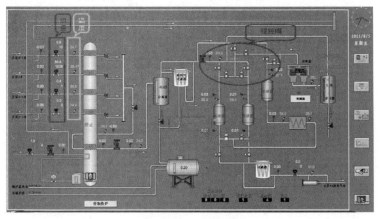

图 1　PLC 显示面板

同样,某 2 号站的 PLC 系统也是通过采集信号来对生产进行监察、控制等来完成生产需要。在计算机上通过控制进站气动球阀开关,使某 1 号站来气进入某 2 号站,从而完成一系列生产任务,最后输送至 CO_2 储罐。图 2 是 PLC 操作界面。

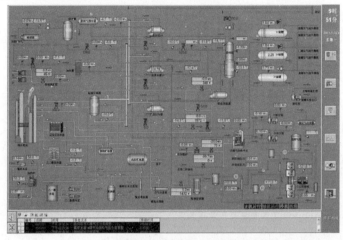

图 2 PLC 操作界面

在操作界面上时刻显示各节点数据变化及运行状态等,工作情况一目了然,如图 3 所示。

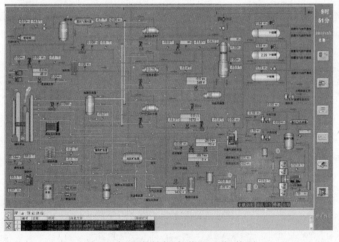

图 3 各节点数据变化及运行状况

通过设定各节点参数上下限来对生产进行监控预警。当数值超过上下限时,系统就会自动报警,如图 4 所示。

在某 2 号站共有 37 个压变和 31 个温变,还有 9 个雷达物位仪等一系列数字化设备遍布生产区的各个角落,时刻传送生产数据,为生产提供准确的数据支持。

通过这套数字化系统,可以看到,从井口来气进站一直到成品输送至储罐整个过程全显现在计算机屏幕上,通过联锁控制,值班工人定期巡检就能完成大部分工作,既降低了劳动强度,又提高了工作效率。

2. 结论

"数字化"带来的不单单是实用、准确、方便,还带来了安全和效益。

测量单位名称	位号	测量数据	量程上限	量程下限
原料气出氨蒸发器1#后温度	TT108	-12.20	50.00	-50.00
提纯塔顶温度	TT109	-14.01	50.00	-50.00
提纯塔釜液相温度	TT110	-13.02	50.00	-50.00

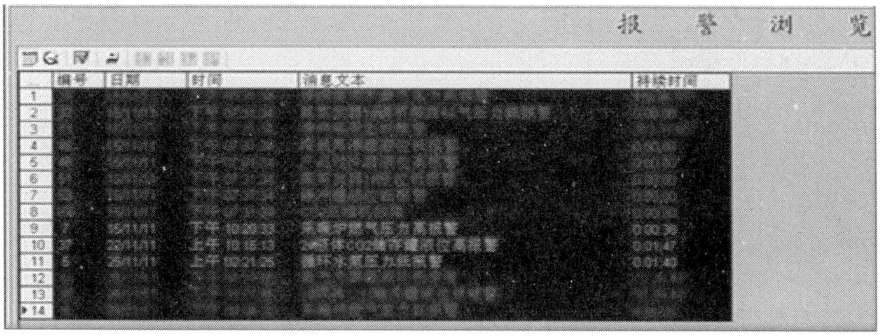

图 4

三、存在问题及建议

1. 二氧化碳的特殊性质致使部分设备不好用

比如某 2 号站的冷凝器液位计经常发生霜冻的现象。在磁浮子液位计的表面上经常结一层霜,用人眼根本无法看清液位,这就给生产带来了很大的隐患。此外,还有部分阀门渗漏、计量不准等问题。建议在设备选型时希望能针对二氧化碳的特殊性质,使设备更实用,以便为生产提供更好的服务。

2. 个别位置没有实现自动化功能

有的设备有远传数据而没有现场显示,比如某 2 号站的 1 号和 2 号储罐有液位远传而现场没有液位计;3 号储罐有现场显示没有液位远传,这样无法知道提供的数据是否真实可靠;气动阀没有反馈信号,这样就不知道气动阀是否已达到指定开度;氨压机的加减载功能操作频繁,需要人经常到现场,不能实现计算机操作。建议在相应位置能添加自动化设备,使系统更加完善、安全。

3. 现有的配套设施下,某 1 号站和某 2 号站网络时常断线,应优先报表的传输及文件传送

某 1 号站通过消防某中队接入光纤,某 2 号站通过某队光纤连接公司内部网,两站都常因外单位原因而断网。

目前的系统还不能将生产数据实时传送到采气分公司和作业区。这样采气分公司和作业区对两站的生产情况不能实时监控。建议在光纤的铺设和连接上能够进一步优化,使网络通

畅不断线,实现生产数据实时传送功能,使采气分公司和作业区能实时接收到生产第一线的生产数据。

4.设备自动化水平较高,自动化仪表维护与培训尤为重要

在实际生产中,由于仪器、设备比较新且先进,自动化水平较高,想熟练地掌握技术需要一段时间。如果在短时间内遇到技术难题,那么很难有人会判断处理。建议希望公司能多组织一些有关"数字化"知识的培训,成立仪表维修班。

某1号站和某2号两站现处于停产状态,还没经历过冬季生产运行,可能有些问题还没有暴露出来。要不断学习,参考其他作业区冬季生产暴露出的问题,结合自身环境提前预防,为以后安全生产提前做好准备。

参 考 文 献

[1] 翁力波,张先志.集输系统数字化应用[M].北京:石油工业出版社,1984.
[2] 克里斯丁 C K.数字化的传输和应用[M].徐山,译.北京:石油工业出版社,1991.

卡尔费休法检测天然气含水的现场应用

王利凤

摘　要：本文介绍了卡尔费休法检测天然气微量水现场操作及检测数据，探讨了卡尔费休法检测天然气微量水的可行性，将此种方法作为庆深天然气含水检测的新手段。

关键词：卡尔费休法　露点　含水　天然气

一、引言

天然气含水是商品天然气的一项重要技术指标。天然气含水（露点）直接影响到各集气站、调压间三甘醇脱水装置运行参数的调整，以及天然气生产集输管道的腐蚀监测，因此，天然气含水（露点）检测具有重要意义。

二、卡尔费休法检测天然气含水的原理

1. 原理及方程式

卡尔费休法：一定体积的气体通过含无水溶液的滴定池，气体中微量水被溶液溶解吸收，由碘化物电解产生的碘按卡尔费休试剂反应原理同水发生反应，用库仑法测定消耗的碘即可得到气体中的微量水。由于微量水与露点呈一一对应关系，最终可知气体的水露点。

$$CH_3OH + SO_2 + R_3N \longrightarrow [R_3NH]SO_3CH_3$$
$$H_2O + I_2 + [R_3NH]SO_3CH_3 + 2R_3N \longrightarrow [R_3NH]SO_4CH_3 + 2[R_3NH]I$$
$$2I^- \longrightarrow I_2 + 2e^-$$

2. 流程及主要设备

流程及主要设备见图1。

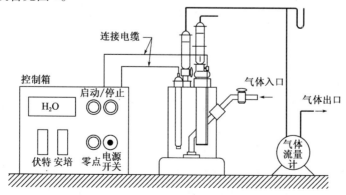

图1　卡尔费休仪（库仑法）典型装配图

三、卡尔费休法检测天然气含水的现场应用情况

以国家标准作为依据,经调研四川石油管理局天然气研究院采用此方法进行天然气含水检测。由于此种方法对气源有要求(气源含有硫、硫醇等成分会和卡尔费休试剂发生反应),导致该方法检测含水受到了限制,但考虑到庆深气田天然气中几乎不含硫,并不影响该方法的使用。于是2011年7月化验室应用现有的库仑法微量水分分析仪和LG-5型液态烃取样器连接,并且结合高精密仪器6890气相色谱仪及混合气的转换系数,编制了原理可行、易于操作的处理方法。

1. 现场应用情况

对徐深601、红岗调压间等站点的天然气进行取样分析,通过检测结果来看数据稳定,平行性较好。

表1　卡尔费休法微量水分分析仪分析结果统计

站　名	红　岗		徐　深　601		高　纯　氮	
取样日期	2011年7月4日		2011年7月13日		2011年8月5日	
含水	相对含水 mg/m³	常压露点 ℃	相对含水 mg/m³	常压露点 ℃	相对含水 mg/m³	常压露点 ℃
第1组	333	−31.1	96	−42.4	278	−32.9
第2组	326	−31.3	93	−42.7	269	−33.7
第3组	322	−31.5	91	−42.9	264	−33.3
第4组	321	−31.5	90	−43.0	269	−33.2
第5组	323	−31.4	93	−42.7	270	−33.1
合计	−31.5 ~ −31.3		−43.0 ~ −42.4		−33.3 ~ −32.9	

2011年8月10日,在宋芳屯集气站投产进行现场二氧化碳脱水检测时使用情况如表2所示。

表2　卡尔费休法微量水分分析仪分析结果统计

序号	13:30取样		6:30取样		22:30取样		4:50取样	
	相对含水 mg/m³	常压露点 ℃	相对含水 mg/m³	常压露点 ℃	相对含水 mg/m³	常压露点 ℃	相对含水 mg/m³	常压露点 ℃
1	115	−40.9	37	−50.4	28	−52.6	35	−50.8
2	113	−41.0	36	−50.6	27	−52.9	35	−50.8
3	112	−41.1	34	−51.1	26	−53.2	34	−51.1
4	112	−41.1	33	−51.3	26	−53.2	33	−51.3
5	112	−41.1	33	−51.3	25	−53.5	35	−50.8
6	112	−41.1	33	−51.3	25	−53.5	33	−51.3
7	116	−40.8	32	−51.6	24	−53.8	33	−51.3
8	109	−41.3	33	−51.3	24	−53.8	34	−51.1

续表

序号	13:30 取样		6:30 取样		22:30 取样		4:50 取样	
	相对含水 mg/m³	常压露点 ℃	相对含水 mg/m³	常压露点 ℃	相对含水 mg/m³	常压露点 ℃	相对含水 mg/m³	常压露点 ℃
9	109	−41.3	33	−51.3	23	−54.2	34	−51.1
10	106	−41.6	32	−51.6	24	−53.8	33	−51.3
合计	−41.6 ~ −40.8℃		−51.6 ~ −50.4℃		−54.2 ~ −52.6℃		−51.3 ~ −50.8℃	

两次到位于哈尔滨市的省计量院进行检定,并且与镜面露点仪结果进行了比对,见表3、表4。

表3 省计量院与卡尔费休法微水仪检测结果统计

序 号	省计量院		微量水分分析仪		偏差,℃
	相对含水 mg/m³	常压露点 ℃	相对含水 mg/m³	常压露点 ℃	
1	26	−53.2	40	−49.8	3.4
2	130	−39.8	173	−37.2	2.6
3	244	−34.1	339	−31.0	3.1
4	374	−30	507	−27.1	2.9
5	463	−28.0	580	−25.8	2.2
6	762	−23	950	−20.7	2.2
7	1800	−14	1763	−14.2	0.2

表4 镜面露点仪与卡尔费休法微量水分分析仪检测结果统计

类 型	镜面露点仪		微量水分分析仪		偏差,℃
	相对含水 mg/m³	常压露点 ℃	相对含水 mg/m³	常压露点 ℃	
钢瓶氮气	274	−33.0	290	−32.5	0.5
钢瓶氮气	29	−52.3	25	−53.5	1.2
二氧化碳气	20	−55.2	25	−53.5	1.7

通过上面的数据分析可知,库仑法微量水分分析仪可满足工程精度要求(±5℃),并且微量水分分析仪只需要定期更换电解液(价格比较便宜),而进样器有可能被气源中的杂质堵塞,这样需要高温加热,利用高纯氮气吹扫,即可完成维护。设备维护比较简单,操作方便。

2.现场应用中存在问题

一是在检测温度时不出数据。某天室外温度为2℃,电解液失效,不出数据。出现这种情况时,就需要通过钢瓶取样,进行室内进行实验了。

二是仪器进样和分析系统不防爆,不符合天然气现场生产管理规范。

三是仪器不便携。仪器主要由进样系统、主机、电解池等部件组成,构成相对复杂,难以便携。

四是仪器电解液遇强光分解,现场检测需采取避光措施。

3.解决方案

卡尔费休法检测天然气作为室内校准器更为合适,在检测天然气露点时取有代表性的天然气进行含水检测,与阻容法比对从而得知阻容法的准确性,进而判断阻容法露点仪是否污染及清洗探头,减少外送检定比对费用。

4.卡尔费休法微量水分分仪操作规程及注意事项

(1)打开压力表根部阀放空,检查有无液态水及脏物喷出。

(2)安装取样阀后放空,检查有无脏物及液态水喷出。

(3)将取样阀与取样管路连接,进行管路吹扫。

(4)将微量水分分析仪与进样器连接在一起,并用取样管路与进样器进行连接,调整进气流速。

(5)将微量水分分析仪调到指定的检测气体的方法,按下"进样键"仪器自动进行分析。待仪器分析完成会自动打分析结果。

(6)重复进行多次分析,待数据平稳之后作为该气源的最终分析值。

5.注意事项

(1)微水仪电解液惧光、易分解,使用温度要求高于5℃。

(2)气体进样如超过进样器的规定的总流量,要即使对其进行复位。

(3)当干燥管里的硅胶由蓝色变至浅蓝色或红色时,应更换新的硅胶。

(4)钢瓶取样时,取样压力不得超过钢瓶额定承压的三分之一。

四、结论

(1)卡尔费休法检测天然气含水的重复性和再现性完全可以满足气田天然气含水检测的需求。

(2)利用卡尔费休法微量水分分析仪作为室内校准仪器,采用不同方法多向对比检测数据的方式是可行的。

(3)利用卡尔费休法微量水分分析仪随时监测阻抗法露点仪的探头是否污染,及时维护探头,可减少更换探头和送检频率,节省相关费用。

参 考 文 献

[1] 迟永杰,杨芳.GB/T 18619.1—2002　天然气中水含量的测定　卡尔费休—库伦法[S].北京:中国标准出版社,2002.

[2] 张火箭,李圣杰.天然气水露点测试分析及注意事项[J].油气储运,2007,26(10):51−52.

× 集气站工艺运行参数优化探讨

王 鑫

摘 要：×集气站刚投产不久，设备正处于运行调试阶段，某些设备参数需要进一步优化，提高运行效率。针对一次节流压力对加热炉使用效率影响、二氧化碳混合气体相态变化特征不明确、二氧化碳饱和含水量对原料气分离器脱水效果影响等问题，本文从气体节流温度变化与加热炉加热效率的相互关系、二氧化碳水合物生成条件、含不同烃类组分的二氧化碳混合气的相态特征、二氧化碳饱和含水量等方面进行分析，优化了集气站工艺运行参数。

关键词：二氧化碳 运行参数 优化

一、引言

×集气站在生产过程中，原料气经过两次加热、两次节流后进入原料气分离器进行脱水处理。在该工艺过程中，井口来气压力与二次节流压力值是固定值。所以，如果一次节流压力控制不准确，就会使二次节流后的温度低，原料气发生液化。当液相的原料气进入原料气分离器时，就会影响分离器的脱水效果。本文对生产上遇到的问题，并结合生产实际，提出了控制二二次节流温度和一次节流压力的合理范围。

二、优化二次节流温度选取范围

1. 含有不同烃类组分的 CO_2 混合气体相态特征分析

只有一种纯化合物的物系称一元物系，一元物系的相特性在 $p\text{-}t$ 图上标示为一条单一曲线，而实际气体往往是还有多种组分的混合物，要进行二元物系相特性分析。×集气站目前共有 5 口生产气井，投产初期选用 × -1 井进行生产，根据该井的气体组分，作出了含量为 90% CO_2 + 10% CH_4 的混合气体相态图（图 1）。图 1 中两条曲线分别为泡点线（上方）和露点线（下方），将图版划分为三个区域，分别是液相区、两相共存区和气相区。

根据现场实际情况，找到二次节流压力 5.3MPa 对应的露点温度 10℃。如果进入分离器的原料气处于气液混相区，那么就无法判断分离器底部的积液是液态二氧化碳还是水，影响了脱水效果。因此，要求二次节流的温度应控制在高于 10℃ 范围内。

2. 实际 CO_2 气体水合物形成条件分析

CO_2 水合物是指在一定的温度和压力条件下，CO_2 中的水与 CO_2 以及烃类气体构成的类似致密的雪或松散的蜂窝状的一种非化学计量型笼形化合物，密度为 $0.88 \sim 0.92 g/cm^3$。除要求进入分离器的原料气为气相外，还应考虑防止水合物的生成。根据现场取样的气体，通过室内试验，作出了二氧化碳水合物生成曲线。

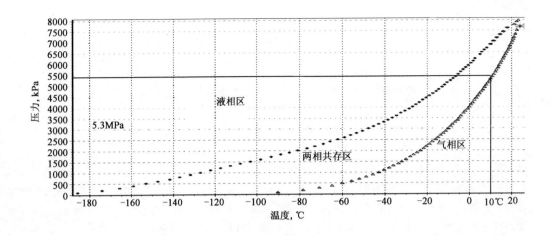

图1 二氧化碳混合气体相态图

从图2中可以看出,在压力5.3MPa下,对应的水合物生成临界温度12℃,当高于12℃时就不会有水合物生成。所以,要求进入分离器的原料气温度应高于12℃。

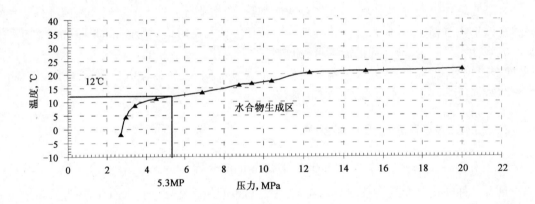

图2 实际二氧化碳气体水合物生成曲线

3. CO_2 的饱和含水量特征分析

除了考虑以上两种因素外,还应考虑分离器的脱水效果。因此,根据现有的 CO_2 饱和含水量曲线图版,拟合出了各个温度下对应的 CO_2 饱和含水量曲线图版(图3)。图中曲线表示以某一温度的条件下饱和含水量随压力的变化规律。在拐点处,气体的饱和含水量达到最小值。曲线的温度趋势(从左至右)是逐渐上升的,说明饱和含水量(压力一定)随着温度的升高而逐渐增大。根据现场实际情况,找到接近工况温度(15℃)的含水曲线,做出二次节流压力(5.3MPa)对应的饱和含水量。从图中可以看出,二次节流压力接近拐点处,含水量相对较小。

通过对混合相态特征和水合物生成条件以及 CO_2 饱和含水规律分析:二次节流温度应高于且尽可能接近12℃。

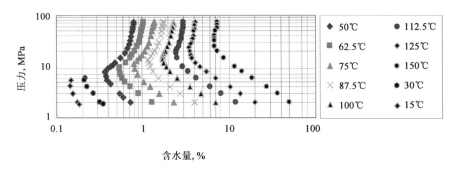

图 3　二氧化碳饱和含水量曲线图版

三、探讨一次节流压力选取范围

1. 节流压力不能低于临界压力

当流体在管道内流动时,有时流经阀门、孔板等设备,由于局部阻力,流体压力降低,过程中流体与外界没有热量交换,这种现象为节流现象。在节流过程中,当背压低于临界压力值时,管内的气体就会产生自由膨胀,成为不可逆过程,生产中应避免该现象发生。

下面根据极限压降比计算一次节流压力的范围。

极限压降比:

$$\beta = 0.546$$

压力上限值:

$$p_{一次节流} > p_{井口} \times \beta = 13 \times 0.546 = 7.1(\text{MPa})$$

压力下限值:

$$p_{一次节流} < p_{二次节流} \times \beta = 5.3 \div 0.546 = 9.7(\text{MPa})$$

确定一次节流压力范围:

$$7.1\text{MPa} < p_{一次节流} < 9.7(\text{MPa})$$

2. 节流后温度高于形成水合物临界温度

实际气体节流后都有温度降低的现象。若节流温度过低,就会有形成水合物的可能。因此,需对一次节流压力范围内节流后产生的温降进行计算,并与水合物形成条件进行对比分析。选取压力范围 $7.1\text{MPa} < p_{一次节流} < 9.7\text{MPa}$ 中的最大值与最小值。

根据焦耳—汤姆逊系数计算公式:

$$\mu_j = \frac{1}{c_p}\left[\frac{T \cdot (\rho p + \rho^2 bR)}{2\rho^2(bRT - a)} - \frac{1}{\rho}\right]$$

式中　c_p——比定压热容,J/(kg·K);

　　　T——来气温度,K;

　　　p——来气压力,Pa;

　　　ρ——密度,kg/m³;

R——真实气体常数,J/(kg·K);

a、b——范德瓦尔斯状态方程系数,$m^3 \cdot Pa/mol^2$,m^3/mol。

经过计算得到:

$$p_{一次节流} = 7.2MPa, T_{一次节流} = 27.92℃$$

$$p_{一次节流} = 9.6MPa, T_{一次节流} = 35.48℃$$

将其标至于水合物生成曲线中,如图4所示。

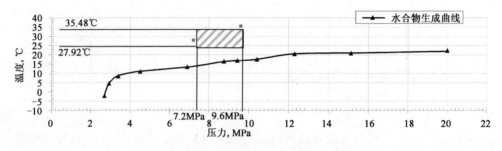

图4 实际二氧化碳气体水合物生成曲线

在该压力范围内节流,节流温度也一定处于方形区域内部。从图4中可以看出,方形区域位于水合物生成曲线之上,所以在该压力范围内节流不会有水合物的生成。

3. 一次节流压力变化与加热炉热负荷的关系

一次节流压力选取不同值时,就会得到不同的一次节流温度。当一次节流后的原料气进入加热炉进行二次加热时,就会与加热炉形成不同的温差,而温差越高的获得热量会越多,二次节流后温度也相应提高。因此需要对不同的一节压力进行分析。选取两个不同的一次节流压力进行讨论,令 $p_{一次节流1} > p_{一次节流2}$,同时列出两种情况下二次节流温度等式。

第一种情况:

$$T_{二次节流后1} = (\Delta T_{一次加热温升1} + \Delta T_{二次加热温升1}) - (\Delta T_{一次节流温降1} + \Delta T_{二次节流温降1})$$

第二种情况:

$$T_{二次节流后2} = (\Delta T_{一次加热温升2} + \Delta T_{二次加热温升2}) - (\Delta T_{一次节流温降2} + \Delta T_{二次节流温降2})$$

因为来气压力 $p_{来气}$(13MPa)和 $p_{二次节流}$(5.3MPa)是固定值,所以假设节流系数——焦耳—汤姆逊系数为一定值,这样从 $p_{来气}$ 节流至 $p_{二次节流}$ 所产生的温降为一定值,即:

$$\Delta T_{一次节流温降1} + \Delta T_{二次节流温降1} = \Delta T_{一次节流温降2} + \Delta T_{二次节流温降2}$$

这样二次节流后的温度只受到两次加热的影响。由于两种情况下气体首次进入加热炉的温度和压力是一样的(只选取不同的一次节流压力),所以一次加热的温升相同,即 $\Delta T_{一次加热温升1} = \Delta T_{一次加热温升2}$,从所列出的两种情况下的温度等式可以得知二次节流的温度就仅受到第二次加热的影响。在这里,列出一个原料气进入加热炉的简易流程示意图(图5)。

因为 $p_{一次节流1} > p_{一次节流2}$,背压越低,节流后产生的温降越大,所以,$T_{一次节流1} < T_{一次节流2}$。则第二种情况与 $T_{炉温}$ 的温差高,获得的热量多。根据前面所列出的温度等式得到,$T_{二次节流后1} < T_{二次节流后2}$。

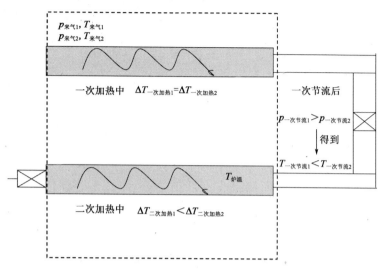

图5　加热汽化单元示意图

通过以上的分析可知,当一次节流压力低时,二次节流温度高。这样,当选取较小的一次节流压力时,就可以获得较高的二次节流温度;同样,当选取较大的一次节流压力时,二次节流温度会较低,而为达到所需要的二节温度,就必须提升加热炉温度,增加了燃气用量,提高了加热炉的负荷。所以,选取较小的一次节流压力,可以降低加热炉的负荷,并结合前面经计算得到的一节压力范围 $7.1\mathrm{MPa} < p_{一次节流} < 9.7\mathrm{MPa}$,最终确定一次节流压力应控制在 $7.2\mathrm{MPa}$。

四、结论

(1)通过分析 CO_2 混合气体相态图、实际 CO_2 水合物生成曲线、CO_2 饱和含水量图版,确定了二次节流温度范围,保证了原料气以纯气相进入原料气分离器,提高了设备脱水效果,同时降低原料气的饱和含水量,减少了 TSA 的脱水负荷。

(2)根据极限压降比、实际 CO_2 水合物生成曲线及一次节流压力与加热炉热负荷的关系,确定了一次节流压力,保证了一次节流背压处于临界压力范围之内,不会使流体产生自由膨胀成为不可控制的流体,确保了不会有水合物形成的现象,并降低了加热炉的负荷,减少了燃气用量。

参 考 文 献

[1] 冯叔初,郭揆常,等. 油气集输与矿场加工[M].2版.东营:中国石油大学出版社,2006.

[2] 沈维道,蒋智敏,童钧耕,等.工程热力学[M].北京:高等教育出版社,2001.

平衡流量计在 CO_2 计量中的误差浅析

康成基

摘　要:针对 CO_2 生产过程中受压力、温度变化的影响而易于形成水化物,造成采气系统的冻堵,难于实现连续、准确计量的难题,在某二氧化碳集气站改造中首次尝试应用了平衡流量计。本文通过介绍二氧化碳的采集生产特点,了解平衡流量计对 CO_2 气体和液体计量的方法,根据目前某二氧化碳集气站生产实际情况,浅析平衡流量计在 CO_2 生产计量误差产生的原因。

关键词:CO_2　相态　计量

一、引言

随着深层二氧化碳的勘探、开发应用范围的不断扩大,CO_2 含量高达90%左右的气井开始正常生产,生产前景看好。某二氧化碳集气站改造中设计选用了平衡流量计,但是在改造后的某二氧化碳集气站的 CO_2 生产实际中平衡流量计出现了计量误差,不能使 CO_2 计量连续、准确。本文通过分析 CO_2 的特性和平衡流量计对 CO_2 气液两相计量的性能,得出了一些产生误差原因的认识。

二、CO_2 的物理性质和相态特征

1. CO_2 的物理性质

当温度高于临界温度31.19℃时,在任何压力下,CO_2 都为一种超临界状态,不会变为液态或者固体;当温度低于临界温度且压力高于临界压力7.383MPa 时,CO_2 将为液态;当温度低于临界温度且压力低于临界压力时,CO_2 可能为气态、液态或气液混合状态。图1为 CO_2 三相分布图,它是分析二氧化碳相态的最直观、最简便的相图。

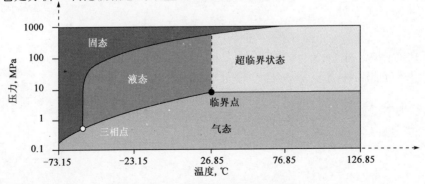

图1　CO_2 三相分布图(温度,压力)

CO_2气体相对密度为1.5192,比空气重。液态CO_2的密度随温度升高而减低,变化范围为463.9～1177.9 kg/m³;气态CO_2的密度随温度的升高而增大,变化范围13.8～463.9kg/m³;固态CO_2(干冰)的密度范围为1512.4～1595.2kg/m³,其密度随温度变化不大。

2. 生产过程中CO_2的相态特征

在地层条件下,通常地层温度高于CO_2的临界温度,因此CO_2以超临界状态存在。在开井生产的条件下,无论高产井还是低产井,随着开井时间的延长,地层压力及温度均将降低,流体密度也相应降低。在关井恢复压力的情况下,随着关井时间的延长,地层压力和温度均将升高,流体密度也相应上升。

改造后的某二氧化碳集气站的站外采气管线全部采用了电热带保温措施,有效地保持管线温度的恒定,使管道内的CO_2温度受外界环境温度的影响大大降低。初期开井生产的4口气井进站温度都控制在12℃左右,进站压力都在10～15MPa,满足了CO_2在采气管线内保持液态的条件。但是,随着开井时间的延长,进站CO_2液体温度、压力都会发生变化。不同气井的各自地质条件不同,产生变化需要的时间是不一样的。

三、平衡流量计的计量方法介绍

1. 平衡流量计的特点

平衡流量计对传统孔板装置进行了改进,将节流原理由边缘节流改为平衡节流,将多孔整流器和测量孔板合二为一,最大限度地将流体调整成理想状态。平衡流量计是一个多孔的圆盘节流整流器,安装在管道的截面上,每个孔的尺寸和分布基于独特的公式和测试数据定制,称为函数孔(图2)。当流体穿过圆盘上的函数孔时,流体将被平衡整流,涡流被最小化,形成近似理想流体。通过常规的取压装置可获得稳定的差压信号,再通过伯努利方程计算出流体的质量流量。

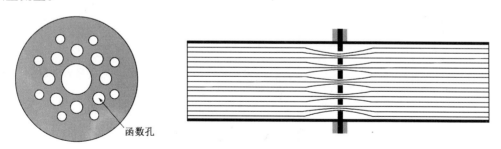

函数孔

图2　平衡流量计平衡流场,减少涡流和压力损失

质量流量计算公式如下:

$$Q_m = \frac{C}{\sqrt{1-\beta^4}} \varepsilon \frac{\pi}{4} D^2 \sqrt{2\Delta p \rho_1}$$

式中　Q_m——测量实际流量,kg·s⁻¹;

C——平衡流量计的流出系数;

ε——平衡流量计的气体膨胀系数;

Δp——实测差压值,Pa;

ρ_1——流体介质密度,kg·m^{-3};

D——平衡流量计的等效节流孔直径,m;

β——平衡流量计的等效径比,是等效节流孔与管道内径之比。

体积流量计算公式如下:

$$Q_v = \frac{Q_m}{\rho}$$

式中　　Q_v——流体体积,m^3·s^{-1};

ρ——测量流体体积时温度压力下的流体密度,kg·m^{-3}。

通过上述两个公式可以看出,平衡流量计自身的流出系数 C、气体膨胀系数 ε、等效节流孔直径 D 以及等效径比 β 都是厂家产品技术信息,一旦产品生产后这些参数都是固定不变的,只有密度数值 ρ 是需要现场实际测定并参与计算的。

通过质量流量计算公式计算出符合设计量程的 Q_m,即为设计给出的流量量程($Q_{刻度流量}$)同时计算出满量程时对应的差压值,这个数值就是平衡流量计的差压量程($\Delta p_{刻度差压}$)、现场的差压变送器量程以及流量计算都需要的参数,这个参数目前只能通过厂家的计算给出,现场的差压变送器要根据厂家提供的 $\Delta p_{刻度差压}$ 使用 HART 协议手抄器进行更改修正。

2. 平衡流量计对 CO_2 气液两相计量适应性分析

1)平衡流量计对 CO_2 气体的计量

用来测量 CO_2 气体的平衡流量计因其本身多孔的结构特点(图2)可以解决传统节流装置前有积液、后有涡流(图3)影响测量的缺陷。在解决了常见问题后,当 CO_2 气体经过平衡流量计被调整为较平稳的流体后,通过平衡流量计函数孔前后取压管取得差压值,同时因为气体的密度受到温度和压力影响变化较大,所以 CO_2 气体在通过平衡流量计前后设置了压力变送器和温度变送器(图4)对 CO_2 气体计量计算进行压力和温度补偿。

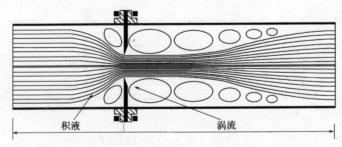

图3　节流装置积液及阀后涡流

CO_2 气体在计算机系统中的计算公式如下:

$$Q_{补偿后} = Q_{补偿前} \times \sqrt{K_{补偿系数}}$$

$$= Q_{刻度流量} \times \sqrt{\frac{\Delta p_{瞬时差压}}{\Delta p_{刻度差压}}} \times \sqrt{\frac{p_f + 101.325}{p_d + 101.325} \times \frac{273.15 + T_d}{273.15 + T_f}}$$

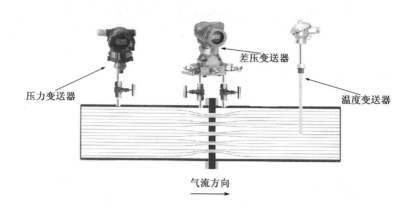

图4 平衡流量计测量气体的安装方法

式中　K——补偿系数；

p_f——压力变送器实际压力（表压），kPa；

p_d——压力变送器设计压力（表压），kPa；

T_d——温度变送器实际温度，℃；

T_f——温度变送器设计温度，℃。

在 CO_2 气体计算公式中可以看出，平衡流量计本体参数不变的情况下，在计算机系统中计算的气体流量只能根据厂家提供固定的密度计算流量，出现变化时无法进行调整，尤其是初次开井后气体的组分是否与设计参数一致将会直接影响到平衡流量计的流量计量。

2）平衡流量计对 CO_2 液体的计量

平衡流量计因其多孔的特点解决了以往 CO_2 液体温度降到零下时流体中水合物等杂质增多造成沉积而使流量计的冻堵的问题。

CO_2 液体与气体的安装方式基本相同，不同的是为了防止 CO_2 液态流体里含有的气体窜入到平衡流量计的取压管中，造成平衡流量计前后引压管压力不稳，前后差压不准，使计量数据不准，所以安装时取压管需要向下90°～45°安装，便于气泡的排除。

CO_2 液体在计算机系统中的计算公式如下：

$$Q_{测量流量} = Q_{刻度流量} \times \sqrt{\frac{\Delta p_{测量差压}}{\Delta p_{刻度差压}}}$$

平衡流量计厂家在 CO_2 液体质量计量时，同样存在无法根据生产的实际情况调整流体密度的弊端。

四、平衡流量计在气田 CO_2 计量的误差分析

某二氧化碳集气站辖5口气井。表1为设计图纸中某二氧化碳集气站气井天然气组分分析表。

平衡流量计厂家根据设计提供的表1，经过计算，得出表2（井3与井4站内使用一套阀组）。

表 1　某二氧化碳集气站气井天然气组分分析表

井号	密度 kg/m³	天然气组分						日产气量 10⁴m³	日产水 m³
		CH₄ %	C₂H₆ %	C₃H₈ %	iC₄H₁₀ %	CO₂ %	N₂ %		
井1	1383	14.79	0.22			84.863	0.123	0.8	1
井2	1432	9.503	0.167			89.69	0.645	1.0	1
井3	1385	14.214	0.194		0.006	84.91	0.632	0.6	8
井4	1418	10.759	0.19	0.056		88.173	0.805	1.5	3
井5	1403	12.29	0.19	0.042		86.61	0.77	1.5	1

表 2　某二氧化碳集气站气井计算表

井　号	流体介质	生产温度,℃	生产压力,MPa	公称直径 mm	β值	刻度流量,kg/h	刻度差压,kPa
井1	CO₂液	8	12.4	50	0.25	1200	7.387049
井2	CO₂液	5	14.9	50	0.3	1800	8.525217
井3、井4	CO₂液	9	12.4	65	0.25	1200	3.503963
井5	CO₂液	5	15.9	65	0.25	1800	7.140773
外输气	CO₂气	18	5.15	80	0.45	4800	14.48627

　　某二氧化碳集气站各井开井后的温度略高于设计给出的温度5℃左右,在12℃左右,气井进站压力与设计压力相差±2MPa,生产条件基本与设计一致。在这样的生产条件下,通过图1可以看出CO₂都是液态方式存在的,管道外有保温层受到环境影像较小,不具备在管线中气化的条件,但是即使在这样与设计条件相差不多条件下,某二氧化碳集气站投产时平衡流量计出现差压变化频繁不稳定、差压值相差较大、有时从零点直接跳到满量程数值甚至超量程的现象,根本无法对CO₂液进行计量。

　　通过分析现场实际情况并与设计结合得出以下几点可能引起误差的原因:

　　(1)平衡流量计计量的是理想状态下采气管线中满管都是100% CO₂液的情况,未考虑采气管线中还有CH₄等占9%～14%的可燃气体。而CH₄的密度0.717 kg/m³,CH₄是不易溶解于CO₂液中的,在管线中以气体的形式存在,使管线存在气液两相流体。目前测量气液两相流量仍是世界性的难题,平衡流量计也不能解决这个条件下的流量计量,所以平衡流量计在进站计量混有CH₄气体的CO₂液时出现差压变化频繁,计量误差大。

　　(2)没有考虑CO₂气井连续生产时生产参数变化引起密度变化的情况,厂家不能提供平衡流量计本身参数供后期调整流量计算参数,不能按照变化的生产参数来计算合理的$\Delta p_{刻度差压}$,流量计就无法准确计量。

　　(3)对于CO₂气的计量,在设计图纸中没有考虑管线在东北环境±30℃的条件下管线内CO₂气的密度变化很大,无法根据密度变化进行流量计算的调整,显然平衡流量计存在很大的弊端,即使增加了温度、压力补偿,仍然无法解决现有问题。

(4)平衡流量计需要根据固定的设计参数进行生产的,有着自身固定的计量参数。因为计量检定机构无法模拟出设计参数环境,所以无法对平衡流量计进行流量检定。

五、结论及认识

平衡流量计虽然有着自身的特点和优势,也能解决一些以前常见的问题,但是由于 CO_2 的生产采集过程情况复杂,气井相态存在变化,平衡流量计不能根据实际情况进行相应的调整,导致目前生产条件下流量计量十分不准确,产生很大误差,使得平衡流量计无法正常用于 CO_2 的气井生产的计量。

浅谈采气工程射线检测标准 JB/T 4730—2005 与 SY/T 4109—2005 的区别

魏　坤

摘　要:采气工程涉及的射线检测标准包括 JB/T 4730—2005《承压设备无损检测》和 SY/T 4109—2005《石油天然气钢质管道无损检测》,它们对无损检测质量和焊接质量的要求存在很大差异。本文通过分析两个标准的不同之处,为今后无损检测管理和焊接管理提供技术上的借鉴。

关键词:采气　射线检测　标准　区别

一、引言

目前,采气工程主要采用的标准是 JB/T 4730—2005《承压设备无损检测》和 SY/T 4109—2005《石油天然气钢质管道无损检测》。这两个标准存在很多不同之处,包括射线源和能量的选择、透照次数、底片质量和质量分级等方面。采用不同的标准,对焊接的质量要求存在很大的差别,对焊道质量管理的侧重点也不同。例如,当 5mm < T ≤ 10mm 时,JB/T 4730—2005 规定Ⅰ级焊缝允许缺陷点数为 1 点,Ⅱ级为 3 点,Ⅲ级为 6 点;而 SY/T 4109—2005 对应的为 2 点、6 点、12 点。JB/T 4730—2005 中Ⅲ级内不允许存在任何形式的未熔合,而 SY/T 4109—2005 中Ⅱ级允许层间未熔合和根部未熔合的存在。

在采气工程中,无损检测按照 SY/T 4109—2005《石油天然气钢质管道无损检测》JB/T 4730—2005《承压设备无损检测》标准执行,并且经常出现同一检测单位和施工单位同时使用不同检测标准的现象。为了使无损检测单位和焊接施工单位能够清晰认识到两个标准的不同,进行差别化管理,分析采气工程无损检测的标准体系及其对焊接质量管理的影响是十分必要的。

本文通过分析 JB/T 4730—2005《承压设备无损检测》和 SY/T 4109—2005《石油天然气钢质管道无损检测》这两个标准的不同之处,总结其对无损检测质量和焊接质量的影响,帮助无损检测单位和焊接施工单位明确工作依据,提出具体的质量控制措施,保证焊接施工的质量和进度。

二、标准内容的区别

1. 范围

JB/T 4730—2005 适用的金属材料有碳素钢、低合金钢、不锈钢、铜及铜合金、钛及钛合金、镍及镍合金。SY/T 4109—2005 适用的金属材料为碳素钢和低合金钢。

JB/T 4730—2005 检测对象主要是承压设备金属材料受压元件的熔化焊对接接头,也可检测支承件和结构件的熔化焊对接接头,规定被测件壁厚为 2~400mm。SY/T 4109—2005 的检测对象为管道环向对接接头,规定被测件壁厚为 2~50mm。

JB/T 4730—2005 将射线检测技术分为 A、AB、B 三级。SY/T 4109—2005 无此规定,其检测技术等级与 JB/T 4730—2005 中 AB 级相当。

在石油天然气工程建设中,涉及的材料以碳素钢和低合金钢为主,但对于有些腐蚀性介质,必须采用特殊材料。因此,长期以来,各种不锈钢材料在石油天然气工程建设中都有大量应用,而 SY/T 4109—2005 仅适用于碳素钢和低合金钢,加之其被测件壁厚在 2~50mm 范围内,这限制了 SY/T 4109—2005 的应用。

2. 术语和定义

与 JB/T 4730—2005 比较,SY/T 4109—2005 增加了缺欠的定义,并将未熔合分为表面未熔合和夹层未熔合。

SY/T 4109—2005 将缺欠定义为"按无损检测方法检出的不连续性",将缺陷定义为"超出合格级别的缺欠",而 JB/T 4730—2005 中只有缺陷的定义。SY/T 4109—2005 将表面未熔合定义为"熔焊金属与母材之间未能完全熔化结合且延续到表面的未熔合",包括外表面未熔合和根部未熔合;将夹层未熔合定义为"熔焊金属之间或熔焊金属与母材之间未能完全熔化结合,但不延续到表面的未熔合",包括层间未熔合和坡口未熔合。JB/T 4730—2005 规定凡发现未熔合缺陷只能评定为 Ⅳ 级,而 SY/T 4109—2005 允许一定未熔合的存在,但对外表面未熔合是不允许的。

3. 射线源和能量的选择

1)射线源的选择

JB/T 4730—2005 提及的 γ 源有 75Se,192Ir 和 60Co,而 SY/T 4109—2005 中未提及 60Co。因为 60Co 是能量很高的 γ 源,对钢材而言,其穿透厚度范围约 40~200mm,而油气管道以薄壁管居多,所以应用很少。若在一些压力很高的装置中采用 60Co 进行检测,就只能采用 JB/T 4730—2005 标准。

2)射线能量的选择

SY/T 4109—2005 对射线能量有更严格的要求,主要体现在薄壁情况下,但在透照厚度大于 9mm 时,两个标准要求几乎一致。对于管道检测而言,往往透照厚度差较大,如果只考虑对比度因素,就必然减小底片的有效评定区域,曝光时间延长,检测速度下降,从而增加检测成本。所以,可以在标准允许的范围内适当增加管电压。标准要求最高增加的管电压不得超过 50 kV。

4. 透照次数

最少透照次数是检测人员非常关心的问题,因为透照次数对检测质量、效率和成本有着直接影响。对于周向透照和单壁单影透照而言,透照次数容易得到,但对于双壁双影和双壁单影则难于准确把握。表 1 为常见钢管环焊缝 X 射线的两个标准规定最少透照次数的对比结果。对于需要进行双壁双影透照的小径管,SY/T 4109—2005 定义为外径 89mm 的钢管,而 JB/T 4730—2005 定义为外径≤100mm 的钢管。对于小径管的透照次数,JB/T 4730—2005 写得更准确一些,而 SY/T 4109—2005 未作严格规定,透照次数可根据具体情况而定。对于管径

$100\,\text{mm} < D_0 \leqslant 400\,\text{mm}$ 的钢管,双壁单影的透照工艺得到广泛应用。JB/T 4730—2005(AB 级)规定这种情况下 K 值可取 1.2。SY/T 4109—2005 规定,管径尺寸 > 250mm 时,其 K 值可取 1.1,但对直径 < 250mm 的管道,透照次数却放松到 4 次,且不受壁厚限制,这不得不说是一个漏洞。如对 < 108mm×8mm 钢管环焊缝分 4 次进行双壁单影透照,经计算,其 K 值为 1.3。而对于 < 273mm 的钢管,若按 K 值 1.1 计算,最小透照次数为 6 次。

表 1   常见钢管环焊缝 X 射线最少透照次数对比表

钢管直径 mm	SY/T 4109—2005			JB/T 4730—2005		
	壁厚 mm	透照方式	规定透照次数	壁厚 mm	透照方式	规定透照次数
25	未严格要求,仅规定在椭圆显示有困难时,进行垂直透照	双壁双影或垂直透照	双壁双影 ≥ 2 次,垂直透照 ≥ 3 次	≤3	双壁双影	2
				>3	垂直透照	3
89				≤8	双壁双影	2
				>8	垂直透照	3
108	未作规定	双壁单影	4	≤11	双壁单影	5
				>11		6
219	未作规定		4	≤7		4
				>7		5
273	≤38		6	≤16		4
	>38		7	>16		5
377	≤15		5	≤56		4
	>15		6	>56		5
426	≤25		5	≤25		5
	>25		6	>25		6
720	≤84		5	≤83		5
	>84		6	>83		6

注:(1)SY/T 4109—2005 中 K 值取 1.1。JB/T 4730—2005(AB 级),当 $100\,\text{mm} < D_0 \leqslant 400\,\text{mm}$ 时,K 值取 1.2;当 $D_0 >$ 400mm 时,K 值取 1.1(D_0 为管外径),焦距取 $D_0 + 160$。

(2)当管径能满足周向透照条件时,尽量采用周向透照。

另外,SY/T 4109—2005 规定,"当射线源在钢管外表面的距离 ≤15mm 时,可分为不少于三段透照,"这其实是针对 γ 源双壁单影透照法的;JB/T 4730—2005 无这样的规定,这在使用时要注意。

5. 底片质量

1)像质计的选用

JB/T 4730—2005(AB 级)在像质计的选用上比 SY/T 4109—2005 更严格。当透照厚度小于 20mm 时,两个标准差别不大,但当透照厚度大于 20mm 后,差别可达 1 根钢丝,可见是很明显的。值得说明的是,JB/T 4730—2005 中公称厚度和透照厚度是针对工件厚度而言的,不包括焊缝余高;而 SY/T 4109—2005 中定义的透照厚度包括了焊缝余高,对于单面焊缝,余高为 2mm;对于双面焊缝,余高为 4mm,在使用标准时要注意。

2)底片黑度

JB/T 4730—2005 规定 AB 级底片黑度范围为 $2.0 \leq D \leq 4.0$,同时规定使用 X 射线对小径管或截面厚度变化大的工件透照时黑度可降至 1.5。SY/T 4109—2005 规定 X 射线底片黑度范围为 $1.5 \leq D \leq 4.0$,γ 射线底片黑度范围为 $1.8 \leq D \leq 4.0$。相比之下,两个标准对 X 射线照相要求的底片黑度是相近的,对于 γ 射线而言,JB/T 4730—2005 要求略高一些。在实际操作中,应尽量将黑度控制在 $2.5 \leq D \leq 3.5$,因为过小的黑度不能保证底片具有足够的对比度,过大的黑度会导致人眼识别能力下降。

6. 质量分级

JB/T 4730—2005 中将压力管道分列出来,根据压力管道的特点,制定了相应的质量分级标准。以下对 SY/T 4109—2005 中的第 14 条与 JB/T 4730—2005 中的第 6.1 条进行了比较分析。

1)缺陷类型和一般规定

(1)缺陷类型。

JB/T 4730—2005 将缺陷类型按性质划分为裂纹、未熔合、未焊透、条形缺陷、圆形缺陷、根部内凹和根部咬边共 7 类。SY/T 4109—2005 将缺欠类型分为裂纹、未熔合、未焊透、条形状夹渣、圆形缺欠、内凹、烧穿和内咬边共 8 类。相比之下,SY/T 4109—2005 多了"烧穿"这一根部缺欠。在采用 JB/T 4730—2005 标准进行评定时,对于根部烧穿缺陷,如果根部烧穿得到了有效地修补,焊缝成型良好,且根部焊缝高度不低于母材,建议可不进行评定;如果焊缝低于母材,建议参照根部内凹进行评定。

(2)一般规定。

两个标准都规定 I 级焊缝只允许存在圆形缺陷。JB/T 4730—2005 中Ⅲ级以内不允许存在任何形式的未熔合,而 SY/T 4109—2005 中Ⅱ级允许存在层间未熔合和根部未熔合,这是两个标准的最大区别。另外,SY/T 4109—2005 中Ⅱ级以内不允许存在烧穿,一般来说,油气压力管道都是Ⅱ级合格,所以,在 SY/T 4109—2005 中烧穿基本上也算是需要返修的缺陷。

2)缺陷的分级

(1)圆形缺陷的分级。

对于缺陷评定区的划分,两个标准略有不同。JB/T 4730—2005 规定,对于小径管($D_0 \leq$ 100mm),不论壁厚大小,评定区尺寸均取 10mm ×10mm。对于圆形缺陷级别的划分,当管壁厚度 > 15mm 时,两标准几乎一致。但在管壁较薄时存在明显的差异,相比之下 JB/T 4730—2005 要严格得多。当管壁厚度在 5mm < $T \leq$ 10mm 时,SY/T 4109—2005 规定 I 级焊缝允许缺陷点数为 2 点,Ⅱ级为 6 点,Ⅲ级为 12 点;而 JB/T 4730—2005 规定 I 级焊缝允许缺陷点数为 1 点,Ⅱ级为 3 点,Ⅲ级为 6 点。虽然 JB/T 4730—2005 规定对各级别的圆形缺陷点数可放宽 1~2 点,但只是针对"由于材质或结构等原因,进行返修可能会产生不利后果"的情况,所以最好不要利用这一条来放松评定尺度,以免引起争议。在油气压力管道中,管壁厚度大多在 5mm < $T \leq$ 10mm 范围内,且由于圆形缺陷危险程度不高,所以 SY/T 4109—2005 略

为宽松的尺度不会缩短产品的使用寿命。需要说明的是,对于不计点数的缺陷,多于 10 个就降低一级,仅对"质量等级为 Ⅰ 级的对接接头和管壁厚度 T ≤5mm 的 Ⅱ级对接焊接接头"而言,这一条两个标准是一致的。

(2)条形缺陷的分级。

①SY/T 4109—2005 对条形缺陷的评定分两种情况,一种是外径 $D_0 > 89mm$,一种是 $D_0 \leq 89mm$;JB/T 4730—2005 没有管径之分。

②JB/T 4730—2005 中 Ⅱ级规定条形缺陷最小为 4mm;SY/T 4109—2005 中 Ⅱ级规定条形缺陷最小为 10mm,对于相邻缺陷作为 1 个缺陷处理,且间距也要计入缺陷长度之中。相比之下,JB/T 4730—2005 要严格一些。

③JB/T 4730—2005 引入了条形缺陷评定区的概念,且与圆形缺陷评定区一样,根据壁厚的增加,评定区宽度也随之增加。

④SY/T 4109—2005 规定条形缺陷的宽度不能超过 2mm;JB/T 4730—2005 未对缺陷宽度进行规定。

⑤对于缺陷总长度的规定,两个标准的评定方法有所不同。对于小径管,SY/T 4109—2005 是按照缺陷总长占管周长的百分比进行分级的,对于外径 $D_0 > 89mm$ 的管道,如果每张底片效评定区长度不足 300mm,在计算条形缺陷总长时,需将 2 张或 2 张以上的底片进行叠加以满足评定条件。对于 JB/T 4730—2005 而言,也应采用相同的方法以满足 12 T 或 6 T 的要求,对于长度低于 12 T 或 6 T 的焊缝,标准没有提到按比例折算。

总之,JB/T 4730—2005 较 SY/T 4109—2005 更严密。

(3)未焊透的分级。

① JB/T 4730—2005 只允许不加垫板单面焊的未焊透存在;SY/T 4109—2005 允许任何组焊工艺的未焊透存在。

② JB/T 4730—2005 要求对未焊透深度采用沟槽对比试块进行测量,且提出了相应的标准;SY/T 4109—2005 只对未焊透长度进行评定。

③对于小径管,SY/T 4109—2005 对未焊透的单个长度和总长都进行了规定;JB/T 4730—2005 只对未焊透的总长进行了规定。对于单个未焊透和未焊透总长,两个标准都进行了相应不同的规定,在此不再赘述。对未焊透的总长评定方法,可参照条形缺陷进行。

(4)其他缺陷的评定。

① JB/T 4730—2005 对根部内凹和咬边的评定标准是一样的;SY/T 4109—2005 对这两类缺陷是分别进行评定的,且对内咬边的要求相对来说更加严格。

② JB/T 4730—2005 中 Ⅲ级以内不允许存在任何形式的未熔合;SY/T 4109—2005 中 Ⅱ级允许层间未熔合和根部未熔合的存在。

③ SY/T 4109—2005 标准对烧穿缺陷的深度和长度进行了规定。

(5)综合评级。

对于综合评级的概念,两个标准是完全不一样的。JB/T 4730—2005 是取质量级别最低的级别作为综合级别,如果各类缺陷级别相同,则降低一级作为综合级别。SY/T 4109—2005 是以任何连续 300mm 的焊缝长度中以条状夹渣、未熔合和未焊透的累计长度来进行评级的,圆形缺陷、内凹、内咬边和烧穿都不参与综合评级。

三、结论及认识

（1）总体而言，JB/T 4730—2005 对无损检测的要求比 SY/T 4109—2005 高，使用范围广，并且 JB/T 4730—2005 属于国标范围，效力较 SY/T 4109—2005 强。所以鉴于采气工程高压、易爆的特点，除非设计明确使用 SY/T 4109—2005 标准，否则应尽量使用 JB/T 4730—2005，更加严格地控制焊道质量。同时对设计提出建议，尽量使用 JB/T 4730—2005。

（2）JB/T 4730—2005 对透照次数的要求很明确，对费用的认定比 SY/T 4109—2005 规范。

（3）使用 JB/T 4730—2005 评定的工程，需要重点对气孔、未熔合缺陷进行重点控制。

差压变送器准确性影响因素浅析

李晓娇　韩喜龙　耿立军

摘　要:本文通过对井站应用的差压变送器故障表现进行归纳研究,结合故障实例进行了深入的分析,总结出影响差压变送器测量准确性的各类因素,并根据经验总结出了故障判断的方法,为其他仪表管理人员提供参考。

关键词:差压变送器　准确性　影响因素

随着庆深气田井站集输工艺自动化程度的不断提高,差压变送器在采气井站已得到了广泛的应用,在井站自动控制系统中的作用也显得日益重要。差压变送器测量的准确性直接关系到井站的正常生产和运行。

一、工作原理及分类

1. 工作原理

来自双侧导压管的差压直接作用于变送器传感器双侧隔离膜片上,通过膜片内的密封液传导至测量元件上。测量元件将测得的差压信号转换为与之对应的电信号传递给转换器,经过放大等处理变为标准电信号输出。

2. 差压变送器的分类

1)按转换原理分类

差压变送器可分为电容式、电感式、应变式和频率式等,目前某作业区应用的主要是电容式差压变送器。其测量原理可概括为:介质差压通过隔离膜片和硅油传递给位于中心室的测量膜片,测量膜片起着弹性元件作用,随它两边的差压而变形。测量膜片的位移与差压成正比。测量膜片的位移使感压膜片与两固定电极所形成的差动电容器之电容量发生变化。此电容变化量由测量电路转换成直流电流信号,这个电流信号与调零信号的代数经运算放大电路转换为 4~20mA 直流电流输出(图1)。

图1　电容式差压变送器的测量原理图

2)按用途分类

与节流元件相结合,利用节流元件前后产生的差压值测量流体流量(图2),主要作为孔板计量的配套装置测量流体流量。

利用液体自身重力产生的压力差,测量液体的高度(图3),主要用于分离器液位的测量。

直接测量不同管道、罐体液体的压力差值(图4),主要用于三甘醇闪蒸罐等压力差值的测量。

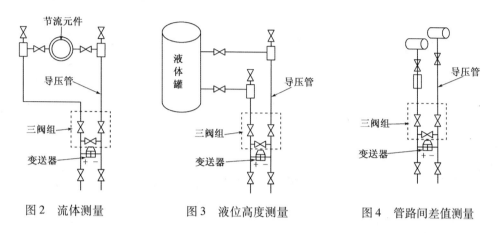

图2　流体测量　　　　　　图3　液位高度测量　　　　　图4　管路间差值测量

二、现场应用情况

通过统计,作业区差压变送器2011年上半年共出现故障47次(表1)。其中,由于变送器自身原因故障导致的测量不准确20次,占总数的42.6%;由外部因素影响准确测量27次,占总数的57.4%。而自身原因故障影响测量最主要的为零点漂移,外部原因导致测量不准主要是导压管故障引起的。

表1　作业区差压变送器故障统计表

故障原因		次数
变送器自身故障	零点漂移	18
	膜盒卡涩	1
	膜盒漏油	1
外部因素影响	线路故障	6
	导压管故障	20
	安装因素	1
合计		47

三、准确性影响因素分析

1.变送器自身故障

1)零点漂移

变送器在使用过程中均会有漂移现象,此现象是不可能绝对避免的。这主要在于它是基于一种材料的弹性形变,不论其材质弹性如何良好,每次弹性恢复后总会产生一定弹性疲劳。虽然漂移产生的误差在精度范围内是对准确性没有影响的,但如果漂得很严重,超过了精度的控制或经常发生漂移,就会影响到变送器测量的准确性。

影响表现:放空或停气时,变送器显示值超过精度的控制或者应用时输出信号总是偏低。

原因分析:差压变送器零点不稳,有漂移。对于变送器存在的漂移现象,主要是由所使用的材料和变送器工作的环境所决定的,具体原因如下:

一是变送器自身原因。漂移的大小主要在于应变材料的选用,材料的结构或是组成决定其稳定性或是热敏性。材料选好后的加工制成也很重要,工艺不同,会生产出不同效果的应变值。为此,变送器自身所应用的元器件性能不好或设计存在缺陷,就为零点漂移提供了内在条件。目前,作业区部分井站采用的差压变送器零点漂移严重,并且调整后仍不稳定,经常发生漂移,这主要是由于该类变送器存在内部电路中有虚焊点等质量问题。

二是超量程使用。膜片受到超压的冲击,导致零点漂移。某井由于刚开井时瞬时流量较大,使差压变送器在短时间内超出量程,导致变送器因过压而出现严重的零点漂移。

三是维护和操作不当。启停表时未按操作规程操作,使变送器单向过压,虽然现在生产的差压变送器有的不怕单向过压,但不怕不等于不产生单向附加误差,而只是附加误差在允许范围,长时间的错误操作就会使变送器产生严重漂移,影响准确性。某站差压变送器经常发生零点漂移,后经调查发现,该站工人并未按操作规程来进行启停表以及放空的操作,后经改正,并进行零点重新标定后漂移次数明显减少。

四是环境温度变化。这是由于半导体元件的导电性对温度非常敏感,而温度又很难维持恒定。温度的变化会使三极管的静态工作点发生微小而缓慢的变化,这种变化量会被后面的电路逐级放大,最终在输出端产生较大的电压漂移。通常压力传感器都要进行温度补偿,利用另一种温度特性相反的材料抵消温度引起的变化,或者使用数字补偿技术。而如果变送器的传感器和电路板没有做温度补偿或者做得比较差,还有就是电路板芯片电阻温度系数太低、精度太差,或仪表保温出现问题,就会使变送器的准确性由于温度的变化而受到影响。某站瞬时流量出现异常变化,后经检查发现由于电热带故障,致使温度出现了25℃到5℃的大幅度变化从而导致变送器零点产生了不在精度范围内的漂移,影响了计量的准确性。

解决办法:如果变送器的量程零点为零,可以关闭正负压室截止阀,打开平衡阀,进行零点校验;否则只能拆回变送器,在校验台上校验标定。

2)膜盒卡涩

影响表现:差压变送器输出不变化或变化很小及缓慢。

原因分析:差压变送器的膜盒被测量介质结晶或其他异物卡住,使膜盒传递位移缩小,致使差压变送器的输出不变化或变化很小及缓慢。

解决办法:把差压变送器的正负压室排净后,轻轻敲击变送器的外壳,消除膜盒的摩擦力与卡涩现象,使之处于自由状态。如仍不能解决,可用稍大的力量敲击。因为这种现象有时是膜盒被测介质的污垢包围着,使被测介质不能直接作用于膜盒,减弱了膜盒感测介质的灵敏度,使输出指示增高或降低,因此,要多次排放,把污垢排放干净。

3)膜盒漏油

影响表现:某站变送器正常差压值应为15kPa,但输出指示越来越低,最后输出指示就不随被测介质参数的变化而变化,指示接近于0MPa。

原因分析:变送器膜盒漏油,油漏得越多变送器的输出越低,变化范围随之减小。如果油漏得太多,变送器输出就不随被测介质参数的变化而变化了,仅指示0MPa。

解决办法:调换变送器膜盒或重新充油。

2. 外界因素

1)线路故障

影响表现:变送器接电后无输出。

原因分析:(1)接错线;(2)导线本身的断路或短路;(3)电源无输出;(4)导线虚接。

解决办法:可以通过测电压、量电阻、摇绝缘等方法,进行故障的判断和处理。

实例分析:某站变送器现场有供电但无输出,后经检查发现是导线虚接,重新连接后,恢复正常工作。

2)引压管故障

一是由于堵塞,数据显示异常。

影响表现:输出值指示偏低(偏高),打开排污阀或差压变送器泄放螺钉时,水排出很少或没有。

原因分析:测压出口处、一次阀及导压管和三阀组的高(低)压阀及进变送器接头等处有堵塞现象。高压侧堵塞,变送器输出电流低或者4mA以下,显示差压变小;低压侧堵塞,变送器输出电流偏高或超最大,显示差压变大,造成测量不准。

解决办法:导压管的堵塞原因主要是测量导压管不定期排污或测量介质黏稠、带颗粒物等,应设法疏通。

实例分析:某站变送器输出值偏低,经检查发现是高压侧堵塞,后经放空等处理后,恢复正常工作。

二是由于泄漏,数据显示异常。

影响表现:输出值指示偏低(偏高)。

原因分析:差压变送器的高压侧一次阀、导压管、三阀组的高压阀及进变送器正压室接头等处有泄漏,则正压室的压力变小,造成差压变小,变送器输出电流偏低或4mA以下。差压变送器的低压侧一次阀、导压管、三阀组的低压阀及进变送器负压室接头等处有泄漏,则负压室的压力变小,造成差压变大,变送器输出电流偏高或超过20mA。

解决办法:处理好泄漏点,仪表才能正常运行。

实例分析:某站孔板计量瞬时偏高,经检查发现是三阀组的低压阀漏气导致测量不准,后经更换后恢复正常。

三是由于平衡阀未关严或内漏,数据显示异常。

影响表现:变送器输出指示偏低。

原因分析:与差压变送器相匹配的平衡阀未关严或内漏,就会平衡变送器的部分高低压差,相当于变送器测量范围增大,使变送器输出指示偏低。如果平衡阀内漏严重,则变送器输出指示就可能为0MPa了。

解决办法:关严或更换平衡阀。

实例分析:某站孔板流量计计量的瞬时流量逐渐减小,后经现场检查发现是工作人员在进行放空操作后未将平衡阀关严,致使影响了测量的准确性。

四是由于导压管接反,数据显示异常。

影响表现:某站的差压变送器当开表投运时,其输出不但不上升,反而跑零下。

原因分析:正负压室引压管接反。

解决办法:正确安装后恢复正常。

3)安装影响

由于差压变送器安装位置变化,引起其输出变化、产生附加误差的因素主要为差压变送器测量点与安装点的高度差和差压变送器的倾斜。

一是测量点与安装点高度差的影响。由于工业现场总体设计的需要,差压变送器往往不能安装在使用现场的测量点附近,而是通过引压管引压到一个比较集中的地方,以便于维护和管理。这就会造成测量点与安装点之间存在高度差,引压管中的传压介质就会因高度差产生附加压力,从而产生影响,引入附加误差。

二是差压变送器的倾斜影响。差压变送器在测量时,检测元件是通过检测中心测量膜片的形变位移来感知两边压力差的。由于中心测量室内充满了灌充硅油,当差压变送器沿着垂直于测量膜片平面方向倾斜时(以下简称为左或右倾),灌充硅油本身对测量膜片会产生压力,引起膜片形变,导致输出值的变动。而当差压变送器沿着与测量膜片平面平行的方向倾斜的时候(以下简称为前倾或后倾),灌充硅油就不会压迫测量膜片,因此无影响。

以上两点对变送器的影响可概括为:

一是不同量程的变送器受倾斜影响的程度不同,量程越小,影响越大;

二是当差压变送器前倾和后倾时,其输出线性和输出值变化不明显,不会影响其正常使用;

三是当差压变送器左倾或右倾时,其输出值将根据倾斜角度发生单方向的漂移,角度越大,影响越大,但线性不会有明显变化。

差压变送器在使用中,由于其测量点与安装点位置的高度差、安装位置的左倾或右倾,将产生较大的附加误差,但因其线性度未发生变化,因此可采用调整零位的方法恢复其正常的测量性能,将保证其在工业过程自动化测量与控制中的正确使用,确保生产工艺正确、有效实施。

影响表现:用孔板流量计测量液体流量时,差压变送器指标合格,安装工艺及孔板设计均无问题,开表后指示偏低。

原因分析:高压管线有气体或低压管线最高位置比高压管线高,造成附加静压误差,使指示值偏低。

解决办法:重新进行零点调整。

四、故障判断方法总结

通过对差压变送器故障的总结分析,并根据日常维护中的经验,总结归纳了一些故障判定分析的方法和分析流程。按此流程对故障进行分析,能够实现快速、有效地判断出故障原因。

1.先期调查

回顾或询问故障发生前是否有打火、冒烟、异味、供电变化、雷击、潮湿、误操作、误维修等现象。

2.直观检查

检查回路的外部是否有损伤,引压管是否泄漏,回路是否过热,供电开关的状态等。

3.分步检测

一是断路检测。将怀疑有故障的部分与其他部分分开来,查看故障是否消失。如果消失,则确定故障所在,否则可进行下一步查找,如智能差压变送器不能正常 Hart 远程通信,可将电源从表体上断开,用现场另加电源的方法为变送器通电进行通信,以查看电缆是否叠加有电磁信号而干扰通信。

二是短路检测。在保证安全的情况下,将相关部分回路直接短接。如差变送器输出值偏小,可将导压管断开,从一次取压阀外直接将差压信号直接引到差压变送器双侧,观察变送器输出,以判断导压管路的堵、漏的连通性。

三是替换检测。将怀疑有故障的部分更换,判断故障部位。如怀疑变送器电路板发生故障,可临时在备用表上更换一块,以确定原因。

四是分部检测。将测量回路分割成几个部分,如供电电源、信号输出、信号变送、信号检测,按部分检查,由简至繁,由表及里,缩小范围,找出故障位置。

五、总结及建议

(1)影响变送器准确性最主要的两个原因是零点漂移和导压管故障;

(2)应把好选型关,尽量排除变送器自身原因对测量准确性的影响;

(3)应做好变送器投入前的检查工作,主要指零点以及变化趋势的检查,如零点漂移应立即修正零点,从而防止因环境温度、安装倾斜等因素造成的零点漂移从而导致测量不准;

(4)建立变送器的日常检查和维护制度,定期对导压管进行排污和检查保温伴热是否正常,定期对变送器零点进行检查和修正;

(5)加强管理与操作培训,排除操作维护不当对测量准确性的影响。

参 考 文 献

[1] 王森,朱炳兴.仪表工试题集[M].北京:化学工业出版社,1992.

[2] 乐嘉谦.仪表工手册[M].北京:化学工业出版社,1998.

天然气净化厂 CO_2 压缩机选型探讨

付　源　李成斌　邢　琛

摘　要:天然气净化厂的尾气回收单元将脱碳单元分离出的二氧化碳增压外输至下游回注利用,减少二氧化碳排放的同时回注驱油,促进原油增产。本文重点根据尾气回收单元的工艺需求,通过对各类压缩机的特点和适应性的对比分析,选定压缩机的类别和结构形式,同时,利用引进机头和国内组装等手段来保障压缩机运行质量。

关键词:压缩机　选型　二氧化碳

一、二氧化碳回收工艺概况

CO_2 回收装置的原料气来自于胺液再生系统,压力 0.06MPa,气量 $18.62 \times 10^4 m^3/d$。经一段压缩机增压、分子筛脱水,其中 $11.5 \times 10^4 m^3/d$ 的 CO_2 外输至 1 号液化站回注驱油,其余经二段压缩机增压,输送至 2 号液化站回注驱油。

二、压缩机选型

1. 选型原则

压缩机选型与处理量大小、气量稳定性、机组配置及投资费用等方面密切相关。选型过程中通常把握以下原则:一是满足工艺需求、适应工况特点;二是技术可靠,运行平稳;三是综合考虑投资成本和运行维护成本。在实际工业生产中,螺杆机、离心机和往复机作为动力机械应用广泛、适应性强,本文对上述三种机型进行优选。

2. 工艺需求及特点

1)一段压缩机工艺需求及特点

一段压缩机是将尾气压力由 0.06MPa 提至 2.85MPa,满足下游的分子筛脱水工艺及外输至 1 号液化站的压力要求。有如下特点:

一是流量小。介质流量为 $0.78 \times 10^4 m^3/h$,流量较低,在中小型压缩机的流量范围。

二是流量变动范围大。CO_2 尾气回收单元投产前十年二氧化碳尾气量变动范围为 $(14.79 \sim 18.62) \times 10^4 m^3/d$,后十年为 $(8.43 \sim 18.62) \times 10^4 m^3/d$,最高处理量为最低处理量的 220%。

三是压比高、排气压力高。入口压力 0.06MPa,出口压力 2.85MPa,压比 18.43。

四是对油气分离要求较高。增压后,气体进入分子筛脱水系统,分子筛含油量要求小于 $1mg/m^3$。

2）二段压缩机工艺需求及特点

一是流量小。介质流量为 $0.3 \times 10^4 m^3/h$，流量低，在小型压缩机的流量范围。

二是压力较高。入口压力 2.7MPa，出口压力 3.45MPa。

三是压比小。入口压力 2.7MPa，出口压力 3.45MPa，压比 1.27。

四是对油气分离有较高要求。增压后二氧化碳输送至 2 号液化站。

3. 选型分析

1）流量适应性

离心压缩机适用于大流量、负荷变化相对较小的工况条件。一般处理量在 $0.8 \times 10^4 m^3/h$ 以上时，离心式压缩机优势明显；处理量在大于 $0.3 \times 10^4 m^3/h$ 小于 $0.8 \times 10^4 m^3/h$ 时，可选用离心机。当流量不大于 $0.3 \times 10^4 m^3/h$ 时，离心式压缩机效率急剧下降，不宜选用。本工程一段压缩机的介质流量为 $0.78 \times 10^4 m^3/h$，属可选范围。往复机、螺杆机可以更好地适应该流量工况。二段压缩机流量 $0.296 \times 10^4 m^3/h$，不宜选用离心压缩机。

2）流量波动适应性

一段压缩机流量变动范围为 $(8.43 \sim 18.62) \times 10^4 m^3/d$。往复机可以采用 2 台机组并联的方式，在气量低时可以停一台，适应能力最强。离心机、螺杆机在小流量时一般用一台机组，只能通过自己流量调节系统进行调节。螺杆压缩机可以在 10% ~ 110% 的负荷范围内调节，但在低流量时效率迅速下降。离心式压缩机都有最低流量限制，低于最低流量会发生喘振，适合于大流量且流量稳定的工况，进气量在 $5000 m^3/min$ 以上时优选。

3）高压比、较高排气压力的适应性

螺杆压缩机适用于中低压，喷油螺杆机的排气压力一般小于 2.5MPa。压比一般在 6 ~ 16，无法满足需求，往复机单级压缩比在 2 ~ 4，采用三级压缩可以满足需求。且适合于高压、超高压，最高可以达到 350MPa。离心机单级压缩比可以达到 4，采用三级压缩可以满足需求，排气压力在 50MPa 以下时可选用离心式压缩机。二段压缩机出口压力 3.45MPa，不适合选用螺杆机。

4）油气分离适应性

喷油式螺杆压缩机是将润滑油喷注到气缸内，起润滑、密封作用，润滑油与工艺气体混合，油气分离不彻底，一般含油量 $2 \sim 5 mg/m^3$，无法满足含油量小于 $1 mg/m^3$ 的要求，离心机采用隔离气，可以做到无油。无油润滑往复机可以达到全无油，但价格较贵。有油润滑往复机是将少量润滑油喷入气缸，起润滑作用，油气分离较螺杆机彻底。二段压缩机机将二氧化碳继续增压液化，对含油量有较高要求，机组较小，投资影响小，宜采用润滑材料的无油润滑压缩机。

5）运行稳定性、可维修性

往复式压缩机技术成熟，可维修性强，但维修周期短，易损件多，后期维护费用较高，大修周期一般在 8000h。离心机运行稳定，故障率低，大修周期一般在 40000 ~ 50000h。螺杆机运行稳定，大修周期螺杆机维修周期 40000 ~ 80000h，易损件少，但维修技术要求高。

6）经济性

螺杆机加工制造精度高，价格昂贵，热效率较高在 0.7 ~ 0.85，后期维护费用低。往复式价格最低，热效率较高在 0.7 ~ 0.85，但后期维护费用高。离心机价格较贵，热效率较低在 0.6 ~ 0.73，维修费用较低。

综合考虑以上特点,本项目一段采用往复式压缩机,机组两开一备;二段选用往复式压缩机,采用两台压缩机。

7)结构型式的选择

(1)柱塞型式选择。

往复式压缩机有两种型式:一种是活塞式,一种是隔膜式。

活塞式压缩机是活塞在气缸内作往复运动压缩和输送气体。

隔膜式压缩机具有压缩比大、密封性好、压缩气体不受润滑油和其他固体杂质所污染的特点。常见的隔膜压缩机为液压传动,只适合于小流量的各种用途,一般流量都在 $100m^3/h$ 以下,不适用于本装置。

(2)润滑类型选择。

活塞式压缩机可按润滑类型可分为有油润滑、无油润滑、迷宫密封压缩机三种。

有油润滑往复式压缩机就是通常所见的压缩机,是在气缸内注入润滑油,减少活塞环的磨损。

无油润滑活塞式压缩机加活塞环,采用石墨、聚四氟等自润滑材料,属于接触式密封,可以做到全无油,适用于转速低于 $1000r/min$ 的工况。初期投资较高,通常为普通压缩机价格的 1.2 倍。活塞环等易损件使用寿命低于 $4000h$,维修频率高,维修保养费用高。

迷宫密封压缩机是指活塞与气缸壁、活塞杆与填料之间采用非接触式迷宫密封技术的一种新型压缩机。活塞与气缸间属非接触密封,压缩气体中无任何污染。活塞运动过程是一个无磨损的过程,无活塞环、导向环等易损件,能保证长期可靠运行,且不需要用机组,但加工制造精度高,初期投资高,通常为普通压缩机价格的 1.5 倍。

从装置运行考虑,选用迷宫密封压缩机虽然初次投资高,但压缩机运行平稳,维修保养周期长,不需要备用机,维护费用相对较低,是最优选择。无油润滑压缩机维修周期短,维修量过大。但受项目投资限制,选用了有油润滑压缩机,并增加了分离器,使油气分离更彻底,也可满足装置需求。二段压缩机将二氧化碳继续增压液化,对含油量有较高要求。由于机组较小,对投资影响小,选用了自润滑材料的无油润滑压缩机。

(3)气缸排列。

往复机气缸的排列形式主要包括立式、卧式、角度式、对置式和对称平衡式五种类型。在生产实践中,一般立式用于中小型;卧式用于小型高压;角度式用于中小型;对置式适用于超高压工况;对称平衡式应用普遍,特别适用于大中型往复式压缩机。

一段压缩机排气量 $18.6 \times 10^4 m^3/d$,约为 $65m^3/min$,属大型压缩机。排气压力 $2.85MPa$,属中压,采用对称平衡式排列结构。二级压缩机排气量 $3.06 \times 10^4 m^3/d$,约为 $21.25m^3/min$,属于中小型压缩机。排气压力约 $3.45MPa$,属中压。同时,考虑到设备在运行过程中的平稳性,一级压缩机在设计中采用了对称平衡式排列结构,二级压缩机采用了角度式中的 V 形排列结构。

(4)级数选择。

往复压缩机级数的确定应该综合考虑,通常包括这样几条原则:每一级的压缩温度在允许范围内;压缩机的总功耗最小;机器结构形式尽量简单,易于制造;运转平稳可靠;一般级压比在 $2 \sim 4$ 之间。在遵循上述原则的前提下,现有进气压力为一个大气压的压缩机,其排气压力与级数通常按表1的统计值选取。

表1 排气压力与级数关系表

排气压力,MPa	0.5~0.6	0.6~3.0	1.4~15	3.6~40.0	15.0~100
级数	1	2	3	4	5

根据以上原则,一段压缩机采用三级压缩。

三、结论及建议

根据以上分析,得出以下几点结论和建议:

一是一段压缩机选用对称平衡式、有油润滑、整体撬装往复活塞压缩机组。

二是二段压缩机选用V形、无油润滑、整体撬装往复活塞压缩机组。

三是压缩机采用进口机头、国内成撬模式。

参 考 文 献

[1] 朱立.制冷压缩机[M].北京:高等教育出版社,2005.

[2] 章建民.制冷机[M].北京:化学工业出版社,2000.

[3] 董天禄.离心式.螺杆式制冷机组及应用[M].北京:机械工业出版社,2002.

[4] 邓谦,等.单螺杆压缩机的进展与突破[J].压缩机技术,1996,(6):37-39.

[5] 吴宝志.螺杆式压缩机[M].北京:机械工业出版社,1997.

[6] 张金城.简明制冷空调工手册[M].北京:机械工业出版社,1999.

[7] 张俊华.制冷压缩机[M].北京:科学出版社,2000.

天然气净化厂节能措施探讨

格日勒

摘　要:天然气在净化过程中能源消耗大,运行成本高,因此在设计中必须充分考虑节能问题。天然气净化厂工程设计中应用了闪蒸气回收、蒸汽凝结水回收、MDEA 贫富液换热等多项节能措施,有效降低了天然气净化厂的能耗。本文在此基础上挖掘节能潜力,提出了富液能量回收、半贫液循环等节能降耗思路,可进一步降低天然气净化厂的运行成本,提高气田的开发效益。

关键词:节能　潜力　能量回收

一、天然气净化厂的能耗分析

1. 天然气净化厂工艺概况

天然气净化厂设计处理量为 $200 \times 10^4 m^3/d$,脱碳、脱水装置分两列建设。承担着某区块的高含二氧化碳天然气的净化任务,三个区块的天然气管输至天然气净化厂,经 MDEA 溶液脱碳后,产品气输至庆哈管道供给下游用户;副产品二氧化碳气经增压、干燥处理后,输送至 1 号和 2 号二氧化碳液化站进行液化,用于油田二氧化碳驱油试验。

2. 天然气净化厂的能耗分析

天然气在净化过程中需要消耗一次能源为燃料气(来源为自产天然气),厂内蒸汽来自燃料气燃烧热量转换,预测平均耗气量为 $2228 m^3/h$,详见表 1。

表1　天然气净化厂燃料气用量预测表

设备名称	压力,MPa	数量,m^3/h	备　注
蒸汽锅炉	$0.2 \sim 0.6$	1922	连续
		503	冬季
三甘醇脱水装置	$0.1 \sim 0.2$	43	连续
火炬	$0.2 \sim 0.6$	12	连续
		70	间歇
合计		最大 $2622 m^3/h$,平均 $2228 m^3/h$,最小 $2047 m^3/h$	

二次能源为电力,来自天然气净化厂新建 10kV 变电所,主要供二氧化碳压缩机、机泵、电加热等设备用电,详见表 2。

3. 综合能耗分析

天然气净化厂由于原料气高含二氧化碳,工艺流程长,耗能设备多,对全厂耗能点进行分析估算,天然气净化厂的综合能耗见表 3。

表2　天然气净化厂主要用电设备表

设 备 名 称	规　格	额定功率，kW	运行数量
一段压缩机	$Q = 4600 m^3/h$	800	2
二段贫液泵	$Q = 130 m^3/h$，$H = 588m$	335	2
电加热器	DN350 × 3300	150	1
贫液空冷器	GP9 × 3 − 6 − 193 − 1.6S − 23.4/DR − Va	120	3
再生气空冷器	GP9 × 3 − 6 − 193 − 1.6S − 23.4/DR − Va	120	1
螺杆式空气压缩机	$Q = 12.3 m^3/min$	83	1
循环水泵	$Q = 300 m^3/h$，$H = 50m$	75	2
全自动蒸汽锅炉	WND10 − 1.25 − Q	37	3
二段压缩机	$Q = 1600 Nm^3/h$	37	2
一段贫液泵	$Q = 143 m^3/h$，$H = 42m$	30	2
其他	—	1000	—

表3　天然气净化厂综合能耗计算表

项　目	消 耗 量		能耗 $10^4 MJ/a$
	单　位	数　量	
电力	$10^4 kW \cdot h/a$	2504	29647.4
燃料气	$10^4 m^3/a$	1782	58289.2
综合能耗	$10^4 MJ/a$	87936.6	
单位能耗	$MJ/10^4 m^3$	14325.8	

由表3可知，天然气净化厂消耗能源很大，年消耗 $87936.6 × 10^4 MJ$，每年的电费支出预测约为1538.96万元，运行成本很高。

通过对天然气净化厂各单元能耗分析发现：脱碳单元二段贫液泵年耗电量约为 $473.12 × 10^4 kW \cdot h$，折合标准能耗为 $5601.74 × 10^4 MJ/a$，占全厂年总能耗的6.37%；尾气回收单元一段二氧化碳压缩机年耗电量为 $1057.6 × 10^4 kW \cdot h$，折合标准能耗 $12521.98 × 10^4 MJ/a$，占全厂年总能耗的14.24%；锅炉房年耗气量为 $1738.8 × 10^4 m^3$，折合标准能耗 $56876.148 × 10^4 MJ/a$，占全厂年总能耗的64.68%。上述三个单体设备占到了天然气净化厂年总能耗的85.29%，是天然气净化厂的主要能耗点，也是重点节能方向。

二、天然气净化厂设计中的节能措施

天然气净化厂在工艺设计中应用了很多技术和措施，以达到节能降耗的目的，主要有以下几方面。

1. 闪蒸气作为燃料气回收利用，减少天然气损失

由吸收塔底流出的 MDEA 富液中吸收了大量的 CO_2 和少量的烃类组分，进入闪蒸塔后，在低压（0.8MPa）状态下闪蒸出烃类气体和 CO_2，可作为燃料气使用。工艺流程见图1。

闪蒸气组分见表4。

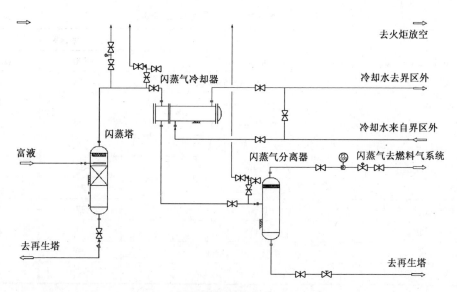

图1　脱碳单元闪蒸气回收工艺流程

表4　闪蒸气组分　　　　　　　　　　　　　　　%

组　分	CH_4	C_2H_6	C_3H_8	CO_2	N_2	H_2O
组成	57.95	1.26	0.25	38.97	0.67	0.89

由表4可知,烃类气体含量达到59.46%,两列装置可回收利用闪蒸气$233.28 \times 10^4 m^3/a$,可节约燃料气$137.63 \times 10^4 m^3/a$。

2.有效利用系统余热,降低热能浪费

脱碳系统吸收塔操作温度为47℃,再生塔操作温度为100℃。贫液进吸收塔前需要降温,而富液进入闪蒸塔前需要升温。为合理利用贫液的热能,设置了MDEA贫液与富液换热器。富液与贫液进行热交换,富液温度由74℃升高到90℃,贫液温度由100℃降低到83℃。在全流量下,换热器热负荷为1703kW。贫液与富液换热器的设置,大大提高了热量回收率,回收了贫液的热量,减少富液再生蒸气耗量,降低了贫液冷却器的负荷,减少了循环冷却水用量。

自集配气单元来的原料气进吸收塔前需要升温,湿净化气进入下游TEG脱水装置须降温。为合理利用热能,设置了换热器,使湿净化气由48℃降到20℃,原料气由10℃升至37℃,减少了装置循环冷却水耗量,能量利用合理,热负荷为645kW。

3.合理设定富液再生温度,有效降低蒸汽耗量

MDEA溶液再生温度与原料气CO_2含量及装置对CO_2含量波动的适应性有着密切关系,分三种再生温度工况优化再生塔的再生温度,在再生压力确定的情况下,再生温度与蒸汽耗量的关系趋势曲线如图2所示。

由表5对比分析,可以得出结论:再生温度过低,溶液循环量增加,综合能耗高;再生温度过高,蒸汽耗量急剧升高;选择再生温度100℃适宜装置工况,上下调节的余地较大,对原料气中CO_2含量上升的适应性强,能耗相对最低。结合技术和节能两方面综合考虑,选择富液再生温度为100℃。

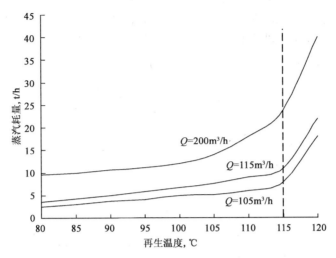

图2 再生温度与蒸汽耗量的关系趋势曲线图

表5 不同再生温度能耗对比表

对比内容	方案一	方案二	方案三
再生温度,℃	80	100	115
MDEA循环量,m^3/h	200	115	105
胺液循环泵,kW	570	335	295
贫富液换热器,m^2	无	140	120
蒸汽,t/h	9.5	7.3	7.9

4.合理利用蒸汽余热,减少热量损失

再沸器采用蒸汽系统供热,锅炉全部设置了省煤器,有效利用烟道余热,降低锅炉能耗。

装置所用蒸汽产生的凝结水全部回收,经自动蒸汽凝结水回收装置加压至0.3MPa送至锅炉房,有效地降低了锅炉的能耗,最大凝结水量为23.6t/h。提高凝结水回收压力,减少凝结水二次蒸发损失,提高了回收率。

冬季装置产生的凝结水进入采暖水换热机组进行水—水换热,使采暖回水由65℃升高至约75℃,再经蒸汽汽—水换热,使采暖水达到85℃后外供。

通过上述几项主要节能措施,天然气净化厂有效降低了能源消耗。但从整个系统来考虑,天然气净化厂工艺还存在着能源浪费、部分能量未回收利用的问题,还具有一定的节能潜力。

三、天然气净化厂的节能潜力

天然气净化厂生产运行能耗较大,针对天然气净化厂的工艺特点,就上述能耗点进行了研究分析,挖掘节能潜力,合理利用能量,参考同类天然气净化装置经验,提出以下节能思路。

1.富液能量回收

1)节能潜力分析

脱碳装置吸收塔在高压(操作压力5.74MPa)下吸收天然气中的CO_2,吸收CO_2后的

MDEA 富液离开吸收塔经减压阀降压至闪蒸塔(操作压力 0.8MPa)进行闪蒸。溶液的最大循环量为 $115m^3/h$。需要用两段溶液循环泵($P = 335kW, Q = 130m^3/h, H = 588m$)将再生后的贫液加压后进入吸收塔,溶液循环泵的扬程较高,电动机功率较大。此过程中造成高压富液压力能的浪费,其能量可以回收节能。

透平就是将连续稳定流体所含的动能转化为机械能。液力透平的结构与离心泵相似,但作用与泵相反。其最主要的部件是叶轮,被安装在透平轴上,具有沿圆周均匀排列的叶片。流体所具有的能量在流动中经过转子时流体冲击叶片,推动转子转动,从而驱动透平轴旋转,透平轴直接或经传动机构带动其他机械。

图3 为工艺流程中可以考虑应用液力透平技术的流量和扬程的范围(图4)。天然气净化厂设溶液循环最大量为 $115m^3/h, H = 588m$,符合液力透平的应用条件。

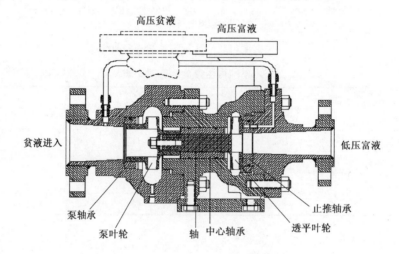

图3　液力透平结构图

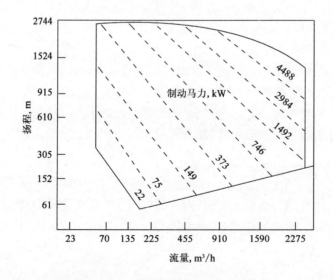

图4　应用液力透平技术的流量及扬程范围

2) 具体节能措施

基于上述工况, 天然气净化厂可采用透平泵回收系统中稳定的压力能, MDEA富液自吸收塔底流出后进入透平泵透平端, 透平泵将富液压力能转换为动能, 驱动贫液泵(图5), 电动机作为补偿动力驱动。当透平端出现故障时, 电动机可为贫液泵提供全部动力。透平泵的操作弹性为40% ~ 100%, 最高可回收80%的流体能量。

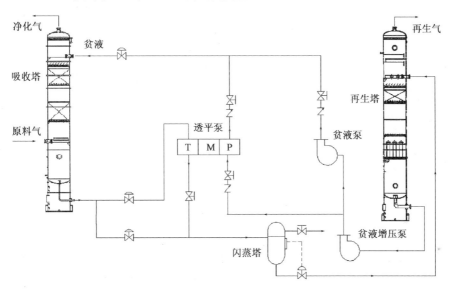

图5 应用透平泵的脱碳工艺流程图

3) 节能效果预测

按单套脱碳装置溶液循环量115m³/h, 溶液循环泵额定功率为335kW, 根据透平泵前后压差、工况等进行综合考虑, 透平泵的效率按50%估算, 电动机驱动泵效率按73%估算。富液能量可回收的液力能量理论值可通过计算得出。

电动机效率按97%计算, 则电机驱动泵实际消耗动力为167.94kW。

透平节约电能为:

$$324.95 - 167.94 = 157.01(kW)$$
$$157.01 \div 324.95 = 48.32\%$$

节电48.32%。节约电费为:

$$167.94kW \cdot h \times 8000h \times 0.61 元 = 81.95(万元)$$

应用透平技术年可节约电费约为81.95万元, 具有良好的节能效果。设置透平泵投资约为443万元人民币, 应用透平泵, 6年即可收回投资。

2. 半贫液循环

1) 节能潜力分析

脱碳系统采用全贫液循环, MDEA富液再生能耗约占天然气净化厂总耗能的64%, 再沸器设计最大热负荷为6186kW/h, 而从再沸器输入的能量大部分都被冷却溶液和冷却高含水的CO_2产品带走。

胺液再生后期能量消耗大, 而对CO_2吸收量影响较小, 只是提高CO_2的吸收精度。贫液

吸收 CO_2 效果好,但贫液的量太大,那么再生的能耗必然大。因此从节能角度考虑,只要吸收塔出口 CO_2 含量能控制在指标范围内即可。这样降低贫液流量,采用半贫液流量循环,根据吸收塔出口气体的 CO_2 残余量来适当调整半贫液和贫液的流量。MDEA 脱碳装置的半贫液与贫液比值越高越节能。系统接近等温吸收、再生,输入的能量减少。

2)节能措施

吸收塔采用两段填料,可在两段填料之间增加一个半贫液进料口,从再生塔中段引出半贫液出料口(图6)。装置运行期间的原料气量及 CO_2 含量降低时,可以根据工况调整贫液、半贫液的流量,已达到降低再沸器负荷、减少能耗的目的,同时增强装置的适应性,特别是在气田开采后期,满足装置低负荷的需求。

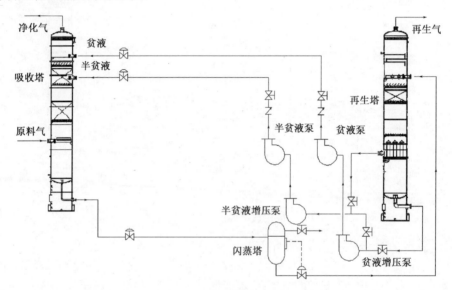

图6　应用半贫液循环的脱碳工艺流程图

四、节能效果预测

利用此原理,用总循环量的60%建立半贫液循环,40%全贫液循环。在保证同样的 CO_2 吸收率时,减少了贫液循环量,降低了溶液再生的蒸汽消耗量,可节能24%～32%。

五、几点认识

天然气净化厂由于二氧化碳含量高,溶液循环量大,工艺流程长,能耗高。节能降耗是天然气净化厂今后投产运行中需要时刻考虑的问题。通过优化设计来降低能耗,提高装置的运行效益,是十分重要的途径。本文对全厂耗能点及耗能关联因素分析,从优化工艺方案、采用先进节能设备、尽量回收能量方面提出了相应的降耗思路。通过以上分析,并借鉴同类装置运行经验,取得以下几点认识:

(1)回收富液能量可大幅度降低电耗。在目前工艺流程已经确定的情况下,可考虑在施工图设计中预留空间,通过后期技术改造来实现。

（2）采用半贫液循环、分段进料方式，能够减少燃料气消耗。可根据生产气源变化情况进行工艺调整。

（3）工艺设计上采取的措施仅仅是节能工作的一方面，在天然气净化厂投产运行后还需要通过优化工艺参数，完善技术措施，精细管理操作，进一步挖掘节能潜力，降低装置运行能耗，节约生产成本。

参 考 文 献

［1］余良俭,陈允中.液力能量回收透平在石化行业中的应用[J].石油化工设备技术,1996,17(4):27－31.

［2］刘家洪,杨晓秋,陈明.高含硫天然气净化厂节能措施探讨[J].天然气与石油,2007,25(5):40－44.

井站导识系统的设计与应用

杨 帆

摘 要:安全是生产的前提条件,也是不容小视的必要条件。但是安全往往发生在许多小事上面,也可能是小小的螺钉松动、经久腐蚀的管线泄漏、操作工人的操作过失等等,这些都有可能会引发不堪设想的后果。在竭力杜绝人为制造危险源的同时,也应该致力于在事故发生后对公共财产和人身安全地保护和抢救,这样才能够做到真正意义上以人为本的安全生产。一个好的视觉导识系统,一个成功人流逃生的路线设计,与进站须知同样重要的路线导识,从文字变为视觉让人们能够更加明确、清晰、美观并且快速理解并熟悉方位从而达到安全隐患的预防以及对策,成为需要深刻思考的课题。本文运用举例对比论证,实例分析从两个方面展开,一是从设计和实用的角度方向出发,视觉导识需要准确、快捷、清晰、易懂地指明方位;二是从识别者实际运用之中的角度来考虑,需符合人体工程学,更加舒适、方便、美观地体现出一个企业的企业文化。

关键词:井站 安全 导识系统

一、视觉导识系统概述

1. 视觉导识系统的历史以及发展

古时候的人通过观测太阳、月亮、星星和云层就可以推测时间、空间的概念,看树的年轮(年轮密集的地方为北方,疏松一方为南方)、树的叶子、北极星等去辨别方向。人们渐渐找出了这些自然现象的规律,使其成为有效利用的数据之后,经过了漫长的历史进程,于是发明了指南针、指南车、司南等。从此以后,辨别方向就不仅仅只依靠自然物质了。所以说视觉导识系统是随着经济的繁荣、形成发展而产生的,由文字标识、导向符号和图形表示所构成,随着历史的长河逐渐演变为统一而整体的导识系统的设计。

广义上可以把一切用来传达信息、指导空间流线的视觉符号和表现的形式都称为导识系统,狭义上可以将其认定为用来指明方向和区域的图形和符号,或符号在空间中的表现形式。

一个成功的导识设计在于以合理的方式传达信息,所以传达信息是第一位的。但是在如今的复杂的社会环境中,花哨的视觉背景在短暂的时间内、一定的距离里都增加了人们对于导识标志识别的困难。为了解决这些难题,将各种不同类别的导识进行了造型分类,并且很多类别的标识还有了一定的国际标准。美国是世界上最早大规模进行导向设计的国家,使用了统一的视觉体系,统一化、系统化地运用在了航空机场内和公共交通之中。

2. 井站中视觉导识系统的分类

视觉导识系统的设计总体主要有三种类型:

1)按视觉导识系统的形式分类按这种分类有户外视觉导识系统、室内导识系统。

根据井站实际情况井站户外导识可分:(1)站外交通指示牌;(2)单位名称标识牌;(3)生

活区、办公区、生产区;(4)站内分布总平面图标识牌;(5)立地式分流标识牌;(6)立地式宣传栏、安全知识介绍栏。

由于井站多为平房,室内导识可分:(1)房间索引牌;(2)各室名称牌;(3)值班考勤表;(4)洗手间、更衣室、厨房、餐厅等功能导识牌;(5)挂墙式橱窗宣传栏;(6)温馨标语提示牌;(7)公共安全标识牌;(8)节电、节水负责人。

2)按视觉导识系统的结构分类

结构分类可分为五级

一级:主入口。

二级:站内道路分区、十字交叉路口等。

三级:建筑物前导识牌。

四级:建筑内部指示牌。

五级:空间内部细节提示牌。

3)按视觉导识系统的性质分类

按性质分为安全性、功能性和造型性。

二、视觉导识系统在井站中的应用

优秀的导识系统要经过周密的规划、严谨的设计(图形、文字、色彩、版式、内容的设计,以及材质、工艺、尺度、光源、电路等方面的实施)以及导识系统的整体布局、使用和维护等诸多因素的考虑,其中包括可能产生的身体和心理反应,这样才能确保导识系统科学合理,方便适用。

1. 井站环境中主要运用的导识系统类型

1)标识牌

标识牌一般出现在井站流程中的各个节点,往往规定采用某种设计规格,可使人们在不同的空间中凭借相同的标识元素自觉地明确、自觉地识别。标识元素一般采用相同的板式、材质和安装形式。

2)导向地图

导向地图一般布置在井站的门口和值班室的位置,是整个井站的整体布局的介绍。导向地图除了标出详细的空间位置外,还应注意图表的设计要清晰简洁,色彩的设计要鲜明易辨识。

3)指示导向牌

指示导向牌是以箭头和图文为特征的标识形式。指示导向牌具有方向明确直观、传播信息效果快等特点,一些平面的指示难以辨别方向,采用三维指示牌能够让人更容易理解和识别方向。

2. 井站环境视觉导识系统存在的安全隐患

每当进入井站的时候,进站须知的第一句便是:"因本站为易燃易爆场所……"可知道安全的重要性在井站之中的分量。在井站之中,一个安全的保证往往来自于科学技术的提升、工作人员的严谨、周密的安全监督等等。人身安全则是安全的重中之重,既然逃生是保证人身安全的最后防线,在逃生之中如果有一个完整的导识系统,将减少逃生的时间,提高逃生的速度。不要小看一个小小的导向牌,不好的导识设计有可能引发大的安全隐患以及事故,好的导识设计也有可能挽救人身的生命以及财产的安全。其实一个完整的导识系统并不单单是简单的指示牌,从听觉、视觉、触觉等多方面都需要做到导识的作用。现在的井站当中很多细节并不完善,并不明显,还是存在着看似安全的安全隐患。

在导识设计当中,标识以及导向牌的尺寸、大小,将以何种方式安装,要考虑到安装过程中的材质是否与安装方式冲突,材质的可塑性、耐久性、材料的成本,不同材料的热胀冷缩以及如何让解决等问题都需要仔细斟酌。兵法有云:"先谋而后动者胜。"所以要综合考虑当地的气候、地理、材料性能、安装方式等。由于北方的气候干燥,冬季雪多,在设计时用料必须将抗干燥、防雪等因素考虑到。在不同的搭配中考虑合理性,还要考虑材料的重量以及承载能力。把安全放在导识设计之首,是因为安全是导识设计的重中之重。离开安全一切免谈。在导识设计只能够给人感觉不到安全的标牌或者会给人造成伤害的标牌都是无用的设计。目前井站的标识设计没有充分地考虑到这些细节,只是淡淡突出了导识的作用,并没有考虑到其中的隐患,简单粗略的设计有可能造成不堪设想的后果。例如:进站须知中有"本站设有两道安全门,如遇紧急情况请迅速从安全门撤离……",可是安全门的位置并不明确清晰,如若不是十分熟悉站内情况,将不会迅速找到安全门的所在。这就需要在进站口醒目的位置设立站内装置导识图(以及鸟瞰图)。

以下是在井站中的几点安全隐患的示例:

(1)指示牌不清晰、不明确。很多时候工作人员录取资料,需要十分仔细地辨别是那一口井,有时稍有疏忽就会记混或记错,给生产带来了许多麻烦,给工作带来了不便。

(2)指示牌材料简单、不耐用。有时甚至可见随手用纸随意写的指示牌,不但不美观并且易燃,也不环保。比如污水罐上的"当心坠落"标识(图1),材质是铁皮板,用铁丝固定在梯子上。野外井站在春秋的大风天气很容易使得铁皮板变形甚至被大风刮落,这样无形中就造成了隐患。这样的情况还有很多,只是因为缺乏相应的知识以及应对方法,虽然在工作上下了很大的力度,但是却无法真正达到百分百的安全生产无隐患。

(3)指示单一,考虑不充分。一旦发生意外例如火灾等突发情况的时候,单单靠小小的指示牌已将于事无补,因为大量的浓烟已经掩盖了视线,将无法辨认扑救或逃生的方向,所以在其他方面全方位的导识系统的设计显然是很重要的因素。例如,在调压间和泵房的地表没有任何警示作用的标识(图2),在本身小空间内又有多条管线,一旦发生火灾等事故,有浓烟充斥房间内,则基本无法辨识逃生出口方向,慌忙之余如若发生磕碰也会是很致命的。

图1　应该改善的指示牌

图2　地表没有警示标识

（4）指示形态不成系统、凌乱，不成统一的流线，没有完整的导识体系（图3），有时甚至分不清哪些是生产流线导识，哪些是人流线路的导识，哪些是安全警示的导识，哪些是逃生路线的导识。

图3　没有导识系统的厂区

三、井站视觉导识系统设计的方式与方法

井站是一个比较封闭的公共空间，虽不是很大，但某种程度上类似于公共环境场所内部的导识系统的设计，是个重要的环境人流空间。因此需要做好导识系统的设计，来引导指引参观者或工作人员，科学地引导人们，吸引视觉的注意，起到警示指示的作用，也从细节体现出企业的形象。

首先要在它的功能上进行合理安排，将其要传达出的基本信息表达清楚，不要产生不必要的误会。例如，经常会看到一个烟斗形状的标志，它有时表示吸烟室，有时表示休息室，甚至还有时表示男卫生间。也就是说，空间导识设计应具有很强的可识别性，传达的信息必须要具体而准确。如果传达了错误信息，那么它就是一个失败的视觉导识系统。

其次，需要考虑预期周围环境的相互协调，在材质、色彩、体积、位置等方面也都需要与周围的环境呼应。由于井站为易燃易爆场所，安全是第一位的，导识与站内环境的关系应该相和谐，导识放置的位置、环境的光线对导识的识别性的影响、场所的特性与标识形态的配合等问题上都要非常合适。每一个不同大小的空间在环境色彩和形式的处理上也要有适当的考虑。

另外，要求指示牌的文字要大，要清晰，文字上尽可能简短，要美观大方，并且颜色要与字体颜色相区分开，在造型上做到凝练、单纯，一些可有可无的没什么必要的图形符号、文字等等都不要运用进去，否则会引起不必要的误解。指示牌的高度与角度要舒适，符合人体工学，设计时要有平衡感。在视觉导识系统当中，平衡是极其重要的，因为平衡的设计、方向、位置等等都会给人们带来一种稳定与和谐之感，从而给人一种稳定、不可变更的安全感。

视觉导识系统并不是一个指示牌，而是一个能够成为系统的从头到尾的连接"符号"，这就要求整个指示系统要相互统一，就好似奥运会分为多个场馆，但是整个识别系统都是统一的造型方式。导识系统就像一本书，章是章，节是节，批注是批注，与井站内容、井站的场地、井站的站内流程顺序应密切地联系起来。要考虑字体是否清晰，色彩是否合适，结构是否清晰。因为每一个不同大小的空间在色彩与形式上都需要斟酌考虑。导识系统并非一成不变的。如果井站内需要根据功能和流程进行调整，这就需要导向牌可以更换，常见的方式就是模块插接。

导向牌的材料方面有五种材料：金属导向牌、塑料导向牌、布质导向牌、石质导向牌、玻璃导向牌（图4）。由于井站的特殊环境因素，属于易燃易爆场所，所以塑料和布质的导向牌显然不能应用其中，石质和玻璃的导向牌也不能清晰地起到导向的作用，井站上最实用的莫过于金属导向牌了。金属导向牌经常采用不锈钢、铝板等材料制作而成。因为金属有延展性，易弯曲，所以经常制成较薄的面料。

在设计时需要一直带着五个方面的问题：

（1）是否具有十分的安全性？

（2）白天看什么效果？夜间巡检是否看得到？

（3）用什么样的背景、什么样的色彩？

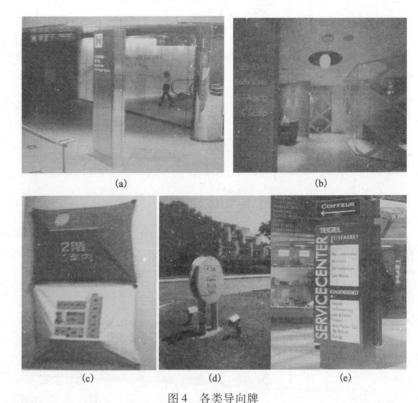

图4　各类导向牌

(a)金属导向牌;(b)玻璃导向牌;(c)布质导向牌;(d)石质导向牌;(e)塑料导向牌

(4)用什么样的字体,什么样的字号?

(5)用什么材料制作? 是否具有美观性、实用性?

带着这些问题去面对设计的时候会有更多的收获的。

四、以某计量站为例导识系统的改善方案

1.导识牌的形态设计方面

导识系统需要根据环境的需要,根据实地考察及实际情况因地制宜,设计适合的形态。如图5所示,某计量站是调压计量站,主要的任务是做好记录和保持外输压力平稳,那么可从安全、生产、生活、逃生四个方面下手,用四种不同的标识牌形态来设计,使得各种指示之间有区别,这样就会针对不同的需要寻找不同的指示。

图5　某计量站电脑设计原型

安全方面主要包括警示、小心滑落、注意安全、安全警戒等等方面的细小之处,但是就是细小之处容易引发事故。所以此类标识牌设计需要在事故易发地点、高处作业区、调压间内拐角、生产区管线周边多以图形文字相结合运用悬挂式或立式。生产方面则多为各个节点、管线流程、仪器、设备、操作标识,多为指向性较强的指示牌,可运用基座式等。生活方面则是各个活动空间,值班室、厨房、配电间等空间的指向,可用悬挂式与文字标注。逃生线路方面就可用落地式(图6)配合多种触觉导识,形成流线,还可多以图像指示或线条形态来指示。

图6 导向图(落地式)

2.导识牌的材质触感设计方面

日本的县光市的梅田医院是一所妇科与小儿科的专门医院,设计师原研哉设计的标识系统十分特别。他设计的标识本身就是白色棉布,面积不大,传达了一种柔和空间的感觉,减少了病人去医院的紧张感;还有个特点,就是在医院人们都需要一个洁净安全的空间;在造型上也十分可爱,用了圆角的造型,给人一种安全放心的感觉。在白色的棉布上,孩子们可以任意触摸,因为可随时换洗清洁。这个设计给了笔者很大的震撼,原来一个系统识别系统可以给人们带来的信息传递是非常重要的。

在计量站中户外导识牌材质的选取方面,人的眼睛在经过强光刺激后会有影像残留于视网膜上,这种视觉残像的生理特点会影响人对事物的观察,所以应充分考虑材质的反光和光源强度,慎用金属或玻璃,避免强光和反射光的出现,应尽可能用有一定粗糙漫反射质地或磨砂质感做底面。因该计量站周边环境比较空旷,外围是田地和树林,遮挡物较少,雨雪风力都较大,所以室外导识牌应多应用抗风、抗潮、抗冻裂的材质,目前一些复合型材料就可以达到这样的效果,并且价格便宜,适用于大量的使用,更换起来也十分方便。一些指示牌的触感可以体现出一种企业的人文关怀,如果在员工生活区的指示牌设计上多一些贴心的触感设计,会带来不同的感受。例如,指示牌的尖角是若是设计成倒角或圆角,可避免一些磕碰。在这里展示两张设计效果图,见图7。

图7 指示牌设计效果图

3.导识牌的色彩设计方面

颜色是视觉辨别最直接的因素,如果从色彩方面将不同类型的指示做好设计,就可以使得观者在潜意识中明确、快速地分辨。就好似灾害预警当中的严重性和紧急程度按颜色依次划分有蓝色、黄色、橙色和红色,根据不同的灾种特征、预警能力等确定不同灾种的预警分级及标准。不同的形态导识可帮助人们更清晰、快捷地辨识。

每个不同的颜色都会有不同的感受,有些还会给人们不同的心理暗示,特别是处在不同的空间当中会给人不同的心理感受。比如红色就会给人一种警示的作用或危险的信号,蓝色则给人们一种宁静、安详、开阔的感觉。不同用处的导识牌需要用颜色来区分开来。那么是否可以将安全、生产、生活、逃生四大块的指示区分开了呢?目前井站上的指示牌多以白红为主,的确十分醒目,可是却多与许多设备和房屋等等背景区分不开,井站中存在着大量的红色元素,那么原本显眼的指示牌却变得不再显眼了。就好似在建筑物的逃生牌一般都设为绿色或蓝色的光,如遇火灾,那么其作用就是与火光相对比更加明确逃离的方向。

4.整体线路规划设计方面

一个成功的导识系统的设计,不单单只是指示牌上的加工,需要在其他方面也考虑慎重。假设来到井站之中,首先就要快速地了解井站的流程、井站的各个方位,需要对井站有个整体的印象和了解。光靠工作人员的解说似乎不能直观、准确地表达清楚,若是加上一个总流线图似乎更直观,所以整体的规划图是十分必要的。要清晰地知道两大线路,第一是生产线路流程,第二则是人流线路。这个整体的线路规划规划好后,可以在进站入口处展示出来,那么将十分便利了。

另外,在听觉与触觉方面能够构成系统的话,就更加完善了。报警器的报警声音是比较小的,特别是在设备运转与调压间内的噪声相比更是不那么清晰。这就使得工作人员不会及时发现,增大了发生危险的可能。如果能在值班室和站内安装闪烁灯(如采用红色警报闪光灯),那么光的刺激将提前使得值班人员注意到,就可以提早避免事故的发生了。

再有,如果调压间内发生了意外或火灾,浓重的烟雾早已吞噬了指示牌,人们必须放低身体以免中毒。这时就算有灯光的指引也被火光所埋没,达不到指示的能力。如果能在站内地面的砖体上实施导盲作用(图8),则省去了很多时间,工作人员只要沿着导盲线即可顺利逃离,其实就像人行路上的导盲线一样。时间就是生命,导识系统的成功就是在挽救灾难中的生命。

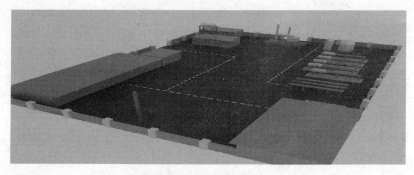

图8 导盲线设计图

导识系统是需要细心和贴心的设计，用在人们所需之处，不但对于安全隐患有帮助，并且也在其中体现了人文的关怀。人性化的设计，也体现了该分公司的企业文化，树立了良好的公司形象。

五、导识系统设计的必要性及其前景

井站的安全越重要，对导识系统的需求度就越大，它的重要性就显现出来了。视觉导识系统已越来越凸现它的重要性，是体现安全生产媒介，是最直接的传递者。导识系统虽依托于实体的建筑物、生产设备等，但它并不是其主体物的补充，而是不可缺少的一部分。视觉导识系统的设计在特定的时期如同镜子一样反映出了企业文化、一种环境的精神面貌，从一个侧面反映出了文化品质、管理水平乃至文明程度。它通过符号、图形、文字、色彩等元素的设计，以及各种因素综合在一起，反映了安全生产、安全操作、安全管理的特质。

井站安全生产当中的导识系统是最生动、最具视觉冲击力的导识。导识设计得不合理，将会使生产、生活、管理得不到良好的规划发展，不方便，不实用。

井站的环境应该根据功能区域而具备合理的规范的导识系统，为那些在特殊生产工作环境路上的工作人员指明方向，顺利地安全操作，成为保证安全生产交流互动的符号。导识系统的功能不仅仅是指明道路，还能够使人通过这套系统对一个特定区域的历史、地理、文化等方面有一个感性的认识和了解。导识设计同时还与活动在这个空间的人们有一个情感上的交流，使人感受到被关怀、被尊重，在冰冷的工业设备当中为人们营造一个情感空间。人们在工作与生活空间中还不自觉地进行着情感的交流，从而获得不同的感受，因为人是有情的。设备有了生命，工作有了生机，环境有了生气，才能真正体现"以人为本"的设计思想。

六、结论及认识

安全工作光靠一系列的规章制度、措施条例是不够的。一个完整的导识系统的引入将会是安全工作中更完美的保障。虽然该技术已经趋于成熟，但至今却未很好地走入安全生产之中，这就有待于在今后的工作中继续进行研究和深入探讨。

通过对于导识系统的初步设计和构想，可以将井站的可视化更加完善，更加便于工作和学习创造。在工作中的许许多多小事的改变就可以使得工作效率的大大的提升，人性化合理化的导识可以减少工作的繁琐，更加顺利和快捷。

本文对于导识设计提出了问题并初步地提出一些设想，但还是有许多并不完善的细节需要继续考究，这将是下一步完善导识系统的开始，许多人性化、合理化的设计源自于工作的实践，在实践当中寻求突破，导识系统是值得长期研究和不断改善的课题。

参 考 文 献

[1] 牟跃. 城市导识系统的设计主体研究[M]. 北京:中国人民出版社,2005:47-51.
[2] 王艺湘. 商业展示与视觉导识系统设计[M]. 沈阳:辽宁科学技术出版社,2009:137-140.
[3] 简·洛伦克,李·H 斯科尼克,克雷格·伯杰. 什么是展示设计[M]. 北京:中国青年出版社,2008:122-124.

第四部分

计算机应用

采气分公司气田综合数据管理系统
与 A2 系统数据接口技术实现

曹　慧　李　颖　张聪颖

摘　要:随着气田的不断深入,采气业务量增加,气田数据覆盖面扩张,数据量增大,对数据库的响应速度和安全性要求极高。因此,研究提高系统响应速度和安全性的技术,对提高软件开发水平有重要的意义。数据存储过程和触发器具有很重要的作用。为提高广大技术人员的业务办公效率,信息人员开展了 PL/SQL 过程式数据库编程技术的研究。本文以 2011 年开展了《A2 系统与气田综合数据管理系统数据接口》为例,阐述了该技术在采气分公司中的应用前景以及实现该功能的技术特点。

关键词:数据存储　接口　数据自动获取

一、引言

2005 年中国石油天然气股份有限公司(以下简称股份公司)在全国石油系统推行 A2 管理系统。这套系统涵盖了天然气井日数据、月数据、年数据等信息,前线录入人员每天早上录完之后,地质人员汇总,然后上传到股份公司服务器,股份公司数据库管理员每天对数据进行审核。

气田综合数据管理系统是 2006 年采气分公司自行开发的一套系统,这套系统涵盖了天然气井综合日报、气井综合记录、天然气井生产曲线、天然气井井史数据及二氧化碳数据等多方面的动态数据,每天由前线录入人员录入数据,动态人员将数据上传到采气分公司数据库服务器中,动态人员通过利用这套系统提取数据,编制月报、年报及地质方案等文档。

目前的现状是,前线人员需要录入 2 套系统,在气田综合数据管理系统里有这部分数据,在 A2 系统里也有这部分数据。如何解决重复录入问题,即让前线人员录入一套系统之后,在第二套系统录入时重复数据不需要再次录入就能自动显示出来,是信息人员需要解决的问题。

为提高广大技术人员的业务办公效率,信息人员开展了 PL/SQL 过程式数据库编程技术的研究。数据存储过程和触发器具有很重要的作用。存储过程是 SQL 语句和可选控制流语句的预编译集合,以一个名称存储并作为一个单元处理,经编译后存储在数据库中。用户通过制定存储过程的名字并给出参数(如果该存储过程带有参数)来实行它。

2011 年上半年,通过多次协调,A2 项目组在 A2 系统中建立了可读视图,通过这个视图编制了接口程序,实现了前线人员在录入第一套系统之后,在录入第二套系统时,自动把前一套系统录过的数据显示出来。也就是说,用户在录入第二套系统时候只需要录入一些特殊数据,重复数据可以不用再次录入,解决了目前存在的问题。本文以 2011 年开展的《A2 系统与气田综合数据管理系统数据接口》为例,阐述了该技术在分公司中的应用前景以及实现该功能的技术特点。

二、系统设计

1. asp 接口

数据接口是指软件的功能模块与外界交互时用的一组对象和方法。本文所讲的数据传输是指从 A2 数据库中提取与气田综合数据管理系统相同的数据信息到采气分公司气田综合数据库中。从数据源模块和数据目的模块两方面来考虑,数据从一个系统向另一个系统流动有方向性。

2. 开发工具

PL/SQL(Producedural Language / SQL)是 ORACLE 在标准 SQL 语言上进行过程性扩展后形成的程序设计语言。它不仅允许嵌入 SQL 语句,而且允许定义变量、常量;允许使用条件语句、循环语句,使用异常来处理各种错误。在允许运行 Oracle 的任何操作系统平台上都可以使用 PL/SQL 程序。过程、函数、包、触发器都是命名的 PL/SQL 块,都可以被编译后存储在数据库中,这样就可以实现代码存储一次多个程序使用。

3. 存储过程简介

存储过程是一种数据库对象。存储过程可以使得对数据库的管理、显示关于数据库及其用户信息的工作容易很多。存储过程可以包含数据流、逻辑以及对数据库的查询。存储过程可以是一组 SQL 和 PL/SQL 语句。这些语句组合在一起成为一个可执行单元。存储过程在数据库中定义并存储在数据库中,因此可以提供对 SQL 数据的高效访问。存储过程因为是在数据库中执行,故减少了在应用程序与数据库之间的网络通信量,从而增强了应用程序和系统的性能,同时它的执行速度比独立执行同样的程序要快。

4. 总体思路

(1)对数据源进行详细分析,分析两套系统数据结构,建立重复数据的关联项,掌握 A2 数据表与气田综合数据表的映射关系。

(2)建立 A2 数据视图。

(3)通过创建数据链路、游标、索引,编制两套系统的数据接口,实现 A2 数据自动追加到气田综合数据库。

(4)修改小队录入界面,编制生产数据下载、自动显示模块,实现用户录入界面显示,重复数据能够自动显示出来,如图 1 所示。

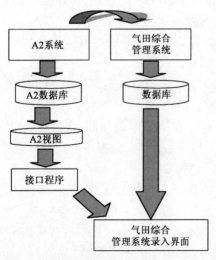

图 1　总体思路

三、关键技术

1. 系统数据链路解决方案的创建

数据链路主要是实现两台不同机器的两个不同应用的数据交流、数据库之间的控制访问。首先联系 A2 项目组,创建 A2 数据库中 3 个表的视图并创建采气用户,并对用户授予访问数据库的权限;其次,使用开发工具 PL/SQL developer,配置数据库连接串,创建 A2 系统与气田综合数据管理系统的数据链路。

2.熟悉掌握 A2 数据表与气田综合数据表的映射关系

A2(油气水井生产数据管理系统),采用的是 Oracle 10g 平台。只有在找出 A2 数据库中与气田综合数据库每个表之间的映射关系的基础上,才能编写出程序代码。如在 A2 数据字典中(115 个数据表),采出井状态日数据表主要记录了气井的最高油压、最低油压、平均油压、关井油压等数据,筛选出与气田综合数据库中相同的数据项,为进行代码的开发做好前期准备。

3.开发 A2 系统与气田综合数据管理系统接口

数据库存储过程的实质就是部署在数据库端的一组定义代码以及 SQL。将常用的或很复杂的工作预先用 SQL 语句写好并用一个指定的名称存储起来,那么以后要叫数据库提供与已定义好的存储过程的功能相同的服务时,只需调用 execute,即可自动完成命令。

1)各节点数据库间的关系

要想实现数据同步,首先需要确定两者的数据库之间的关系。要想使 A2 数据与采气分公司数据同步,只需让作业一区、作业二区把各自的数据上传到中心节点 A2 数据库中,然后中心节点进行数据汇总,导出数据包,供采气分公司气田综合数据管理系统下载使用,如图 2 所示。

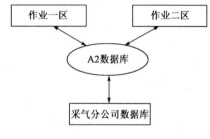

图2　数据节点设计

2)游标创建

游标(CURSOR)是 Oracle 系统在内存中开辟的一个工作区,在其中存放 Select 语句返回的查询结果。游标的作用域是查询结果集。本文通过建立游标使得程序在读取、运行更加清晰,从而提高查询速度。

3)存储过程和内嵌函数的创建

数据库存储过程的实质就是部署在数据库端的一组定义代码以及 SQL。将常用的或很复杂的工作预先用 SQL 语句写好并用一个指定的名称存储起来,那么以后要叫数据库提供与已定义好的存储过程的功能相同的服务时,只需调用 execute,即可自动完成命令。A2 项目与采气分公司综合数据管理系统的存储过程根据用户输入 rq、dw 参数,首先查询到 A2 系统中当天气井数据,然后将查询的数据追加到分公司数据库中。

4)数据索引的创建

A2 系统里涵盖大庆油田所有的数据,数据库面临的压力也越来越大,这就要求用更少的时间去处理更多的数据,于是就有了数据优化意识。Oracle 提供了大量索引选项,索引的查询方式(从右到左)对于一个应用程序的性能来说非常重要,通过建立 A2 数据的索引,使得需要运行几个小时的进程在几分钟得以完成。通过编制接口程序,在做技术的检索的时候,利用索引,利用主键,通过索引项,提高了数据查询进度,使得需要运行几个小时的进程在几分钟得以完成。

4.编制生产数据下载、自动显示模块

接口的开发采用 ASP. NET 平台,用户输入用户名和密码后,点击数据下载按钮后,接口处理层会调用 PL/SQL 中的数据存储过程,实现 A2 数据自动

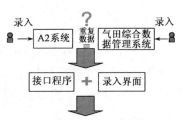

图3 采气分公司气田综合数据管理系统与 A2 系统数据接口技术实现

追加到采气分公司气田开发数据管理系统中;同时,用户在本机上通过选择井号下拉菜单,可以将下载采气分公司服务器中的气田数据到本机的页面上进行编辑,实现了前线人员在录入第一套系统之后,在录入第二套系统时候,自动把前一套系统录过的数据显示出来。也就是说,用户在录入第二套系统时候只需要录入一些特殊数据,重复数据可以不用再次录入,解决了目前存在的问题,从而达到提高工作效率,如图3 所示:

四、结束语

股份公司信息化建设包括 A2、A4、A5 系统。这几年,这几套系统的推广应用,在进行日常的生产数据上传工作的时候,利用这些大系统为采气分公司特殊应用系统提供数据存储便利,数据的自动追加是很迫切的问题。近年来,各采油厂在数据库管理方面也都在开展此项工作。2011 年 A2 系统接口可以为将来生产数据的管理提供一个技术方案。

参 考 文 献

[1] Kevin Loney,Marlene Theriault. Oracle 9i DBA 手册[M]. 将芯,王磊,译. 北京:机械工业出版社,2005:60-80.

[2] Thomas Kyte. 深入数据库体系结构[M]. 苏金国,王小振,译. 北京:人民邮电出版社,2011;46-49.

[3] 滕永昌. Database Administration Oracle9i/10g 数据库系统管理[M]. 北京:机械工业出版社,2009:110-143.

采气分公司情报业务发展趋势构想

冯丽娜　胡　帆　郭诗佳

摘　要：随着气田的快速发展，为满足广大领导以及技术人员的业务需求，情报工作人员拟建立气田情报资源库。气田情报资源库是以汇集国内外各大气田最新情报信息为基础，利用计算机数据库相关技术作为支撑搭建的资源型数据库。本文将着重论述如何搭建气田情报资源库，阐述情报资源库在采气分公司中的应用前景及实际应用意义。

关键词：情报资源库　Java 图形用户界面开发　DIO 系统

一、引言

自采气分公司情报业务开展以来，相继前往大庆油田内部调研。调研发现与气田相关的情报资源库并未成型。因此，收集整理情报资源，建立气田特有的情报资源库成为亟待解决的问题。

二、采气分公司情报工作现状

情报工作人员作为信息资源和有情报需求者之间的中介，通过建立一个双向需求渠道，为采气分公司提供有利用价值的技术信息、科技资料、情报信息，旨在为采气分公司的发展提供技术上和信息上的支持。

目前提供情报信息的方式主要有以下几种方式：每月出版一期《国内外天然气开发科技动态》，简报中主要收录天然气前沿技术信息气田动态等资源；每日更新采气情报网，可更便捷地为采气分公司人员提供信息服务；还有一种形式就是"一对一"的问题解答，工作人员将搜集到的资料编写成调研报告以电子邮件或是飞秋的形式发送给提出问题者。

在情报人员工作过程中发现，现有的信息提供方式无法准确并有针对性地满足技术人员需求，更不能满足采气分公司未来情报工作的发展需求。

从情报业务发展趋势上看，只有建立采气分公司自己的情报资源库及资源检索平台，才能更好地服务于采气分公司的情报需求人员。

三、采气分公司情报工作发展趋势

在未来情报工作中，通过建立资源库及情报资源检索平台，可以改善情报传输平台，使技术人员获取情报信息的方式更便捷、更迅速，并且同时可以提高资料搜集的准确性和专业性。这样技术人员在有情报需求时只需要在情报数据库中输入关键字，就可以一目了然地获得其急需的情报资源。实现这一目标的优势主要体现在四个方面：

一是共享性。将国内外气田信息通过整理、汇集、发布,实现资料共享,避免重复查找资料。

二是便捷性。资源检索平台在结构设计上,可使用户登录后能够迅速找到需要的资源位置,避免让用户经过过多路径才能搜索到国内外气田情报资源,可以提高工作效率。

三是开放性。资源受众可以利用资源库自由选择情报内容,作为决策参考、撰写文章依据、学习技术的平台;同时,开放的数据库应可供多用户访问,避免多用户并发访问受限制。

四是扩充性。资源库结构中模块内容可随时填充。经授权,情报工作人员可将新资源素材添加到所属模块,使内容不断扩展丰富。模块设置涵盖各专业领域,下层模块设置适当预留空间,以确保在添加新资源的内容和属性时不打乱已建立的模块体系。

情报资源库具有因特网上资源库无法替代的作用,在采气情报网中自建资源库是一个行之有效的途径。下文试就情报工作人员自建情报网资源库以及搭建情报资源平台两项工作进行探讨。

1. 采气分公司情报资源库及资源检索平台建设

1)情报资源库建设的前期准备

资源检索。首先通过万维网、万方数据、中国期刊网等网络资源查询所需信息,也可以将各单位外出学习出调研带回的气田相关资料进行整理。情报资料库是以文字资料为基础的,按一定检索和分类规则组织的素材资料,包括图形、表格、文字、声音、动画、视频等多维信息的集合。从万维网、中国期刊网、万方数据等站点中筛选、整理出情报资料需要的素材,直接将它们收集到资源库,进行建库准备工作。

2)情报资源库建设的设计模型

根据信息资源自身的性质,情报资源库不是资源的简单集合,而是应遵循国家颁布的标准化规范,经过周密的设计而开发出的复杂性系统。

3)采气分公司情报资源库版块分类

情报资源库计划拟分为四十一个版块,采气分公司关于国内外各大气田 50 年产储量版块、气田最新资讯版块、气田开发相关技术版块、气田工艺管理相关技术版块、气田地质勘探相关技术版块、气田信息技术版块、气田腐蚀与防护技术版块、天然气集输技术版块、气田地面工程版块、气田二氧化碳综合研究版块、交流平台版块,并且在每个模块后都做出预留以便添加更新信息。

4)情报资源库存储方式及增量方式

气田情报资源库主要采用 Oracle 数据库结构设计。

气田情报资源库主要是通过资源检索、简报更新、采气情报网更新以及大型数据库的引进等方式进行增量。其中,主要检索资源来源包括万维网、中国期刊网及万方数据网,还包括环球能源资讯期刊等资料。同时,计划引入国内外各大气田 50 年产储量大型数据库,该工作正在与相关单位进行对接。

2. 采气分公司情报资源检索平台建设

情报资检索平台应该具备以下性质:能够方便、快捷地进行信息检索;情报工作人员可以自行添加资源;要有一定的权限设置;系统维护简单。

以目前拟建的资源检索平台为例,它主要包括以下管理模块:

(1)资源管理模块。资源管理模块的操作对象是资源库中的各类资源,在进行操作时要保证内容的安全性和可靠性。这一模块具备的功能主要包括:

①资源上载:允许在线情报工作人员进行单个或多个资源的上载。

②资源下载:权限允许范围内用户可以下载免费的资源。

③资源查询:用户根据查询条件,输入关键字查询相应的资源。

④资源删除:资源审核员或系统管理员可以删除不符合标准和过期的资源。

⑤资源使用率的统计分析:对下一步情报工作方向做出统计依据。

(2)系统管理模块。系统管理模块主要负责对这个系统的维护工作,以保证系统的稳定性和可扩展性及对并发访问的支持。应具备的功能有:

①资源库系统的初始化。

②属性、参数数据入库访问控制:对访问本资源库系统的用户数量的控制,可采取限定IP或限定访问流量的方法。

③安全控制:使用防火墙等措施以保证系统不受病毒侵蚀和黑客的攻击。

④功能扩展接口:为实现系统的自身完善和功能升级,提供可扩展的接口。

(3)用户管理模块。情报资源库有其特定的用户群,其中应为不同用户赋予各自的权限,从而确保系统的安全性和资源的质量。一般可以包括系统管理员、有IP权限的资料受众,如有特殊的需求,还可视具体情况而变动。因此,选择一个合适的服务器平台和数据库系统就显得尤为重要。

建设情报资源检索平台的关键技术:

(1)设计模式与面向对象。设计模式是面向对象系统和相互通信的对象的可重复模式。这些模式解决特定的设计问题,使面向对象设计更灵活、优雅,最终复用性更好。面向对象基本思想是使用对象、类、继承、封装、消息等基本概念来进行程序设计,从现实世界中客观存在的事物(即对象)出发来构造软件系统,并且在系统构造中尽可能运用人类的自然思维方式。

(2)Java图形用户界面开发。Java是一种纯粹的面向对象语言,语法简单而且有丰富的应用程序接口(API),是面向对象开发的首选语言之一。这种字节码可以运行在任何Java虚拟机上。Java的图形用户界面开发主要有AWT和Swing(Java应用程序用户界面开发工具包)。AWT是用来建立和设置Java的图形用户界面的基本工具。Swing是一个GUI(图形用户界面工具包),它包括各种GUI组件。

(3)HTML和CSS。超文本标记语言(HTML)是一种用来制作超文本文档的简单标记语言。HTML可以直接由浏览器执行,能独立于各种操作系统平台,如UNIX、WINDOWS等,并且可以通知浏览器显示什么。层叠样式表单(CSS)是一种可以用来表现HTML文件式样的计算机语言,在网页制作时采用CSS样式单,可以有效地对页面的布局、字体、颜色、背景和其他效果实现精确的控制。

(4)XML。可扩展标记语言(XML)是现今网络科技中应用十分广泛的技术之一,是一种可扩展的标记语言。它将标准通用标记语言的灵活性与广为流传的HTML完美结合,更为简洁且具有良好的兼容性,从而使得现有的Internet协议和软件更为协调,方便了相应的数据处理和传输。

同时,拟引入 DOI 系统,即 Digital Object identifier(数字对象唯一标识),提供标识与数字对象之间的链接,针对因特网环境下如何对知识产权进行有效的保护和管理产生。中国科技信息研究所和北京万方数据研究所联合申请成为了 DOI 的注册代理机构。

作为信息资源拥有者即前缀拥有者建立 DOI 元数据,通过注册服务进入元数据库导入元数据,再进入 DOI 目录库进行目录修改,也可通过注册得到目标数据库的数据。具体使用过程详见图1。

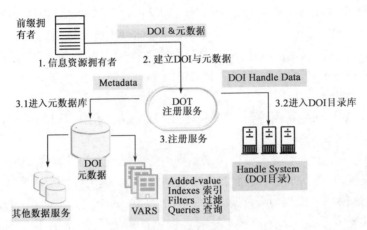

图1　DIO 工作情况模拟图

该系统实现持久链接,通过 DOI 系统实现引文到全文的链接,实现一站式服务,提高整个数据平台的服务数量和服务质量,实现二次文献数据库与全文数据库的链接,SCI(科学引文索引)、EI(工程索引)、CSA(加拿大标准协会)、CABI(国际应用生物科学中心)等都通过 DOI 建立了与全文的链接。通过在本地导入 DOI 并与 OpenURL 结合,为用户提供访问更多全文文献的机会。在情报内容搜索中引入 DOI 可以提高搜索质量。

目前国内万方数据和中国科技信息研究所已将 DOI 应用引入国内,开始推行建立相对独立的中文 DOI 应用系统。如果拥有多方力量的支持,情报资源检索平台拟引入 DOI 系统。

四、总结

通过对情报工作未来发展方向的研究证实,只有搭建更系统的情报资源库,才可以使资料受众得以自主进行查询、检索、浏览、下载等工作,才有助于情报工作更系统清晰地满足公司内广大领导及科研技术人员的资料需求,具体优势如下:

(1)使用者检索资料更方便、简洁。资源库的建立,将采气分公司气田科技信息统一进行整合、归纳,数据及资料的查询、下载等操作会更方便、快捷,减少了四处搜寻资料的麻烦。提供方便的站内搜索不仅可以使网站结构清晰,从而有利于需求信息的查找,节省浏览者的时间,提高了工作的高效性。如万方、中国期刊等数据检索工具一样,情报组建立的数据库也将是一个使用关键字就可以检索到自己想要的资料的工具库,检索方式操作简单,无需另行学习就可以自行查询到想要的文章,实用性强。

(2)节约重复外出经费。由于是自己建立的数据库,所以更具私密性。员工可以在交流平台中将自己外出学习到的东西上传进数据库,供其他员工借鉴与学习。资料可以进行自主查询,有效地减少了其他部门进行相同考察的麻烦,节省了时间与经费。

(3)资料管理更有条理、更清晰更合理地将资料进行归类,从而方便日后的维护、检索与储存。对于加入数据库的网站,只需在后台有一个维护系统,目的是将技术化的网站维护工作简单化。操作人员可以通过后台管理界面完成,只要熟悉基本的办公软件如 Word 等,经过简单的培训即可立即开展工作,人工费用低。更重要的是,通过程序与数据库的结合,可以统计出一些相当重要的数据。根据这些数据与资料,员工可以迅速做出相应的举措。

(4)保持网站的稳定性,避免重复修改主页。情报网站如今每日都会有最新气田资讯进行更新,这时增加数据库功能一方面可以快速地发布信息,另一方面可以很容易地存储以前的新闻,便于浏览者或管理者查阅。

存在的问题:资源库不独立存在,需要软件、硬件和程序的连接与支持,并且要考虑网站建设的投资,因为相对于静态网站而言,数据库的报价一般相对较高,几千元到几万元不等,因此,投资搭建情报网站数据库时还要向专业人士咨询,将以后要遇到的各种问题事先做好准备。

参 考 文 献

[1] 郭敏芳.网络环境下地方文献资源数据库之建设[C]//福建省图书馆学会.福建省图书馆学会 2001 年年会论文集.2001:56-57.
[2] 魏国韩.重视情报信息在科研管理中的作用[J].科技情报开发与经济,2004,14(8):28-30.
[3] 林智扬,等.精通 Java Swing 程序设计[M].北京:中国铁道出版社,2002:95-99.
[4] 陈熙妍.探讨 XML 数据库技术[J].电脑知识与技术,2010,6(19):5143-5144.

基于 Windows Server 2008 平台服务器 集群及虚拟化技术浅析

包文斌　盖　迪　韩力扬

摘　要: 随着服务器硬件系统与网络操作系统的发展,服务器集群技术应运而生,在高可用性、高可靠性以及系统冗余等方面发挥着重要的作用。通过对采气分公司生产指挥中心现有服务器架构及部署进行分析,针对目前服务器运行情况,采用服务器集群以及虚拟机技术来实现采气分公司服务器的高可用性及高可靠性,以 Windows Server 2008 为虚拟主机操作系统,采用服务器集群与"Hyper-V"虚拟化技术,搭建起采气分公司服务器系统的新格局。

关键词: 服务器　集群　虚拟机

一、引言

服务器集群是将多个服务器集中起来一起进行同一种服务,在客户端看来就像是只有一个服务器。服务器集群可以利用多台服务器进行并行计算从而获得很高的计算速度,也可以用多台服务器做备份,从而使得任何一台服务器坏了集群还能运行,从而保证整个系统的正常工作。随着服务器集群的出现,服务器虚拟机得到更广泛的应用。虚拟机是指通过软件模拟出具有完整硬件系统功能且运行在一个完全隔离环境中的完整的计算机系统。如今虚拟化的应用已经飞速发展,从桌面系统到服务器、从存储系统到网络,所涉及的领域是越来越广泛,目前在 x86 构架中绝大多数处理器都可以支持虚拟化技术。通过虚拟化可以在同一台计算机上同时启动多个操作系统,每个操作系统上可以有许多不同的应用,多个应用之间互不干扰,从而充分利用现有的服务器资源,可以实现服务器的整合。

二、采气分公司服务器现状分析

1. 服务器基本信息

目前采气分公司投入运行服务器共 4 台,且为独立存储系统,采气分公司所有应用与服务全部运行在这四台服务器中。

2. 服务器现状分析

服务器性能方面,每台服务器的存储空间只有 1T,还有不足 1T 的。这样的存储容量显然无法满足采气事业日益发展的需要,近日已经发生一次由于 FTP 服务器磁盘空间为零的故障,导致一些部门无法开展正常工作;每台服务器的内存容量为 4G,响应速度在不考虑设备老化的前提下仍然可以满足正常使用,但是这四台服务器从 2005 年服役至今已经五年多的时间，设备老化是个不容忽视的问题。近段时间数据库服务器经常无响应，经测试因为数据库读写量增大，导致服务器无法正常运算最终当机。

服务器管理方面，门户及 FTP 服务器只运行单一服务，运行情况十分稳定。数据库服务器除了数据库服务外，还有一些自主开发的应用服务，同时也是软件开发人员的开发平台。对于这样运行时间达五年之久的服务器来说，负担过于沉重，而且也不利于服务器管理人员进行管理。应用服务器的情况与数据库服务器十分相似，在运行应用系统之外还用做软件开发人员的开发平台。

服务器数据安全方面，目前数据库服务器的容灾手段只有一种，就是定时备份数据库。备份数据库所能挽回的损失有限，况且服务器硬件出现故障恢复的时间将会很长，没有备份的服务器是十分危险的。这关系到采气分公司开发数据的安全，必须要受到重视。门户服务器、FTP 服务器以及应用系统服务器与数据库服务器相似，面对硬件故障的容灾能力几乎为零，只有等待故障解除才可以正常运行。

这些显然是采气分公司数据中心建设中的潜在危险。面对服务器设备老化、气田应用增多以及开发数据量增大等现实情况，提高服务器的利用率、增强数据安全性以及保障采气分公司各项应用及服务正常运行乃是采气分公司信息工作的当务之急。

面对上述问题，在投入资金更新硬件设备基础上，采用先进的信息技术手段来提高新设备的利用率、安全性以及可靠性也是必不可少的。

三、服务器集群技术应用

1. 什么是集群

集群就是两台或多台计算机或节点在一个群组内共同工作。与单独工作的计算机相比，集群能够提供更高的可用性和可扩充性。集群中的每个节点通常都拥有自己的资源（处理器、I/O、内存、操作系统、存储器）。集群所具有的故障切换功能提供当一个节点发生故障时切换到集群中一个或多个其他节点上。一旦发生故障的服务器恢复全面运行，再将其功能从其他服务器转回该服务器。

所组成的集群中每个节点必须运行集群软件以提供服务，如故障检测和恢复。集群中的节点必须以一种知道所有其他节点状态的方式连接。这通常通过一条与局域网路径相分离的通信路径来实现，并使用专用网卡来确保节点间清楚的通信。该通信路径中系统间的通信叫做"心跳"，如果一个资源发生故障因而无法发送心跳，就会开始故障切换过程。最可靠的配置是采用不同通信连接（局域网、SCSI 和 RS232）的冗余心跳，以确保通信故障不会激活错误的故障切换。

2. 集群模型

系统的可靠性问题一般通过备份和集群来解决。系统及数据库的快速恢复备份是无法解决的，只能用于安全保存。而采用 HA（高可用）集群模式则可以实现系统及数据库的快速恢复。集群可以提供不间断的系统服务，在线系统发生故障时，离线系统能立即发现故障并能立即接管，继续对外提供服务。集群技术可以有效防止采气分公司关键业务主机当机而造成的

系统停止运行。集群有两种模型:

1)具有公用存储系统的集群

公用存储系统,顾名思义,就是将数据存储在公共的存储系统上。如图1所示,服务器A与服务器B形成集群,服务器A为活动服务器,服务器B为待机服务器(备用服务器)。当服务器A发生软件或者硬件的故障时,服务器B通过心跳监测发现服务器A故障,便立即接管服务器A上的所有资源,包括IP地址、存储系统、数据库服务、计算机名等等,从而能够继续为客户端提供数据或其他应用服务。

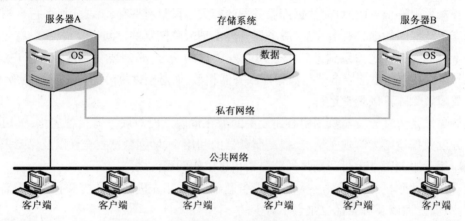

图1　公用存储系统集群架构示意图

2)具有独立存储系统的集群

如图2所示,独立存储就是将数据存放在各个服务器独占的存储设备上(内置磁盘或磁盘阵列),没有共享存储系统,服务器之间无法访问对方的存储设备。通过镜像技术使每台服务器的数据保持同步,切换的时间得到缩短,避免了单点崩溃的可能,增加了系统的安全性及系统的可用性,并且服务器之间不用受到共享存储外部连接线的距离限制,因而可以将集群内的多台服务器放置在不同的地点。

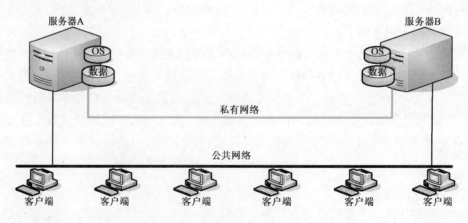

图2　独立存储系统集群架构示意图

3. 服务器集群部署

以上介绍的两种集群部署模型都能达到保障采气分公司数据安全、不间断提供应用服务的目的。鉴于采气分公司目前服务器配置及数量情况,首选采用具有公用存储系统的服务器集群模型。该方案能够最大限度节约资源,充分利用 IBM3850 服务器的性能,采用双机互备与虚拟化技术相结合手段,利用互为备用的系统架构满足服务器安全需求,再利用虚拟化技术满足采气分公司多应用系统与数据库系统的需求。详细架构如图 3。

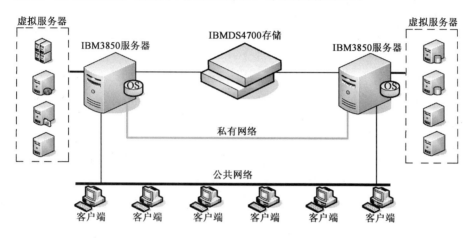

图 3　采气分公司服务器集群及虚拟化架构示意图

四、Hyper-V 服务器虚拟化技术应用

1. 什么是虚拟化

在整个 IT 产业中,虚拟化已经成为关键词,从桌面系统到服务器、从存储系统到网络,虚拟化所涉及的领域越来越广泛。虚拟化并不是一个很新潮的技术,如 x86 虚拟化的历史就可以追溯到 20 世纪 90 年代,而 IBM 虚拟化技术已经有 40 年的历史。虚拟化的初衷是为了解决"一种应用占用一台服务器"模式所带来的服务器数量剧增,导致数据中心越来越复杂,管理难度增加,并且导致能耗和热量的巨大增长等问题。早期的虚拟化产品完全基于软件且非常复杂,执行效率比较低下,并没有得到广泛的应用。

可以将虚拟化技术定义为将一个计算机资源从另一个计算机资源中剥离的一种技术。在没有虚拟化技术的单一情况下,一台计算机只能同时运行一个操作系统,虽然可以在一台计算机上安装两个甚至多个操作系统,但是同时运行的操作系统只有一个;而通过虚拟化可以在同一台计算机上同时启动多个操作系统,每个操作系统上可以有许多不同的应用,且多个应用之间互不干扰。

通过虚拟化可以有效提高资源的利用率。在数据机房经常可以看到服务器的利用率很低,有时候一台服务器只运行着一个很小的应用,平均利用率不足 10%。通过虚拟化可以在这台利用率很低的服务器上安装多个实例,从而充分利用现有的服务器资源,可以实现服务器的整合,减少数据中心的规模,解决令人头疼的数据中心能耗以及散热问题,并且节省费用投入。

2. Hyper-V 的特点

Hyper-V 初次配置与安装方面要比虚拟化市场的先行者 VMware 更加复杂,这是它的不足之处,但是 Hyper-V 是由微软自主开发,同时采气分公司的服务器又是基于微软的 Windows server 2008 平台,这使得 Hyper-V 在系统兼容性方面与其他公司的虚拟化软件相比有较强的优势。Hyper-V 是以为用户提供更为熟悉以及成本效益更高的虚拟化基础设施软件为目的设计研发的,通过引进 Hyper-V 可以降低运作成本、提高硬件利用率、优化基础设施并提高服务器的可用性。

选择 Hyper-V 的主要是原因是,这款 Hyper-V 虚拟化软件与上一代服务器虚拟化产品相比,抛弃了以往服务器硬件—服务器操作系统—虚拟化软件—虚拟机,虚拟的应用软件又是基于虚拟操作系统上的传统架构。因为传统架构中虚拟机到服务器硬件之间要数据要经过 3 层的转换,每一层的协议、通信标准、接口等均不相同,经过 3 层的转换会造成性能的大量消耗,从而会导致虚拟机运行速度和真实系统相差甚远。Hyper-V 简化了虚拟机和硬件之间的层数,可以分为三部分:硬件—Hyper-V 软件—虚拟机。

通过 Hyper-V 的构架图,可以看到,最下面是硬件,硬件上面就是 Hyper-V,不像上一代虚拟化产品那样虚拟机和硬件之间需要经过多层的转换;虚拟机和硬件之间只通过很薄的一层进行连接,因而虚拟机执行效率非常高,可以更加充分地利用硬件资源,使虚拟机系统性能非常的接近真实的操作系统性能。Hyper-V 是一个只有 300 多千字节的小程序,用于连接硬件和虚拟机。由于 Hyper-V 的程序非常小,代码非常少,从而减少了代码执行时发生错误的概率,并且 Hyper-V 中不包含任何第三方的驱动,非常精简,所以安全性非常高,这也是选择它的原因之一。

同时,Hyper-V 基于 64 位操作系统,内存寻址空间可达 64GB。众所周知,32 位操作系统的内存寻址空间只有 4GB,在 4GB 的系统上再进行服务器虚拟化在实际应用中效果是十分差的。只有在支持大容量内存的 64 位服务器系统中,应用 Hyper-V 虚拟出多个应用,才有较大的现实意义。在硬件支持方面,Hyper-V 支持 4 颗虚拟处理器,支持 64GB 内存,支持 x64 操作系统,并且在 Hyper-V 中还支持 VLAN 功能。与此同时,还提供了对许多用户操作系统的支持,比如 Windows Server 2003 SP2、Windows XP SP3(x86)等。因为考虑到采气分公司目前自主开发的应用系统兼容性问题,借助 Hyper-V 支持 Windows Server 2003 SP2 的特性,能够保证所有应用在迁移至虚拟机后保持良好的运行状态。最后一点,这款虚拟化软件是完全免费的,一定程度上减少了采气分公司在虚拟机部署中的投资成本。

3. Hyper-V 虚拟机部署方案

鉴于虚拟主机服务器为双机互备的系统架构,为了最大限度利用服务器资源,将采气分公司应用服务、门户服务以及数据库服务等虚拟服务器均衡分配到两个虚拟主机服务器,通过"故障转移集群管理器"来管理这些虚拟服务器。

每台虚拟主机服务器的故障转移集群管理器都会通过"心跳侦测"来监听另外一台虚拟主机服务器的工作状态,当判断另外一台虚拟主机服务器工作异常时,故障转移集群管理器会自动将对方的所有服务及应用程序接管过来。这个过程大约只有数分钟,对于客户端用户来说基本不会有服务或者应用程序当机的感觉。这为虚拟服务器的安全运行提供了很大的保障。

从硬件方面分析,目前部署的是两台 IBM3850 服务器以及两台 IBMDS4700 存储设备作为虚拟服务器的虚拟主机服务器,两台存储设备串联为一套存储系统,且设置为公用存储系统,即两台虚拟主机服务器都可以读取存储中的数据。

使用"Hyper-V 管理器"来搭建虚拟服务器,虚拟服务器内操作系统与应用的安装同真实服务器的安装方法是一样的,虚拟服务器同样可以使用真实服务器的各种外部存储设备。

在两台虚拟主机服务器中分别建立起 3 台虚拟门户服务器、2 台虚拟应用服务器、2 台虚拟 QRL 数据库服务器、3 台开发环境服务器、2 台 SQL 数据库服务器以及一台 FTP 服务器,架构如图 4 所示。

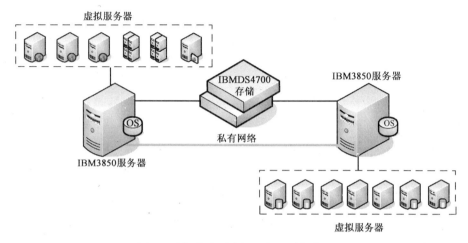

图 4   采气分公司虚拟服务器群架构图

就目前建立起来的虚拟服务器群来说,需要考虑的问题有两个:一是虚拟服务器的容灾手段,二是应用及服务在迁移过程中的兼容性问题。

1)虚拟服务器容灾

虚拟服务器对于客户端来说与真实的服务器没有任何区别,但在虚拟主机服务器中这些应用程序和服务的虚拟服务器只是一些文件而已,虚拟服务器的容灾相对来说就要比真实的服务器要容易得多。

在 Hyper-V 管理器中有"导出虚拟机"和"快照"的功能,通过这些功能可以将运行应用程序服务器和 WEB 服务器导出生成一些文件。这些文件叫"虚机模板"。这些文件很小,可以轻松存放在移动存储设备中,比如 U 盘、移动硬盘或者 PC 机,备份起来十分方便。当应用程序或 WEB 虚拟服务器出现故障当机,恰巧又是极端情况,无法通过常规手段立即恢复时,可以利用 Hyper-V 管理器中"导入虚拟机"的功能,将"虚机模板"导入虚拟主机服务器中,数分钟便能搭建起一模一样的应用程序或 WEB 虚拟服务器,启动后便可正常工作。这里有一个需要注意的地方,导出的"虚机模板"有一个 config. xml 文件,这个文件是一次性的,导入成功后变会消失掉,这个模板也就失效了。所以在进行灾难恢复时,一定要提前将虚机模板复制一份保存,以便应对下一次的极端情况出现。

数据库虚拟服务器是采气分公司的关键服务器,它的安全十分重要。数据库虚拟服务器与之前介绍的两种虚拟服务器容灾方法有所差异,原因是数据库是在不断扩大的,提前制作的"虚机模板"无法跟上数据库不断增长的步伐,这给服务器快速恢复带来了难度。采气分公司共有数据库虚拟服务器两台,从安全与高效两方面的考虑,采用负载均衡技术将两台服务器串联起来工作,通过负载均衡的合理分配可以加强数据库服务器数据处理能力,最重要的是通过负载均衡实现一台服务器当机时另外一台服务器可以继续执行客户端发送来的请求,保证数据库服务器的不间断运行,同时也给维护人员留下了充足的时间处理故障。

2)应用及服务的兼容性

采气分公司成立以来自主开发了许多应用,使用的开发工具也不尽相同,但是所有的应用与服务都运行在 Windows Server 2003 操作系统中,凭借 Hyper-V 支持许多种操作系统的优势,在搭建的虚拟服务器群中,全部使用 Windows Server 2003 SP2 操作系统,保证采气分公司全部应用与服务从真实服务器向虚拟服务器迁移过程中完全兼容。

五、结论

便随着采气事业的蓬勃发展,采气分公司成立之初购进的服务器也历尽沧桑。采气分公司几年来各项应用和服务的增加与服务器性能的逐渐下降产生了强烈的矛盾。应用服务器集群及虚拟化技术手段优化现有服务器资源,在不需要投入大量资金的前提下,充分利用现有资源为气田的应用系统和数据库系统获取更快的运算速度,应用与数据库系统的运行环境通过集群以及虚拟化技术获得充分优化,简便的容灾手段和负载均衡的应用使服务器的安全级别提升至新高度,完全可以轻松面对硬件故障。

服务器集群与虚拟化技术的应用不只是提高了服务器应用及管理的水平,更最大限度地提高了服务器安全性以及可靠性。

参 考 文 献

[1] 李治平,邬云龙,青永固.气藏动态分析与预测方法 [M].北京:石油工业出版社,2002:72-75.

[2] 李士伦,王鸣华,何江川,等.气田与凝析气田开发[M].北京:石油工业出版社,2002.:121-128.

[3] 黄炳光,冉新权,李晓平,等.气藏工程分析方法[M].北京:石油工业出版社,2002.:75-79.

基于虚拟机服务器的门户协同工作平台技术浅析

刘丽娜　顾昭玥　周　敏

摘　要:随着气田勘探开发领域的不断拓展,应用信息技术推动生产建设,信息门户为企业提供了一个资源共享平台。在虚拟服务器群集中搭建门户协同工作平台,实现门户 CMS 技术的应用、子网站的独立搭建、分级授权管理等,为企业的各业务系统提供内容的统一展现,提高了企业信息安全性和信息资源的利用率,提升了工作效率。

关键词:CMS　权限管理

一、引言

企业门户已不再是一扇窗、一扇门,它是一个平台,一个为了构建知识管理体系、提高决策支持能力的全新信息化平台。企业可以将分散的信息资源和内容整合到一起,充分有效地利用信息资源和部署其他信息系统,进而提高工作效率和决策能力。企业门户可以集成企业内部的业务系统,实现信息的横向集成和纵向贯通,为企业的各业务系统提供内容的统一展现、发布和管理的统一平台。

二、门户的现状分析

企业门户具有以下特点:

(1)统一身份管理:能够实现统一的用户资料,统一的用户认证。用户无需申请多个账户,设置不同的密码。

(2)统一权限管理:统一管理用户在不同系统中的权限,虽然是同一个用户名,却可以在不同系统中拥有不同权限。

(3)统一访问入口:通过门户系统统一访问 OA、CRM、ERP 等各种后端系统,如图 1 所示。

(4)内容管理:实现内容的创建、审批、发布、搜索、个性化。

(5)协同工作:通过多种方式,如日程表、工作任务等,让用户方便沟通和办公。

采气分公司门户已经成熟运行了六年,但是门户平台与数据库是在同一台服务器上运行,服务器已经进入故障频发期,容易导致门户不能正常运行,安全性受到了冲击,同时存在以下两个问题:一是门户初始安装平台时,只装了 WSS 平台管理,无法应用分级权限安全管理设置;二是以往的子网站建设在根目录下,使得每个网站无法独立迁移备份;

解决思路:一是通过安装 CMS 系统,解决以往门户网站无法应用分级权限安全管理的问题;二是通过在 Sites 下创建网站,解决以往门户网站无法独立迁移备份的问题。

图1　门户登录界面

三、关键技术分析

1.负载均衡技术应用

以往门户网站的平台与数据库同时在一台服务器上运行,如果出现故障,用户将无法正常访问门户网站,而且用户访问量大的时候,门户运转速度受到影响。

现在服务器群集的搭建,创建了四台虚拟机应用于门户,包括三台虚拟门户平台、一台虚拟门户数据库。门户虚拟服务器均采用了负载均衡技术,如果其中一台虚拟机出现故障,用户访问将自动转移到另外两台虚机上,不影响门户网站的正常使用,提高了门户高可用性、高可靠性,实现了门户网站的不间断运行。

Channel:频道,用来存储最终的页面,每个频道下可以建立子频道,也可以存放最终页面。

Template:模板,存储页面模板,在频道中创建页面时要选择一个模板,并根据模板中制定。

Resources:资源,用来存储图片、音像材料等文件,用来在页面中公用资源。

CMS 定制的主要工作包括:根据门户的栏目在 CMS 中创建相应的频道,使用不同模板参数实现页面上不同的显示风格。

2.CMS 系统应用技术实现

1)分级授权机制的实现

如图2所示,以往的门户用户管理是只能对这个网站所设定的权限管理。如果要管理其他网站的通知类的文档库等,需要重复添加用户和设置权限,操作复杂。

现在,进入 User Roles,如图3所示,可以在此添加用户以及设置权限。CMS 权限管理可

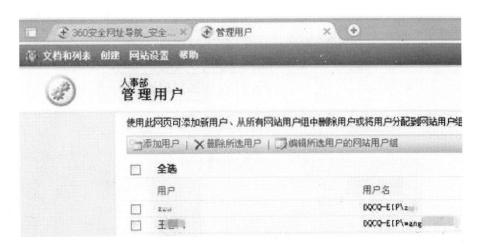

图 2　门户权限设置界面

以对不同网站的不同频道设置不同的权限管理,无需重复添加用户。

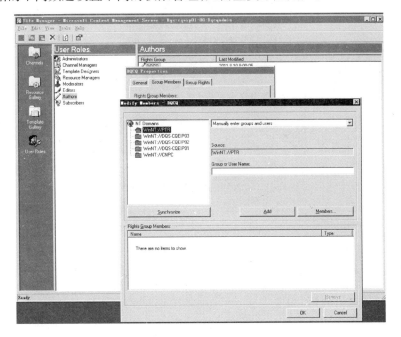

图 3　CMS 权限设置界面

通过分级授权机制的实现,解决了用户权限管理的难题。CMS 的权限管理可以有效提高工作效率,门户的安全性随之也得到了提高。

2)CMS 频道的应用

以往的门户网站通知公告是应用 WSS 中的 Web 部件,如图 4 所示,发布界面虽然统一却单调,并且添加的通知内容无法调整行距,局限性大。

现在,当需要创建具有复杂模板的静态内容(如红头文件),可以使用 CMS。CMS 是一套完整的内容创建和发布系统,最终发布的内容是静态页面,如图 5 所示。通常新闻、动态和通

图4　WSS通知公告界面

知栏目可以使用 CMS 来实现,根据门户的栏目在 CMS 中创建相应的频道,使用不同模板参数实现页面上不同的显示风格。

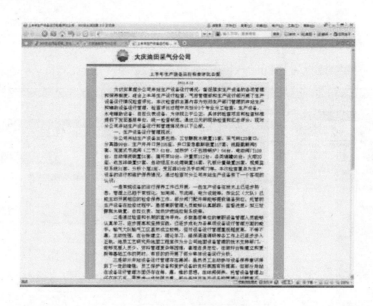

图5　CMS新闻频道界面

3. 优化备份方式

三级单位门户以及专题网站的搭建,以往是基于根目录下创建子网站,如图6所示,内容存储于根下,但是无法单独备份迁移子网站。

此次虚拟服务器门户的搭建将三级单位门户以及专题网站创建在 siets 下,如图7所示,与主门户网站脱离,可独立运行,并可以单独备份迁移,门户数据安全得到了保障。

四、结论

通过对虚拟门户的搭建,安装 CMS 系统、sites 下子网站的创建,实现了不同格式的新闻发布,以及通过分级授权实现用户和权限的分级管理,实现了门户独立备份,实现了门户网站的不间断运行,确保了门户数据安全,提高了门户管理员的工作效率。本次虚拟门户技术的应用,使门户架构得到了提升,为虚拟环境应用打下一个良好的基础。

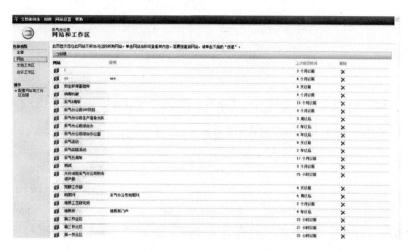

图 6　根目录下门户网站

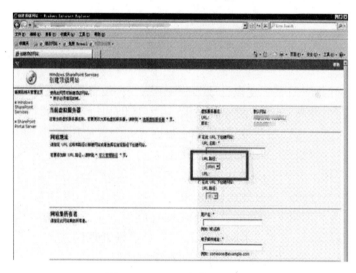

图 7　siets 网站参数设置界面

利用 ORACLE 数据库管理技术实现
ID 卡数据存储、读写与管理

张继伟

摘 要:随着信息时代的飞速发展,ID卡以其操作方便、快捷、可靠、寿命长等突出优点越来越受到人们的青睐,主要应用于身份识别和寻址控制,如门禁、考勤、食堂等领域。本文从解决采气分公司员工利用ID卡刷卡就餐的实际问题出发,利用 Oracle 数据库管理技术,针对食堂刷卡管理系统的设计及技术实现进行了深入研究,阐述了如何利用数据库实现 ID 卡数据存储、读写与管理。

关键词: Oracle 数据库 ID卡 数据存储、读写与管理

一、引言

当今社会 ID 卡行业应用系统建设已成为一个很复杂、很普遍的系统工程,该类系统技术先进,可操作性强,安全性高。ID 卡是一种只读卡,但其仍利用了后台计算机控制进行管理。它可将持卡人的个人资料送入后台计算机,建立数据库并配置应用软件,使用时通过读卡器将读到的卡号送至后台计算机,从数据库中调出持卡人的个人资料,而后根据具体应进行操作,因而应用范围极其广阔。由于 ID 卡的应用特性,结合采气分公司新办公大楼的顺利竣工,采气分公司近 400 名员工迁入新办公地点,员工就餐问题随之提出,以往老的管理方式已不能满足新的需要的实际,为此形成一套新的就餐管理模式成为一个亟待解决的问题。该套管理模式即网络报餐刷卡系统的形成实现了采气分公司员工用餐管理模式的电子化转变,为员工网上报餐刷卡提供了平台,同时也提供了快捷方便和优质的服务。

二、系统设计

采气分公司网络报餐刷卡系统利用 Oracle 数据库管理技术实现了 ID 卡数据存储、读写及管理,结合整套管理系统的设计及技术实现进行了深入分析,确定了整套系统的架构图,如图 1 所示。

分析以上架构,确认整套系统共包括前台硬件设备、前台数据接口、后台数据库建设、软件开发技术实现四部分,具体如下。

1. 前台硬件设备分析

前台硬件设备分为刷卡机和 ID 卡两部分。刷卡机主要采用 CARDLAN 厂家的挂式刷卡机,该设备采用微电子的射频接收模块及嵌入式微控制器,结合高效的解码算法和先进的数据处理技术,完成对 ID 卡的解码及数据输出。读卡器作为一种电脑外部输入设备,能读出 ID 卡的序列号并通过键口输出至电脑,特点为性能可靠,操作方便。员工饭卡为 ID 卡,即集成电路

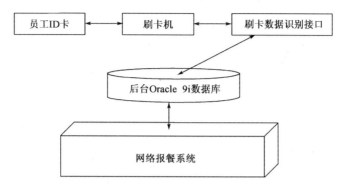

图 1　网络报餐刷卡系统整体架构图

芯片。它是将一个微电子芯片嵌入符合 ISO7816 标准的卡基中,也是一种不可写入的感应卡,每个芯片中保存着一组 10 位的数字编码,每 10 位数字编码对应一名员工。

2. 前台刷卡识别数据接口分析

前台刷卡识别数据接口主要采用 VB 进行编制,实现了通过刷卡机的电磁感应读取前台刷卡机中保存的卡号,再通过卡号判断后台数据库中的员工信息,信息确认完毕则将卡号及员工信息写入后台数据库中的报餐信息表中,完成刷卡识别功能;反之,则通过刷卡识别数据接口提示错误信息。

3. 后台数据库建设分析

后台数据库采用采气分公司中心服务器 Windows Server 2003 系统平台中的 Oracle 9i 数据库。该数据库特点为性能稳定,运行速度快,安全性高,管理方便等。

4. 软件开发技术实现

整体软件开发上采用 ASP. NET 平台,系统采用模块式开发,共包括中晚餐报餐模块、食堂管理员管理模块、早餐刷卡信息管理模块、月数据汇总管理模块等六大模块,实现了采气分公司员工网络报餐、查询、汇总、时间段限制等功能。

三、关键技术

1. ID 卡集成芯片技术分析

ID 卡即为 THRC12/13 只读式非接触 IC 卡,也叫普通射频卡,它靠读卡器感应供电并读出存储在芯片中的唯一卡号。ID 卡具有只读功能,含有唯一的 64 位防改写密码,其卡号在出厂时已被固化并保证在全球的唯一性,永远不能改变,成本低,较多应用在售饭、考勤等方面,主要特点:

(1)卡向读卡器传送数据的调制方式为加载调幅;

(2)卡内数据编码采用抗干扰能力强的 BPSK 相移键控方式;

(3)数据存储采用 EEPROM,数据保存时间超过 10 年;

(4)卡号在封卡前写入后不可再更改,绝对确保卡号的唯一性和安全性。

2. 刷卡机与 ID 卡电磁感应方式分析及数据读取

结合图 2,工作原理具体如下:

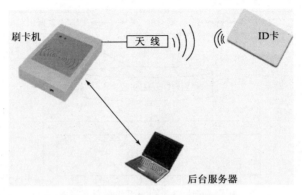

图 2　刷卡系统工作原理简图

（1）读卡器将载波信号经天线向外发送；

（2）当 ID 卡进入读卡器的工作区域后，由卡中电感线圈和电容组成的谐振回路接收读卡器发射的载波信号，卡中芯片的射频接口模块由此信号产生电源电压、复位信号及系统时钟，使芯片"激活"；

（3）芯片读取控制模块将存储器中的数据经调相编码后调制在载波上，经卡内天线回送给读卡器；

（4）读卡器对接收到的卡回送信号进行解调、解码后送至后台服务器；

（5）后台服务器根据卡号的合法性，针对不同应用做出相应的处理和控制。

3. Oracle 数据库结构设计

由于网络报餐刷卡系统采用的是模块式开发，所以在 Oracle 数据库结构设计方面采用分类式表结构设计，包含用户权限、用户信息、早餐信息、中餐信息、晚餐信息及月数据汇总等六类数据库表。其中，用户信息数据表用于前台刷卡识别接口程序的用户判别，其余数据表用于网络报餐系统中的员工网络报餐、查询、汇总等，如图 3 所示。

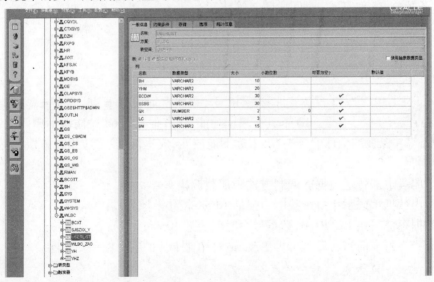

图 3　网络报餐刷卡系统后台 Oracle 数据库界面

4. 刷卡识别数据接口技术研究

刷卡识别数据接口程序是网络报餐刷卡系统前台硬件设备与数据库衔接的桥梁。该程序利用 VB 中的 api 串口读取技术进行编制开发的,它通过 PC 机的 I/O 接口与刷卡机相连。当刷卡机通过电磁感应读取前台刷卡机中保存的卡号时,刷卡机会利用数据线将 ID 卡的串口信息直接输入到刷卡识别数据接口程序的文本框中,类似于键盘直接输入,再通过 ID 卡号利用代码判断该条记录是否存在于后台数据库的员工信息数据表中。如存在,程序会将确认完毕卡号及相对应的员工信息写入后台数据库中的报餐信息数据表中,完成刷卡识别功能;反之,则通过刷卡识别数据接口提示错误信息,如图 4 所示。

图4 刷卡识别数据接口程序界面

5. 网络报餐刷卡系统各模块功能实现

1)中、晚餐报餐模块的技术实现

如图 5 所示,该功能模块主要是利用 ASP. NET 技术代码实现的。利用两个 listbox 的两级联动,实现了未报餐人员与已报餐人员的区分。具体实现代码如下:

```
for( int i = 0;i < ListBox2. Items. Count;i + + )
    {
    if( ListBox2. Items[ i]. Selected)
      {
      ListBox1. Items. Add( ListBox2. Items[ i]. Text);
      ListBox2. Items. RemoveAt( i);
      }
    }
```

利用如下代码实现了远程登录系统 IP 的自动记录:

```
System. Net. IPAddress[ ]addressList = Dns. GetHostByName( Dns. GetHostName( )). AddressList;
TextLIP. Text  = Request. UserHostAddress. ToString( );
```

利用如下代码实现了时间段限定:

```
    string curhour = System. DateTime. Now. Hour. ToString( ). Trim( );
    string curmin = System. DateTime. Now. Minute. ToString( ). Trim( );
    if ( ( Convert. ToInt16( curhour) ) > = 14 && ( Convert. ToInt16( curhour) ) < 15 &&
( Convert. ToInt16( curmin) ) >01 && ( Convert. ToInt16( curmin) ) <59)
    {
    ……
    }
```

图5　网络报餐系统界面

最终利用 insert 语句将报餐人员等所需信息写入 ORACLE 数据库中,实现了网络报餐系统的填报功能,如图6所示。

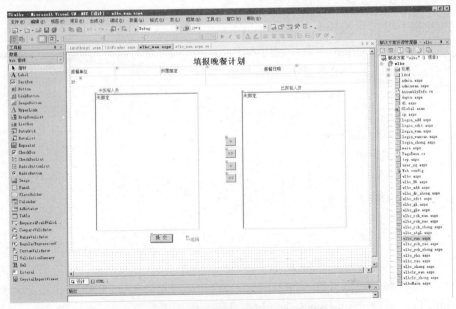

图6　网络报餐系统晚报填报后台代码界面

2)中、晚餐食堂管理员补录模块的技术实现

该模块利用代码实现了数据库中员工信息数据表与报餐信息数据表的结合,通过两个数据表中相同的员工姓名数据库字段进行关联,并自动读取系统当天日期、卡号、单位、部室等信息录入数据库中,实现食堂管理员的补录功能,如图7所示。

3)早、中、晚餐就餐人员信息查看模块的技术实现

该功能模块实现了员工饭卡通过刷卡机将数据写入数据库中信息的界面化展示。通过该模块,食堂管理员可查看到每日就餐人员的信息,并实现了每个单位就餐人员数量的统计及采气分公司总就餐人员数量统计等功能,如图8所示。

图 7　食堂管理员补录界面后台代码

日报餐人数查看

序号		姓名	报餐序号
1	关	马占林	042
2	关	毕晓丽	057
3	关	沈正波	058
4	关	赵国忠	081
5	关	徐国富	085
6	关	刘兆勇	083
7	分公司机关	刘会利	026
8	分公司机关	张兵	011
9	分公司机关	金辉	012
10	分公司机关	兰立夫	010
11	分公司机关	陆大伟	023
12	分公司机关	杨清	019
13	分公司机关	王涛	021
14	分公司机关	金一娜	347
15	分公司机关	王君英	348
16	分公司机关	王春风	358
17	分公司机关	王晓晨	357
18	分公司机关	徐彦兰	051
机关报餐人员合计			18

图 8　就餐人员信息查看界面

4）月数据信息查看模块的技术实现

该功能模块利用代码实现了中、晚餐月就餐次数自动汇总、总金额汇总、工资卡支付汇总、补交金额汇总、打印等功能，方便了食堂财务人员的工资统计工作，提高了工作效率，如图 9 所示。

5）食堂管理模块的技术实现

该功能模块实现了食堂管理人员对当月数据汇总、添加用户、删除用户、修改用户等功能，实现了用户对数据库中的人员信息表进行界面化的直观操作，方便了管理，如图 10 所示。

图9　月综合信息查看界面

图10　人员信息编辑界面

四、结束语

ID 卡行业应用系统建设已成为一个很复杂、很普遍的系统工程。该类系统技术先进,可操作性强,安全性高。此次采气分公司利用该系统进行食堂网络报餐刷卡系统的开发,不仅填补了食堂管理模式电子化的空白,也为 ID 卡日后在采气分公司门禁等系统的应用及采气分公司信息化建设中应用集成电路芯片技术进行了较好尝试。

参 考 文 献

[1] Thomas Kyte.深入数据库体系结构[M].苏金国,王小振,译.北京:人民邮电出版社,2008:120-386.

数字身份认证技术在气田信息系统中的应用探讨

康　健　戴志国　李芊静

摘　要: 近几年,随着网络信息技术的飞速发展,在各行各业的应用也越来越广泛。在行业内通过信息化系统办公平台实现网上办公已非常普遍,但是随着各业务应用系统的频繁使用,随之而来的系统使用安全问题越来越被重视。本文阐述了如何通过最新的数字身份认证技术来实现油田各业务应用系统的安全登录以及在使用过程中数据信息的保密。

关键词: 信息系统　身份认证

一、引言

随着网络和信息技术的飞速发展,社会信息化程度越来越高,信息安全越来越受到人们的重视。便捷高效的电子政务、电子商务、其他信息服务越来越被人们接受,网上办公、网上交易、个人信息交换等逐步普及。但同时,伴随着网络木马、病毒等恶意程序肆意泛滥,使得人们在网上的信息处理极不安全,网上盗窃、假冒等行为严重,致使目前网络信息应用系统存在如下安全问题:

(1)某些应用系统用户设置了过于简单的口令,仅依靠用户名和口令登录系统。这种单一的弱认证登录方式缺乏安全可靠的身份认证,无法在传输前确认信息收发双方身份的真实性和可靠性,无法满足对身份认证的高可靠性要求,无法保证这些用户登录系统认证的安全性。

(2)多系统、多账户缺乏统一的用户身份认证。对于经常发生的用户权限变更和密码丢失事件,需要耗费系统管理员大量时间和精力去处理,容易由于误操作引起安全事故,迫切需要一个统一管理平台进行自动管理。

(3)某些应用系统身份管理与认证的管理方式与实现流程不够完善,从而造成在应用系统中存在大量孤儿账号,为系统的安全性带来极大隐患。

(4)缺乏集中统一的用户资源管理授权机制。各业务系统用户信息和权限管理机制各自为政、复杂凌乱,管理员无法建立有条件的访问控制规则,无法集中管理用户访问权限,维护效率低下,漏洞百出。身份认证访问授权控制问题迫在眉睫。

由于以上问题的出现,使得行业内部人员有机会进行越权访问和网络黑客非法入侵系统利用木马病毒仿冒系统平台或网站进行网络欺诈,盗取用户名和密码,侵入系统窃取企业、商务机密,所以必须加强信息系统身份认证的强度。统一的强认证实现技术基础与集中的账号、口令管理机制,不仅能够有效解决当前存在的弱口令、孤儿账号等"老大难"问题,而且通过集中、统一的实现方式能够为目前信息系统应用环境建立起安全可靠的信息安全"基准线",其目的就是要保证存储在网络信息系统中的数据只能够被有权限操作的人访问,也就是对"人"

的权限控制。数据存在的价值就是能够被有权限的人所利用。然而,如果没有有效的身份认证手段,这个有权访问者的身份就很容易被伪造,因此,身份认证是整个信息安全体系最基础的环节,也是信息安全的基础。为此,网络安全和业务系统需要提供一个身份认证统一安全管理平台,尤其像中石油这样对保密性、安全可靠性要求比较高的组织或单位,一旦出现非法访问窃取敏感数据、截取和篡改传输数据、信息不对称、病毒攻击等安全问题和威胁,将会造成数千亿元或其他巨大的损失。运用目前比较先进的 USB Key 数字身份认证技术,基于中石油 PKI 体系建立的中石油统一身份认证平台(IAM),可以很好地解决如上信息系统存在的诸多安全问题。

二、身份认证技术浅析

1. 身份认证技术概述

在信息技术中,所谓"认证",是指通过一定的验证技术,确认系统使用者身份,以及系统硬件(如电脑)的数字化代号真实性的整个过程。其中,对系统使用者的验证技术过程称为"身份认证",主要是指在计算机网络系统中确认操作者身份,识别、验证网络信息系统中用户身份的合法性和真实性,按授权访问系统资源,并将非法访问者拒之门外的过程。身份认证技术是指能够对信息收发方进行真实身份鉴别的技术。它是保护计算机系统和网络信息资源安全的第一道大门,是信息安全理论与技术的一个重要方面,在信息安全系统中的地位极其重要,是最基本的安全服务。

身份认证系统是未来信息系统安全的核心平台,在信息系统中身份认证系统从软件到硬件技术发展很快。用户在访问安全系统之前,首先经过身份认证系统识别身份,可见身份认证在安全系统中的地位极其重要,是最基本的安全服务,其他的安全服务都要依赖于它。一旦身份认证系统被攻破,那么系统的所有安全措施将形同虚设。网络黑客等不法分子攻击的目标往往就是身份认证系统。因此,要加快信息安全的建设,加强身份认证理论及其应用的研究是一个非常重要的课题。

2. 身份认证技术分类及优缺点

在网络信息系统中,对用户的身份认证手段大体可以分为口令认证,包括静态令牌、动态令牌;物理认证,如各种证卡和令牌,包括智能卡、加密卡、USB Key、手机令牌认证;数字证书认证,包括软件令牌、短信令牌、数字软证书认证;生物识别认证,主要包括指纹、掌纹、视网膜、面部及声音认证。

以上认证方式按照认证的强弱可分为强身份认证和弱身份认证。弱身份认证方式主要是指用户名加口令的认证方式,而强身份认证主要是结合了两种或多种认证方式。按照认证需要验证的条件,可以分为单因素认证和双因素认证。仅通过一个条件的符合来证明一个人的身份,称为单因子认证。通过组合两种不同条件来证明一个人的身份,称为双因子认证。按照认证信息划分,可以分为静态认证和动态认证。按照认证时是否使用硬件设备,可以分为软件认证和硬件认证。

上述认证技术都有优点和缺点,也有一定的局限性。因此,一套行之有效的认证系统应该兼容多种认证技术手段,并可以在认证因素之间进行任意组合。组合认证将是身份认证技术的发展趋势。目前用户名加口令的静态认证方式最为普遍。但是,这种登录认证方式存在着诸多安全隐患。用户名和口令多采用明文方式进行网络传输,易遭截取或窜改,太长不易记住,太短又容易受到穷举尝试攻击,而且只能实现简单的单向身份认证功能。而基于时间同步技术的动态认证在保留了传统的口令认证机制简单易用的优点基础之上,又增加了动态密码机制动态口令令牌的安全性。由于每次登录时的口令是随机变化的,每个口令只使用一次,使得窃听、重放、假冒、猜测等恶意攻击变得极为困难,提高了认证安全性,但它无法实现会话密钥交换,而且时间同步要求极为严格,稍有错误就有可能造成整个系统的混乱。基于响应应答方式的认证虽然采用单向散列函数算法保证由已知的响应和应答不可能计算出会话密钥,并且通过周期性提问防止通信双方在长期会话过程中被攻击,具有很好的安全性,但是密钥是以明文形式存放和使用且是通信双方共享的,不适合大规模网络环境下密钥分发和密钥管理的需要。生物识别认证则需要客户端额外添置指纹、声音等生物识别硬件,在具体使用推广中,存在初始化工作量大、技术难以把握、实际应用效果不佳等诸多问题。相比之下,证书认证技术则以公钥密码体制为基础,通过数字证书将用户的公钥信息和用户个人身份进行紧密绑定,同时结合对称加密和数字签名技术,不仅可以解决通信双方身份真实性问题,还能确保数据在传输过程中不被窃取或篡改,并且使发送方对于自己的发送行为无法抵赖。用户密钥对由硬件加密设备或软件在其内部产生,公钥对外公开,私钥和证书安全存储在或智能卡等多种存储介质中,私钥对外不可读、不可复制。存储介质本身采用口令保护。由于公钥信息可以公开,所以容易实现身份信息的交换和传递,而用户证书上的根签名可以保证证书的合法性;同时,用户私钥的高度安全性保证了用户私钥签名的可靠性,实现了抗抵赖功能,确保证书持有者的唯一性。证书的签发由一个大家共同信任的独立第三方权威机构实现。这个独立的第三方机构就是认证中心 CA。它是安全基础设施 PKI 的核心部分。通过对证书和密钥的自动管理,为用户建立起一个安全可信的网络运行环境,同时透明地为应用系统提供数据保密性、完整性、不可否认性和统一权限管理等安全服务方向。

将证书认证技术集成于智能卡的硬件设备中,形成基于智能卡的硬件设备的身份认证技术,可以提高身份认证的安全性,但是存在一个严重的缺陷,即系统只认设备不认人,而智能卡可能丢失,拾到或窃得智能卡的人将很容易假冒原持卡人的身份。为了解决该问题,可以综合前面提到的两类方法,采取双因素认证方式,即认证方在认证身份时要求用户既要求输入一个口令,又要求插入智能卡。进行认证时,用户输入 PIN(个人身份识别码);智能卡认证 PIN 码成功后,即可读出智能卡中的加密信息,进而利用该加密信息与主机之间进行认证。这样,既不担心卡的丢失(只要口令没有泄漏),又不担心口令的泄漏(只要卡没有丢)。基于智能卡的认证方式是一种双因素的认证方式(PIN + 智能卡),即使 PIN 或智能卡被窃取,用户仍不会被冒充。智能卡提供硬件保护措施和加密算法,可以利用这些功能加强安全性能。

3. USB Key 认证技术优点及应用模式

基于 USB Key 的身份认证方式就是采取了上述认证方式。它是近几年发展起来的一种方便、安全、经济的身份认证技术。它采用软硬件相结合一次一密的强双因子认证模式,很好地解决了安全性与易用性之间的矛盾。USB Key 是一种使用 USB 接口的硬件设备,在设备内部嵌入了单片机或智能卡芯片,可以存储用户的密钥或数字证书,利用 USB Key 内置的密码学算法实现对用户身份的认证。它具备了上述认证方式所具有的双重验证机制,即用户 PIN

码加 USB Key 硬件标识。用户一旦丢失 USB Key,只要 PIN 码没有被攻击者窃取,及时注销即可。攻击者窃得密钥若没有 USB Key,硬件也无法通过认证。USB Key 作为网络用户身份识别和数据保护的"电子钥匙",正在被越来越多的用户所认识和使用。

基于 USB Key 身份认证系统应用模式目前主要是基于 PKI 体系的认证模式。每个 USB Key 硬件都具有用户 PIN 码,以实现双因子认证功能。USB Key 内置单向散列算法(MD5),预先在 USB Key 和服务器中存储一个证明用户身份的密钥。

基于 PKI(Public Key Infrastructure)的数字证书公钥基础设施 PKI 是利用公钥密码理论和技术建立的提供安全服务的基础设施。PKI 技术是信息安全技术的核心。PKI 的部件包括数字证书,签署这些证书的认证机构(CA)、登记机构(RA),存储和发布这些证书的电子目录以及证书路径等等,其中数字证书是其核心部件。数字证书(Digital ID)是一种权威性的电子文档。它提供了一种在 Internet 上验证身份的方式,其作用类似于日常生活中的身份证。它是由一个权威机构——CA 证书授权(Certificate Authority)中心发行的,人们可以在互联网交往中用它来识别对方的身份。

基于 PKI(Public Key Infrastructure 公钥基础设施)构架的数字证书认证方式可以有效保证用户的身份安全和数据安全,利用一对互相匹配的密钥进行加密和解密。每个用户自己设定一把特定的仅为本人所知的私有密钥(私钥),用它进行解密和签名;同时设定一把公共密钥(公钥),由本人公开,为一组用户所共享,用于加密和验证签名。当发送一份保密文件时,发送方使用接收方的公钥对数据加密,而接收方则使用自己的私钥解密。这一加解密过程是一个不可逆过程,即只有用私有密钥才能解密,这样保证信息安全无误地到达目的地。用户也可以采用自己的私钥对发送信息加以处理,形成数字签名。由于私钥为本人所独有,这样可以确定发送者的身份,防止发送者对发送的信息抵赖。接收方通过验证签名还可以判断信息是否被篡改过。由于 USB Key 具有安全可靠,便于携带、使用方便、成本低廉的优点,加上 PKI 体系完善的数据保护机制,使用 USB Key 存储数字证书的认证方式已经成为目前以及未来的主流。

目前,多数基于 USB Key 的身份认证方式是与 PKI 相结合。USB Key 中存储有 CA 颁发的数字证书和用户私钥,认证用户时首先认证用户 PIN 码,然后通过访问 PKI 体系中的 CA 来验证数字证书。该认证方式在现实应用中存在着如下缺陷:国内 PKI 体系还不完善,CA 认证机构数量繁多,各地区、各行业的 CA 之间存在着兼容性的问题;PKI 的公钥加密采用 RSA,而 RSA 的密钥开销大,效率低,不适用于 USB Key,若要验证身份必须连接 Internet 访问 CA;USB Key 中存储的用户私钥一旦被窃取或破译,后果将非常严重。

三、身份认证技术在信息系统中的应用

1. 统一身份认证平台 IAM 概述

统一身份认证平台就是将多个应用系统集成到一个大系统、大环境中,基于 PKI 的统一身份认证管理(身份鉴别)利用统一身份认证平台,能够实现单点登录、认证服务、认证转发,可以屏蔽对受保护服务的非授权访问等功能。用户身份的鉴别可以通过 USB Key 密钥强身份认证手段来实现,正确输入个人 PIN 码才可进入系统。在对特定用户提供强身份认证统一管

理的同时,系统原有的用户名和密码还可继续使用。通过基于 PKI 系统利用最新最安全的身份认证方式,最终实现各业务应用系统登录使用的安全。它不仅有身份鉴别、访问控制管理功能,还集成了主机加固、网络防火墙、路由器、主机管理、数据库安全管理及数据加密技术,实现范围控制和内容安全管理,与入侵检测、防雨墙、病毒防护等安全系统配合使用。它在简单网络认证过程中加上身份认证代理,使用户不能直接访问受保护的服务,只能通过相当于网关的统一身份认证系统访问它。对通过认证的用户进行安全策略识别,依据用户权限和生命周期、主/从账户等身份认证管理策略,进行资源访问。认证和授权的过程选用全程加密通道来提高系统的安全性,解决了一般的认证系统通过 TCP/IP 中的 Socket 进行简单的认证、账户和密码随时可被监听的安全隐患。实施统一身份认证访问控制,利用多种加密设备,进行统一认证、授权、账号管理和审计管理,经服务器代理访问受保护的服务。配置管理各种安全设施,为各业务系统的访问控制、系统、资源及设备管理加上了铜墙铁壁。

2. 统一身份认证平台的应用效果

统一身份认证安全管理平台目前已在中石油内部推广应用。实施后可以解决各个系统薄弱环节和安全隐患。尤其是加强了系统的内部控制、外部管理、系统控制和信息审计,加强了计算机账号的监管,统一了视图,减少了病毒的侵扰;单点登录降低了工作复杂度,保证了关键业务数据在网络上传输的保密性和数据同步;发现和及时阻挡入侵行为,避免了出现安全事故难以追踪,保证操作的不可否认性;安全策略符合标准流程、法案法规的管理,保证了客户"安全、高效、协调"运行,构筑了集防护、检测、反应为一体的、动态适应的身份认证安全管理平台。该平台是目前被认为最安全的身份认证安全平台,应用前景广阔。

四、结束语

身份认证技术是整个信息安全体系最基础的环节,身份安全是信息安全的基础。目前在公司内部采用的基于 PKI 的 USB Key 身份认证技术,能够很好地保护各信息应用系统的安全,但是在技术上仍然存在着缺陷和不足。相信随着网络信息安全技术的不断发展,在不久的将来会出现更多、更安全的身份认证技术,它们必将为各种网络应用系统提供有效的安全保障。

参 考 文 献

[1] 李中献,詹榜华,杨义先.认证理论与技术的发展[J].电子学报,1999,27(1):98-102.
[2] 关振胜.公钥基础设施 PKI 与认证机构 CA[M].北京:电子工业出版社,2002.

IP 网络广播系统应用分析

韩庆华　杨丽波　梁　波　武辉岩

摘　要:IP 广播系统作为企业数字化建设的一部分,在企业文化传播、会议传达、内部培训等方面都发挥着重要作用。本文首先介绍了第二作业区 IP 网络广播系统的功能和特点,分析了 IP 广播系统的应用效果,并讨论了采气分公司对于广播系统的应用需求。

关键词:广播系统　TCP/IP 协议

一、引言

随着现代科学技术的进步,广播技术经历了由传统广播—数控化—网络化广播的快速发展。IP 网络广播系统音频信号通过 TCP/IP 协议,以数据包形式在以太网上传输,解决了传统广播受电压、功率、阻抗等因素影响所造成的传输距离短、频率低、容易受干扰、系统扩展性差以及繁琐的人工控制播放方面的困扰;它具有声源数控化、播放自动化、管理智能化、扩展自由化和操作人性化等特点,能有力地促进企业信息数字化建设。

二、IP 网络广播系统功能和特点

1. 系统主要功能

基于现有的 IP 网络实现语音广播,设置一个广播控制中心,在控制中心可以通过话筒对所有终端进行广播,见图1。

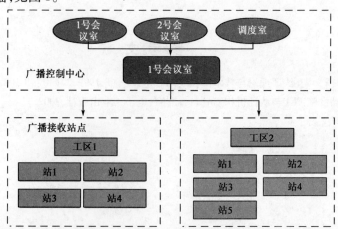

图1　IP 网络广播系统设备分布图

2. 设备功能分析

系统主要设备(图 2)均采用迪士普音响科技能限公司 ABK 品牌产品。ABK(欧比克)公共广播品牌和技术出自世界知名的 SAC 公司,广泛运用于工厂、学校、商场、酒店、公园、体育场等场所,如 2010 年上海世博会园区、扬州市人民政府、上海亚龙电缆工厂等。

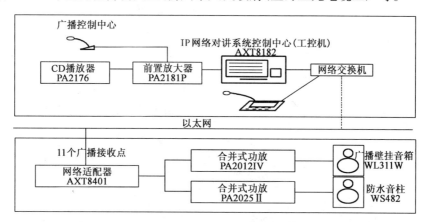

图 2　IP 广播系统设备拓扑图

1)CD 播放器 PA2176

通过配置 CD 播放器(图 3),可以将刻录的 CD 碟片文件进行广播。

2)前置放大器 PA2181P

前置放大器(图 4)作用:一是选择所需要的音源信号,放大到额定电平,并虑除高频噪音信号;二是进行各种音质控制,以美化声音。

图 3　CD 播放器　　　　　　　　　　　　　　　图 4　前置放大器

3)IP 网络对讲系统控制中心(工控机)AXT8182

系统主控服务器为系统中的核心部件,主要实现对终端、节目、任务的系统管理。主控服务器同语音编码设备、语音文件库集成在一起(图 5),由一台高性能的工控机(图 6)来担任,可 24 小时工作。

4)寻呼话筒 AXT8488

寻呼话筒(图 7)可自由选择终端进行广播,操作简单快捷。

5)IP 网络适配器 AXT8401

各网络适配器(图 8)嵌入式系统程序固化,不会受到病毒感染,系统整体稳定可靠,基本没有维护工作。系统使用私有 IP 段(192.168.0.×),与计算机系统分隔,不会造成 IP 冲突,不影响计算机办公。

6)合并式前置广播功放 PA2012IV

各终端站点根据现场情况用功放(图 9)开关广播,可调节音量,可室内、外同时接收广播。

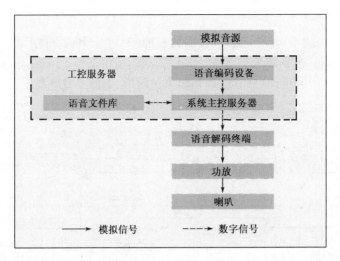

图5 IP网络广播系统信号传输结构图

图6 工控机

图7 寻呼话筒

图8 网络适配器

图9 合并式前置广播功放

7)室内广播音箱

室内放置2台广播音箱(使用120W功放),见图10。

8)户外防水音柱

户外放置2台防水音柱(使用240W功放),如图11所示,户外的覆盖半径可达50m左右。

图10 室内广播音箱

图11 防水音柱

3. 系统特点分析

跟传统广播相比,数字 IP 广播系统有以下特点:

(1)基于以太网和 TCP/IP 协议,广播覆盖地域不受布线限制,有以太网接口就可以接广播终端。

(2)分区控制简单快捷,扩展性能好,随时可增减广播分区。

(3)传输距离不受限制,占用带宽小于 192KB/s,可同时执行多项音频任务,不会影响正常网络工作。

(4)TCP/IP 协议提供可靠的数据传输服务,信号无衰减、无失真,终端提供 CD 级高保真音质效果。

(5)网络布线比同轴音频电缆布线简单,远程可用已有的光纤传输,质量稳定可靠,且不会增加网络维护工作量。

(6)整个广播系统由主控服务器统一调度与管理,可以建立分控点,做到无人值守与远程管理。

三、IP 网络广播系统应用效果分析

作业区于 2011 年 5 月完成 IP 广播系统(图 12)的安装,此后进行了多次会议应用。网络畅通的 11 个终端可实时收听会议内容,且音质清晰,无间断,无杂音。

通过收听广播,工区干部和井站工人都在第一时间了解了作业区工作动态,明确了工作方向,掌握了与切身利益相关的消息。

通过广播形式会议,节省了逐级开会的工作时间,节省了路程劳作的消耗,大大提高了工作效率,达到了很好的信息传达效果。

图 12　IP 广播系统

四、IP 广播系统在第二作业区的应用分析

1. 认识

(1)系统主控服务器为系统中的核心部件,可实现各种系统管理功能,且操作简单。

(2)系统提供 CD 级高保真音质,会议精神得到很好的传达,提高了工作效率。

(3)系统建立在已有以太网络基础上,稳定可靠,不会增加网络维护工作量。

2. 建议

建议采气分公司建立 IP 网络广播系统。采气分公司对于广播系统的应用需求有:会议精神传达、安全培训、应急演练、通知公告、企业文化宣传等。不同于作业区,采气分公司地域跨度大,层级相对复杂,因此会对广播系统提出几点更高的要求:

(1)各大队要有自主管理权限,需建立分控点,分控点由现有的计算机上安装控制软件包(AXT8182P,见图 13)构成。

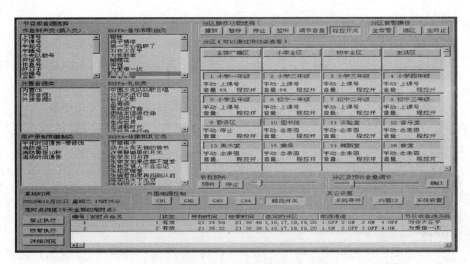

图 13　控制软件包(AXT8182P)操作界面

(2)由于各大队任务区别,因此广播系统需设置多分区广播。

(3)由于井站倒班制度,需灵活设置录音功能、定时任务、重复播放等。

(4)系统需跨路由和逻辑子网进行广播,主控中心、分控点、终端的通信需要较大量的油田网 IP 地址。

(5)为方便系统今后的扩容,在系统硬件设备的选取上,应预留足够的扩展端口和一定的功率余量。

参 考 文 献

[1] 朱培平,白凤翔,林洁.高校数字校园中的公共广播系统建设[J].电声技术,2008,32(11):9-11.

[2] 齐从谦.面向网络的多媒体技术[M].北京:机械工业出版社,2002.

电子档案制作方法研究

马海燕

摘 要:通过对目前国际和国内流行的电子档案和制作方法的研究,结合气田档案的特点,研究出一套电子档案的实用制作方法。本文详细地论述了电子档案所选择格式及电子档案制作应用软件的选择,总结了电子稿和纸质档案转换成电子档案的经验和方法,对档案电子化工作具有参考价值。

关键词:档案 电子档案 制作方法 研究

一、引言

1. 信息技术的发展给档案工作带来的机遇和挑战

计算机网络技术的迅猛发展,为档案工作提供了更为广泛应用的空间。档案工作人员利用计算机和网络技术,对馆藏的档案进行管理、著录、检索、借阅登记等日常工作。利用计算机和网络技术,可以建立一套能够满足网络远程查询、安全保密、不受时间限制、无损的、多用户的电子档案。

2. 档案电子化工作势在必行

电子档案可以大大地提高编研人员的工作效率,有了电子档案编研人员可以通过计算机网络到数据库中直接查阅相关的文件内容,档案的利用率就会成倍提高。档案电子化的工作势在必行。

二、电子档案的格式选择

1. 常用的电子文档格式简介及性能比较

目前较为常用的电子文档有 TXT、WPS、HTML、DOC、XSL、PPT、PDF 等格式。

2. PDF 格式电子档案性能及特点介绍

PDF 的主要目的就是要在各种不同的电脑平台上创造出一个共通的文件格式。换句话说,就是希望不管在哪一种电脑上制作的文件,只要能转成 PDF 格式,拿到另一种电脑上就能毫无困难地打开阅读,更能维持制作当时的格式与版面,看起来跟原来的格式一模一样。

(1)高压缩——PDF 档案使用多种方法来达到缩减原 PostScript 文件的目的,在图片压缩的部分也可支持各种格式压缩,一般档案通常可以压缩至原来的数十到数百分之一。

(2)设备独立——PostScript 档案中包含了多种可能的合法程式码,在某些条件下可能无法运行。

(3)各页独立——PostScript 文件的各页间是相互关联的。

(4)注记——PDF 档案可以包含各种各样的注记。

(5)档案保护——PDF 档案可允许设定密码和其他多种保护方式,以防止非法使用。

三、电子档案制作基本步骤

1. 制作的电子档案应具备的基本特征

与原件相同,浏览方便,安全级别高,制作方法简单。

2. 电子稿的电子档案制作

油田公司近年来在接收各单位和部门纸质档案的同时,也接收与纸质相同格式的经过排版编辑后的电子文档,要求各单位和部门上交刻录后的光盘介质,同时存档。有了用微软文字处理软件编辑和排版的电子稿文件,制作 PDF 格式的电子档案的步骤就简单了。

1)安装软件

Adobe 公司发布的 PDF 文档制作、编辑软件——Adobe Acrobat 6.0 可以直接打开 TXT、HTML、DOC、PPT 等多种文件格式,并将它们快速转换为图文并茂的 PDF 文件。在安装 Adobe Acrobat6.0 的同时,注意选择"自定义"安装方式,并在安装选项中选取"简体中文"选项。

2)检查虚拟打印设备

完成安装以后,打开 Windows 控制面板中的"打印机",此时即可看到已经安装了 Acrobat 的虚拟打印方式,这时就可以使用文档编辑器编辑文本,并通过虚拟打印机打印了。

3)制作电子文档

建议使用 WORD 编辑处理 DOC 文件格式,并编辑安排好版面的设置。

4)对 PDF 文档的编辑

制作以后的 PDF 文档,可以在 Acrobat 中进行进一步的编辑与处理。

(1)增加文档书签。书签相当于目录,可以帮助读者快速定位指定的文档内容。

(2)设置超链接。单击选择工具栏[链接工具]按钮,然后用鼠标在需要设置超链接位置画一个矩形,弹出"链接属性"对话框,设置好链接外观颜色。

(3)增加动画。如果想制作一份声情并茂的 PDF 文档,还可以在文档中加入动画文件。单击选择工具栏[电影工具]按钮,并将鼠标移至需要加入动画的位置绘制一个矩形框,弹出"电影属性"对话框,在"标题"文本框中输入用于显示电影的标题,然后单击[选择]按钮打开一个用于播放的视频文件,并单击[确定]按钮完成。

(4)电子档案的保护。如果要保护文档,可以为文档设置阅读密码,禁止复制、打印等。

3. 纸质档案制作步骤

在采气分公司档案室大量保存的是纸介质档案。这些档案记录气田开发、生产、科研、管理等,具有十分重要的历史信息。这些信息对指导气田的开发和建设都具有重要的价值。近年来,油田档案系统开展了数字化档案馆的建设,将纸介质档案转换成电子档案,则是档案数字化建设的主要步骤。

通常纸介质档案转换成电子档案有两个主要过程。第一个过程是扫描、识别、编辑完成与原件相同的版面格式,存储电子稿;第二个过程就是将电子稿编辑成 PDF 格式。

第一步:扫描仪设置——原稿纸介质档案的扫描处理是制作电子稿的关键,只有原稿扫描处理的工作做好,才能提高文字的识别率。

第二步:扫描后文件格式图像存储及图像预处理——将扫描的文件存储为图像格式,如jpg、tiff格式。对扫描所得图像文件根据需要进行处理,为识别做好充分准备。

第三步:确认以上的步骤后,此时就可按下"识别"按钮。识别完毕后,系统进入文稿校对界面,再次对文稿校对。

第四步:最后建议在WORD内进行整个的文稿校对,并重新排版,确保与原件相同版式结构,以达到使用OCR的最佳效果。

第五步:制作完成的WORD电子稿按照本文"电子稿的电子档案制作"方法及步骤即可完成。

四、结论及认识

通过对油田公司档案系统正在进行的档案电子化方法的深入研究,并总结制作经验和方法,这些经验和方法是在工作中总结的,提供给大家参考。电子档案是一种非常具有发展潜力的档案格式。各种格式的图文档案皆可转成PDF电子文档。就目前来说,除了Adobe Acrobat系列有完整的功能以外,其他软件的功能都还尚未健全,而且其他相关应用软件的种类太过繁杂,因此目前选择PDF电子文档。综上,本文通过对油田公司档案系统正在进行的档案电子化介绍,总结了电子档案制作经验和方法,为采气分公司将来电子档案的保存提出了可行性方案。

参 考 文 献

[1] 康燕玲.计算机网络技术对档案管理工作的影响[J].河南社会科学,2001,(6).
[2] 李伟.档案信息计算机管理的经验与体会[J].山东电大学报,2001,(3).
[3] 冯惠玲,张辑哲.档案学概论[M].北京:中国人民大学出版社,2002.
[4] 贺新.对档案管理现代化的几点思考[J].档案学通讯,2002,(2).
[5] 曹芳.近十年来我国电子文件研究论文的统计与分析[J].档案学研究,2003,(4).
[6] 王伟东.试论档案局(馆)建立网站的意义和定位[J].档案与建设,2002,(5).
[7] 麻新纯.电子文件真实性和可靠性的辩证思维[J].档案,1999,(3).
[8] 徐义全.电子文件的特性与长期保存[J].档案学研究,2001,(1).
[9] 胡瑞珩.档案信息化过程中的影响因素及解决[J].山西档案,2000,(2).
[10] 刘镇强.电子文件的法律效力初探[J].档案管理,2000,(4).